普通高等教育"十三五"规划教材
广东省精品资源共享课配套教材
应用型本科院校规划教材

高等数学（含练习册）

（上册）

主　编　高　洁　郭夕敬

副主编　肖亿军　宋　靓

广东省教育厅"创新强校工程"项目（转型背景下应用型本科院校大学数学实践教学研究+2016GXJK200）资助

科学出版社

北　京

内 容 简 介

本书是根据编者多年的教学实践经验，参照最新制定的"工科类、经济管理类本科数学基础课程教学基本要求"，以及教育部最新颁布的"全国硕士研究生入学统一考试数学考试大纲"中有关高等数学部分的内容编写而成，分为上、下两册.

本书为上册，主要内容包括极限与函数的连续性、导数与微分、微分中值定理与导数的应用、不定积分、定积分及其应用和常微分方程.

本书可作为普通高等学校非数学类专业本科一年级学生的教材，也可作为高年级学生考研辅导参考书使用.

图书在版编目(CIP)数据

高等数学：含练习册. 上册/高洁，郭夕敬主编. —北京：科学出版社，2018.8

普通高等教育"十三五"规划教材·广东省精品资源共享课配套教材·应用型本科院校规划教材

ISBN 978-7-03-057993-5

I. ①高⋯ II. ①高⋯ ②郭⋯ III. ①高等数学-高等学校-教材
IV. ①O13

中国版本图书馆 CIP 数据核字(2018)第 130349 号

责任编辑：昌　盛　梁　清　孙翠勤 / 责任校对：彭珍珍
责任印制：师艳茹 / 封面设计：迷底书装

科 学 出 版 社 出版
北京东黄城根北街 16 号
邮政编码：100717
http://www.sciencep.com
石家庄继文印刷有限公司 印刷
科学出版社发行　各地新华书店经销

*

2018 年 8 月第 一 版　开本：720 × 1000　1/16
2019 年 8 月第二次印刷　印张：23
字数：464 000

定价：**52.00 元**(含练习册)
(如有印装质量问题，我社负责调换)

前 言

当你开始阅读这本书时，你就成了这本书的创作者之一. 你将和我们一起来审视它的意义与价值，而你的意见和体会显得尤为重要. 合作已经开始了，这是我们早就期待的，因为我们相信那将是一个愉快的历程，你的热情参与会给我们留下美好的记忆.

随着综合国力的提高，我国的教育布局也开始逐步地从"宝塔式"走向"大众化". 教育部发展规划司提出了将大部分包括独立学院在内的地方本科院校转型为应用型本科院校. 《国家中长期教育改革和发展规划纲要(2010—2020 年)》明确提出了需优化人才培养结构，不断扩大应用型人才培养规模. 应用型本科院校的主要任务和目标是培养应用型人才，而实践性教学是培养应用型人才的重要组成环节. 我们为每一章编写了相应的数学模型与数学实验内容，以期达到理论知识与实践应用相统一的目的. 信息时代的新方法在影响着教育的每一环节；经典的与创新的教材、教学模式、教学方法等各种教学组件都在寻找自己合适的位置. 请相信，这些新形势与新思维我们都给予了足够的关注. 本教材就是在这种寻觅和探索的思想指导下完成的.

取材时我们充分地考虑了你学习后续课程的需要，本教材涵盖了高等数学的经典内容，这也是教学大纲的要求. 内容是经典的，但这绝不意味着处理方法也必须是经典的. 与传统教材相比，无论是概念的引入，还是定理的证明与应用，我们都不惜花费相当大的篇幅用于与你所习惯的思维方式的衔接. 始终在力争做到"浅入"而"深出". 本教材中的选修内容用*标出.

学习过程中，我们建议你对以下几点给予关注.

(1)在大学的学习过程中，概念和计算同等重要. 只有反复、认真地阅读教材，你才能真正掌握大学数学的基本概念. 每章节的习题中都安排了简单的计算题，其目的是帮助你检查对基本算法的理解. 在做习题时，你应先尝试独立完成习题，尽量不看答案，便于发现哪些知识还没有真正理解.

(2)本教材本着紧密联系实际，服务专业课程的宗旨，精选了不少涉及基本数学知识、能体现数学建模精神、使你有兴趣学习，且在你今后学习专业课程时可能接触到的应用范例和数学建模问题，如作为变化率的导数在工程、经济、医药等领域中的应用，逻辑斯谛模型及其在人口预测、新产品的推广模型与经济增长预测方面的应用等. 这些实际应用范例既为你理解数学抽象概念提供了认识基础，也有助于加强与后续专业课程的联系.

高等数学之"高等"，绝不仅"高等"于内容上. 就其思想方法而言也与初等数学有着很大的区别. 顺利完成由初等数学到高等数学的过渡, 同时实现由"形象思维"到"抽象思维"的转变是我们对你的期盼, 这也是本教材的任务之一. 除了把知识介绍给你之外, 我们还希望在后续学习的能力与严谨思维方式的培养等方面对你有所帮助. 学完本教材之后, 即使你获得了很优异的成绩, 也不要认为已完成了学业. 掌握好基本理论与基本技能固然重要, 触摸到问题的本质与精髓却是更加艰深的任务. 我们会祝愿着你的知识有一天能升华到那种理想的境界.

毋庸置疑, 考入大学意味着你已迈进了一条希望之路. 但应清醒地认识到这仅仅是一个新的开始, 理想的真正实现还需要你继续付出辛勤的劳动. 改革、竞争、快节奏犹如大浪淘沙, 谁笑到最后谁笑得最好. 望你轻拂高考的征尘, 依旧紧束戎装, 去笑迎新的挑战. 记住, 机遇总是偏袒勤奋的人.

愿本教材助你成功, 祝你成功, 这是我们共同的心愿.

编 者

2018 年 6 月 26 日

于珠海观音山下

目　录

第 1 章　极限与函数的连续性

高等数学是一门以函数为主要研究对象的数学课程. 在实际生活中, 大量的实际问题要求获得变量与变量之间的依赖关系, 由此产生了函数概念. 极限理论是研究函数的基础. 本章将介绍函数、极限和函数的连续性等基本概念以及它们的一些性质, 其中有些内容在中学课程中已经学习过, 但有必要巩固和进一步加深.

1.1　函　　数

1.1.1　区间和邻域

高等数学中讨论的量在实数集中取值, 全体实数的集合记为 $\mathbf{R}$. 实数集与数轴上的点集一一对应, 因此不严格区别数和点.

1. 区间

区间是高等数学中常用的数集, 借助于集合符号将其表示如下:

设 $a, b \in \mathbf{R}$, 且 $a < b$, 各种区间定义如下:

$$开区间\quad (a, b) = \left\{ x \mid a < x < b \right\};$$

$$闭区间\quad [a, b] = \left\{ x \mid a \leqslant x \leqslant b \right\};$$

$$左开右闭区间\quad (a, b] = \left\{ x \mid a < x \leqslant b \right\};$$

$$左闭右开区间\quad [a, b) = \left\{ x \mid a \leqslant x < b \right\}.$$

这些区间统称为**有限区间**, $b - a$ 称为这些**区间的长度**, a 与 b 分别称为这些区间的**左端点**和**右端点**. 开区间 (a, b) 和闭区间 $[a, b]$ 如图 1.1 (a) 与 (b) 所示.

下列区间统称为**无限区间**:

$$(a, +\infty) = \left\{ x \mid x > a \right\}; \quad [a, +\infty) = \left\{ x \mid x \geqslant a \right\}; \quad (-\infty, b) = \left\{ x \mid x < b \right\};$$

$$(-\infty, b] = \left\{ x \mid x \leqslant b \right\}; \quad (-\infty, +\infty) = \mathbf{R}.$$

其中 $+\infty$ (读作正无穷大) 表示数轴正方向无穷远处, $-\infty$ (读作负无穷大) 表示数轴负方向无穷远处, $-\infty$ 和 $+\infty$ 都不是具体的数. 区间 $(a,+\infty)$ 和 $(-\infty,b]$ 如图 1.1 (c) 和 (d) 所示.

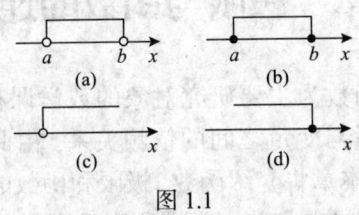

图 1.1

2. 邻域

邻域也是高等数学中常用的数集.

设 $a \in \mathbf{R}$, $\delta > 0$, 称与点 a 的距离小于 δ 的点组成的数集

$$\{x \mid |x-a| < \delta\} = (a-\delta, a+\delta)$$

为点 a 的 δ 邻域. 点 a 称为邻域的**中心**, δ 称为邻域的**半径**. 如图 1.2 (a) 所示.

在点 a 的 δ 邻域中去掉中心点 a 所得到的数集

$$\{x \mid 0 < |x-a| < \delta\} = (a-\delta, a) \bigcup (a, a+\delta)$$

称为点 a 的**去心邻域**($0 < |x-a|$ 表示 $x \neq a$). 如图 1.2 (b) 所示.

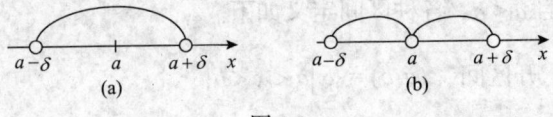

图 1.2

1.1.2 函数的概念

在我们所研究的基本问题中, 常常会遇到不同的量, 有些量在整个过程中不发生变化, 即取固定的数值, 这种量称为**常量**; 有些量在整个过程中是变化的, 即可以取不同的数值, 这种量称为**变量**.

1. 函数的定义

同一过程中的几个变量之间往往是互相依赖的关系. 现在针对两个变量的情况举几个例子.

例 1.1 考察不同半径的圆的面积.

设圆的半径为 r, 面积为 A, 则有

$$A = \pi r^2, \quad r > 0.$$

这里圆周率 π 是个常量, 圆的半径 r 和面积 A 都是变量. 当变量 r 在区间 $(0, +\infty)$ 内任取一个数值时, 变量 A 按照上面的对应法则有唯一的数值与之对应.

例 1.2 某市的出租车按如下办法收费: 当乘车里程不超过 2.5km 时, 收费 10 元, 当里程超过 2.5km 时, 每 km 加收 2 元.

设乘车里程为 $x$km, 则乘车费

$$y = \begin{cases} 10, & 0 < x \leqslant 2.5, \\ 10 + 2(x - 2.5), & x > 2.5. \end{cases}$$

这里乘车里程 x 和乘车费 y 是两个变量. 当变量 x 在区间 $(0, +\infty)$ 内任取一个数值时, 变量 y 按上面的对应法则就有唯一的数值与之对应.

一般地, 变量 y 与变量 x 之间的这种对应关系就是函数关系.

定义 1.1 设 D 是一个非空数集. 如果存在一个对应法则 f, 使得对于每一个数 $x \in D$, 按照对应法则 f 有唯一的数值 $y \in \mathbf{R}$ 与之对应, 则称 y 是 x 的函数, 记作

$$y = f(x), \quad x \in D,$$

其中 x 称为**自变量**, y 称为**因变量**, D 称为函数 $y = f(x)$ 的**定义域**.

为了简化书写, 本书引入几个逻辑符号, 其中符号 "$\forall$" (Any 首字母的变形) 表示 "对每一个" "对任何的". 函数定义中 "对每一个数 $x \in D$" 可以简写成 "$\forall x \in D$".

关于函数的定义, 作以下几点说明.

(1) 用变量的说法, 当变量 x 取值 $x_0 \in D$ 时, 变量 y 有唯一的数值 y_0 与 x_0 相对应. 此时称函数在点 x_0 处有定义, 称 y_0 为函数在点 x_0 的**函数值**, 记为 $f(x_0)$. 称全体函数值组成的数集

$$W = \left\{ y \,\middle|\, y = f(x), x \in D \right\}$$

为函数的**值域**. 函数定义中变量 y 与变量 x 的对应法则 $y = f(x)$ 称为**函数关系**.

(2) 对于用代数式表示的函数, 当不考虑函数中的变量所表示的实际意义时, 我们约定函数的定义域是使算式有意义的自变量能取到的所有数值所组成的数集, 也称其为函数的自然定义域.

例 1.3 确定函数 $y = \sqrt{x-1} + \dfrac{1}{x-2} - \lg(5-x)$ 的定义域.

解 为使函数有意义, 应有

$$x - 1 \geqslant 0, \quad x - 2 \neq 0, \quad 5 - x > 0,$$

所以函数的定义域 $D = [1,2) \cup (2,5)$.

(3)构成函数的要素是定义域 D 和函数关系 $y = f(x)$. 如果两个函数的定义域相同，函数关系也相同，那么它们是相同的函数.

例如，函数 $A = \pi r^2, r > 0$ 和 $y = \pi x^2, x > 0$ 是相同的函数.

再如，函数 $y = \lg x^2$ 和 $y = 2\lg x$，显然当 $x > 0$ 时 $\lg x^2 = 2\lg x$，但是由于它们的定义域分别是 $D_1 = (-\infty,0) \cup (0,+\infty), D_2 = (0,+\infty), D_1 \neq D_2$，所以二者不是相同函数.

(4)函数的定义强调了函数值的唯一性，即自变量每取一个值，对应的函数值是唯一的. 相反，对于一个函数值，所对应的自变量的值可能不唯一.

设函数 $y = f(x)$，定义域为 D，值域为 W. 若 $\forall y \in W$，相应的自变量 x 的值是唯一的，则称 x 与 y 是**一一对应**的.

例如，在函数 $y = x^2$（图 1.3（a））中，x 与 y 不是一一对应的，而在函数 $y = x^3$（图 1.3（b））中，x 与 y 是一一对应的.

最后说一下关于函数的记号. 如果在同一场合出现多个函数，常用不同的字母来区别它们. 如函数 $y = g(x), y = F(x), y = \varphi(x)$ 等等. 有时还直接用表示因变量的字母将函数写成 $y = y(x)$.

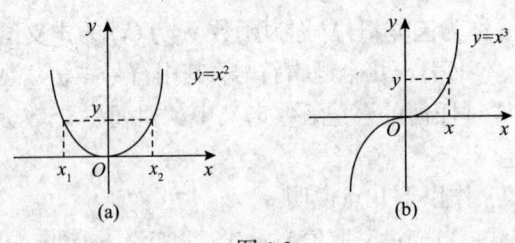

图 1.3

2. 函数的图形

表示函数的方法很多，如表格法、图形法、公式法，其中图形法更便于直观地了解函数.

设函数 $y = f(x), x \in D$. $\forall x \in D$，对应的函数值为 $y = f(x)$，以 x 为横坐标，y 为纵坐标，就得 xOy 平面上的一个点 (x,y)，称 xOy 平面上的平面点集

$$C = \{(x,y) \mid y = f(x), x \in D\}$$

为函数 $y = f(x)$ 的**图形**（图 1.4）.

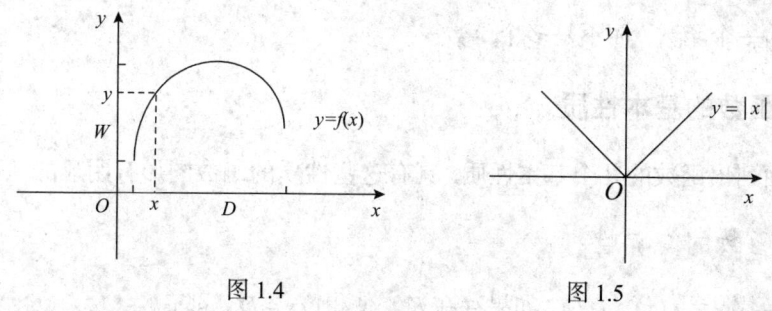

图 1.4　　　　　　　　　　　　图 1.5

一般地，函数 $y = f(x)$ 的图形是 xOy 平面上的一段曲线.

例 1.4　(1) 绝对值函数

$$y = |x| = \begin{cases} x, & x \geqslant 0, \\ -x, & x < 0. \end{cases}$$

定义域 $D = (-\infty, +\infty)$，值域 $W = [0, +\infty)$ (图 1.5).

(2) 符号函数

$$y = \operatorname{sgn} x = \begin{cases} 1, & x > 0, \\ 0, & x = 0, \\ -1, & x < 0. \end{cases}$$

定义域 $D = (-\infty, +\infty)$，值域 $W = \{-1, 0, 1\}$ (图 1.6).

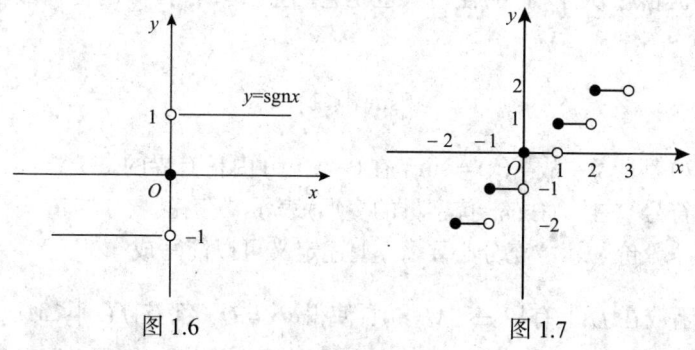

图 1.6　　　　　　　　　　　　图 1.7

(3) "最大整数部分" 函数

$$y = [x].$$

规定 $[x]$ 是不超过 x 的最大整数，比如，当 $x = 3.6$ 时，$[x] = 3$；当 $x = -3.6$ 时，$[x] = -4$ 等．函数 $y = [x]$ 的定义域 $D = (-\infty, +\infty)$，值域 $W = \{0, \pm 1, \pm 2, \cdots\}$　(图 1.7).

本例中出现的这种类型的函数称为**分段函数**．要注意，分段函数是用多个式子表示的一个函数, 而不是多个函数.

1.1.3　函数的基本性质

下面列出函数的几个基本性质, 具有这些性质的函数图形有明显的几何特征.

1. 函数的有界性

设函数 $y = f(x), x \in D$. 如果存在 K_1, 使得 $\forall x \in D$, 都有

$$f(x) \leqslant K_1,$$

则称函数 $f(x)$ 在 D 上有上界, 而 K_1 称为函数 $f(x)$ 在 D 上的上界.

设函数 $y = f(x), x \in D$. 如果存在 K_2, 使得 $\forall x \in D$, 都有

$$f(x) \geqslant K_2,$$

则称函数 $f(x)$ 在 D 上有下界, 而 K_2 称为函数 $f(x)$ 在 D 上的下界.

设函数 $y = f(x), x \in D$. 如果存在正数 M, 使得 $\forall x \in D$, 都有

$$|f(x)| \leqslant M,$$

则称函数 $f(x)$ 在 D 上**有界**, 否则称函数 $f(x)$ 在 D 上**无界**.

例如, 函数 $f(x) = \sin x$ 在 $(-\infty, +\infty)$ 内来说, 数 1 是它的一个上界, 数 -1 是它的一个下界(当然, 大于 1 的任何数也是它的上界, 小于 -1 的任何数也是它的下界), 又

$$|\sin x| \leqslant 1,$$

$\forall x \in (-\infty, +\infty)$ 都成立, 故 $f(x) = \sin x$ 在 $(-\infty, +\infty)$ 内是有界的.

用逻辑符号 "$\exists$" (Exist 首字母的变形)表示 "存在"、"有一个", 用符号 "$\Leftrightarrow$" 表示 "等价"、"充分必要". 上述定义可以简写成

$$\text{函数在 } D \text{ 上有界} \Leftrightarrow \exists M > 0, \text{ 使得 } \forall x \in D, \text{ 都有 } |f(x)| \leqslant M.$$

应当注意, 任何定义本身都是充分必要条件.

定义中的 $|f(x)| \leqslant M$, 就是 $-M \leqslant f(x) \leqslant M$. 当函数 $f(x)$ 在 D 上有界时, 函数的图形介于两条水平直线 $y = M$ 和 $y = -M$ 之间(图 1.8).

如函数 $f(x) = x^2$, 在区间 $(-\infty, +\infty)$ 上无界, 而在区间 $[0,1]$ 上有界.

可见, 函数 $f(x)$ 的有界性不仅与函数的表达式有关, 还与所讨论的数集 D 有关.

容易证明, 函数 $f(x)$ 在 D 上有界的充分必要条件是 $f(x)$ 在 D 上既有上界又有下界.

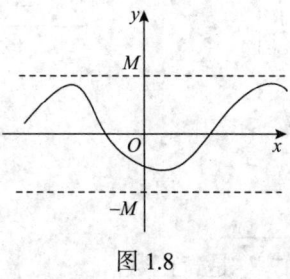

图 1.8

2. 函数的单调性

设函数 $f(x), x \in D$, 区间 $I \subset D$. 如果 $\forall x_1, x_2 \in I$, 当 $x_1 < x_2$ 时, 总有

$$f(x_1) < f(x_2) \quad (或 f(x_1) > f(x_2)),$$

则称函数 $f(x)$ 在区间 I 上是**单调增加**(或**单调减少**)的.

例如, $f(x) = \sin x$ 在 $\left[0, \dfrac{\pi}{2}\right]$ 上是单调增加的, 在 $\left[\dfrac{\pi}{2}, \pi\right]$ 上是单调减少的 (图 1.20(a)).

单调增加或单调减少的函数统称为**单调函数**, I 称为**单调区间**(图 1.9 与图 1.10). 单调增加函数的图形是沿 x 轴正向上升的, 单调减少函数的图形是沿 x 轴正向下降的.

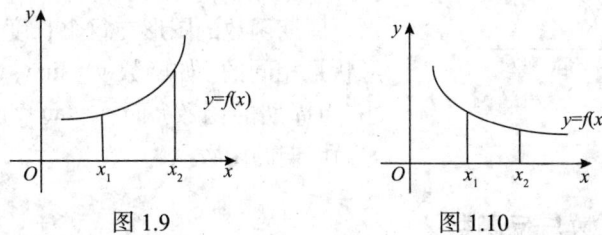

图 1.9　　　　　　　　　　图 1.10

3. 函数的奇偶性

设函数 $f(x), x \in D, D$ 关于原点对称. 如果 $\forall x \in D$, 都有

$$f(-x) = f(x) \quad (或 f(-x) = -f(x)),$$

则称 $f(x)$ 为**偶函数**(或**奇函数**)(图 1.11).

偶函数的图形关于 y 轴是对称的, 奇函数的图形关于原点是对称的. 例如, $y = x^2$ 是偶函数, $y = x^3$ 是奇函数, 而 $y = x^2 + x^3$ 既不是奇函数, 又不是偶函数.

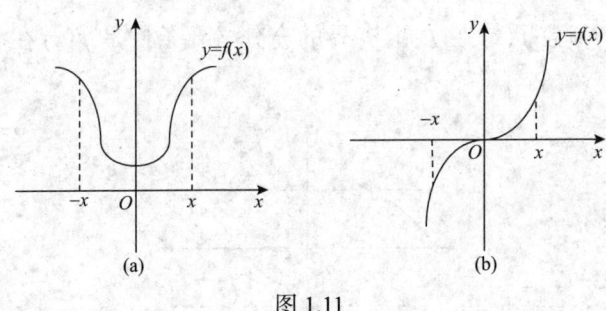

图 1.11

例 1.5　证明 $f(x) = x\sqrt{1+x^2}$ 是奇函数.

证明　函数的定义域 $D = (-\infty, +\infty)$ 关于原点对称. 由于 $\forall x \in D$,

$$f(-x) = (-x)\sqrt{1+(-x)^2} = -x\sqrt{1+x^2} = -f(x),$$

所以 $f(x)$ 是奇函数.　□

4. 函数的周期性

设函数 $y = f(x), x \in D$, 如果 $\exists T > 0$, 使得 $\forall x \in D$, 都有 $x+T \in D$, 并且

$$f(x+T) = f(x),$$

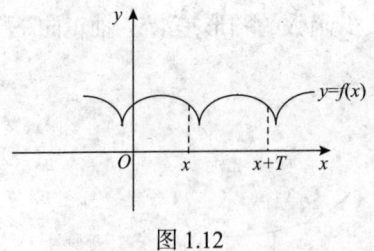

图 1.12

则 称 函 数 $f(x)$ 是 **周 期 函 数**, 并 称 使 $f(x+T) = f(x)$ 成立的最小正数 T(若存在) 为 $f(x)$ 的周期(图 1.12).

周期函数的图形在每个长度为 T 的区间上形状是相同的. 如函数 $y = \sin x, y = \cos x$ 都是以 2π 为周期的函数, 而 $y = \tan x, y = \cot x$ 都是以 π 为周期的函数.

1.1.4　复合函数与反函数

1. 复合函数

设 y 是 u 的函数, $y = f(u)$, 而 u 是 x 的函数, $u = \varphi(x)$. 如果当 x 在某数集上取值时, 相应的 $u = \varphi(x)$ 可使 $y = f(u)$ 有定义, 那么就得到一个以 x 为自变量, 经过变量 u, 而以 y 为因变量的函数. 称之为由函数 $y = f(u)$ 和 $u = \varphi(x)$ 构成的**复合函数**, 记为

$$y = f[\varphi(x)],$$

其中 u 被称为**中间变量**.

复合函数就是由中间变量的代入而得到的函数. 复合函数可能由两个函数构成, 也可能由多个函数构成. 如函数 $y=\sqrt{1-x^2}$ 是由 $y=\sqrt{u}$ 和 $u=1-x^2$ 构成的, 其中 u 是中间变量, 而函数 $y=\mathrm{e}^{\sin\frac{1}{x}}$ 是由 $y=\mathrm{e}^u$, $u=\sin v$ 和 $v=\dfrac{1}{x}$ 构成的, 其中 u 和 v 是两个中间变量.

2. 反函数

设函数 $y=f(x)$, 定义域为 D, 值域为 W. 如果在 $y=f(x)$ 中 x 与 y 是一一对应的, 那么 $\forall y\in W$, 就有唯一的 $x\in D$ 使得 $f(x)=y$. 这样就得到一个以 y 为自变量, x 为因变量的函数, 称为 $y=f(x)$ 的**反函数**, 记作 $x=f^{-1}(y)$.

习惯上, 用 x 表示自变量, y 表示因变量, 而把 $x=f^{-1}(y)$ 中的 x 与 y 位置互换, 将 $y=f(x)$ 的反函数写成 $y=f^{-1}(x)$. 以后如果不作特殊说明, 我们说 $y=f(x)$ 的反函数是指 $y=f^{-1}(x)$. 显然, $y=f(x)$ 的反函数 $y=f^{-1}(x)$ 的定义域为 W, 值域为 D. 例如, $y=x^3$ 的反函数为 $y=\sqrt[3]{x}$ (图 1.13). 再如, $y=a^x$ 的反函数为 $y=\log_a x$ (图 1.14).

如果把 $y=f(x)$ 及其反函数 $y=f^{-1}(x)$ 的图形画在同一坐标平面上, 那么它们关于直线 $y=x$ 是对称的. 这是因为, 如果点 $P(a,b)$ 在 $y=f(x)$ 的图形上, 则点 $Q(b,a)$ 一定在 $y=f^{-1}(x)$ 的图形上, 而点 $P(a,b)$ 与点 $Q(b,a)$ 关于直线 $y=x$ 是对称的.

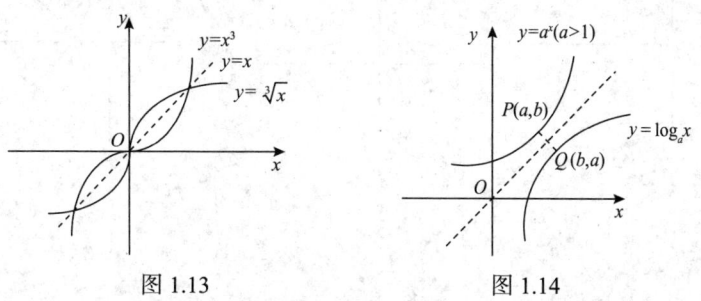

图 1.13　　　　　　　　图 1.14

并非任何一个函数都有反函数, 比如 $y=x^2$, $x\in(-\infty,+\infty)$. 由于此函数中 x 与 y 不是一一对应的, 因此, 该函数无反函数.

根据函数单调性的定义, 单调函数 $y=f(x)$ 中 x 与 y 必是一一对应的, 由此可得反函数存在定理.

定理 1.1 (反函数存在定理)　单调函数必有反函数.

1.1.5 初等函数

把常函数、指数函数、对数函数、幂函数、三角函数、反三角函数统称为**基本初等函数**.

1. 常函数

形如 $y = c$ (c 为常数)，$x \in (-\infty, +\infty)$ (图 1.15) 的函数, 称为**常函数**.

2. 指数函数

形如 $y = a^x$ (a 是常数，$a > 0$，$a \neq 1$)，$x \in (-\infty, +\infty)$ (图 1.16) 的函数, 称为**指数函数**. 特别地, 当 $a = e$ 时 ($e = 2.7182818\cdots$, 是一个无理数), $y = e^x$ 是常用的一个指数函数.

3. 对数函数

形如 $y = \log_a x$ (a 是常数，$a > 0$，$a \neq 1$)，$x \in (0, +\infty)$ (图 1.17) 的函数, 称为**对数函数**. $y = \log_a x$ 是指数函数 $y = a^x$ 的反函数. 特别地, 当 $a = e$ 时, 称 $y = \log_e x$ 为自然对数, 记为 $\ln x$.

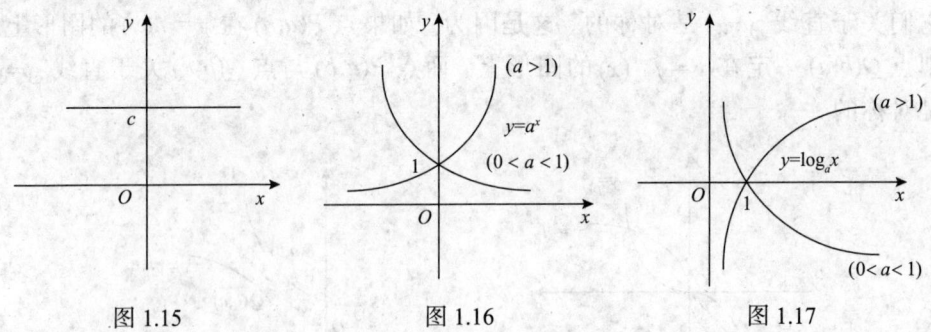

图 1.15   图 1.16   图 1.17

4. 幂函数

形如 $y = x^\mu$ (μ 为常数，$\mu \neq 0$) 的函数, 称为**幂函数**.
以下几个幂函数经常用到

$$y = x^2, \quad y = \sqrt{x} \text{ (图 1.18)}, \quad y = x^3, \quad y = \sqrt[3]{x}, \quad y = \frac{1}{x} \text{ (图 1.19)}.$$

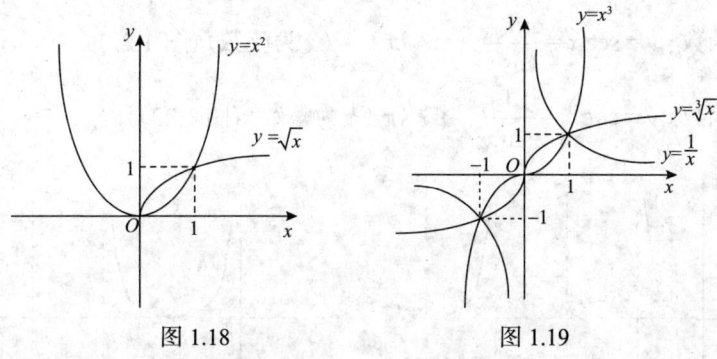

图 1.18　　　　　　　图 1.19

　　幂函数 $y = x^{\mu}$ 的定义域和值域要由 μ 的值来确定. 但不论 μ 为何值, $y = x^{\mu}$ 在 $(0, +\infty)$ 内都有定义. 当 $x \in (0, +\infty)$ 时, 由于 $\ln x^{\mu} = \mu \ln x$, 有 $y = x^{\mu} = e^{\mu \ln x}$.

5. 三角函数

　　正弦函数　$y = \sin x$, $x \in (-\infty, +\infty)$ (图 1.20(a)).

　　余弦函数　$y = \cos x$, $x \in (-\infty, +\infty)$ (图 1.20(b)).

　　正切函数　$y = \tan x = \dfrac{\sin x}{\cos x}$, $x \neq k\pi + \dfrac{\pi}{2}$ (k 为整数) (图 1.21(a)).

　　余切函数　$y = \cot x = \dfrac{\cos x}{\sin x}$, $x \neq k\pi$ (k 为整数) (图 1.21(b)).

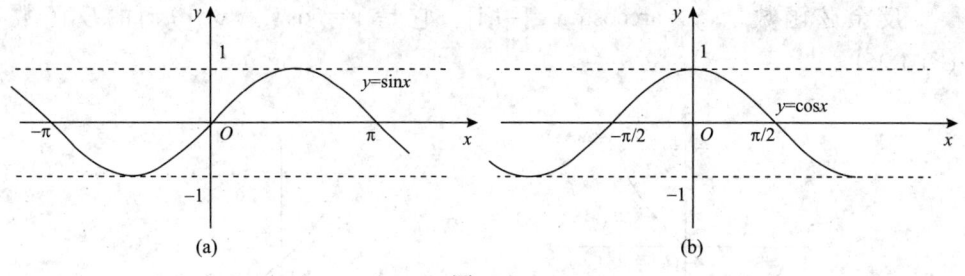

(a)　　　　　　　　　　　　　　(b)

图 1.20

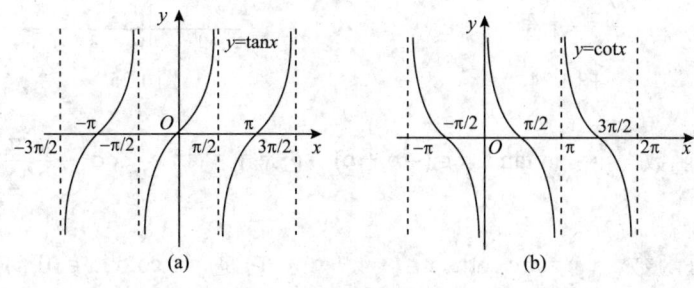

(a)　　　　　　　　　　　　　　(b)

图 1.21

正割函数　$y = \sec x = \dfrac{1}{\cos x}$，　$x \neq k\pi + \dfrac{\pi}{2}$（$k$ 为整数）(图 1.22)．

余割函数　$y = \csc x = \dfrac{1}{\sin x}$，　$x \neq k\pi$（k 为整数）(图 1.23)．

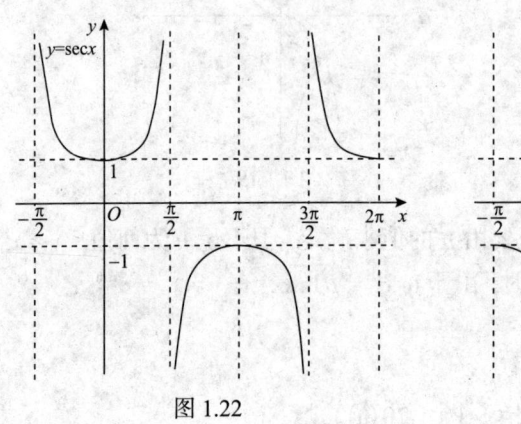
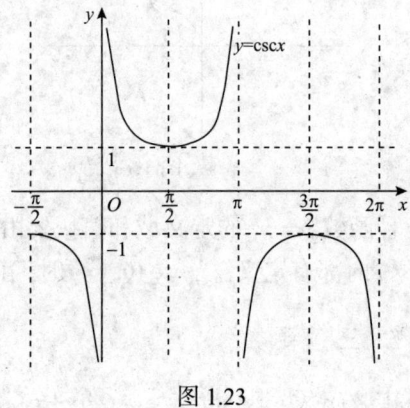

图 1.22　　　　　　　　　　　　　　　图 1.23

6. 反三角函数

反正弦函数　　$y = \arcsin x, x \in [-1,1]$．它是 $y = \sin x$，　$x \in \left[-\dfrac{\pi}{2}, \dfrac{\pi}{2} \right]$ 的反函数 (图 1.24)．

反余弦函数　　$y = \arccos x, x \in [-1,1]$．它是 $y = \cos x$，　$x \in [0, \pi]$ 的反函数 (图 1.25)．

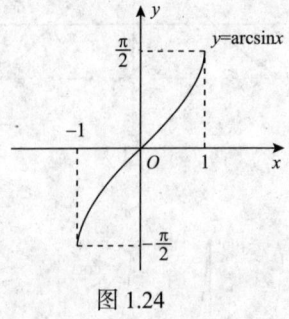
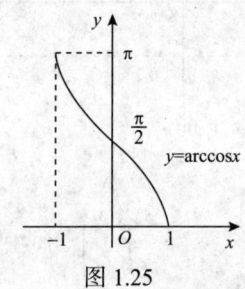

图 1.24　　　　　　　　　　　　　　　图 1.25

反正切函数　　$y = \arctan x, x \in (-\infty, +\infty)$．它是 $y = \tan x$，　$x \in \left(-\dfrac{\pi}{2}, \dfrac{\pi}{2} \right)$ 的反函数 (图 1.26)．

反余切函数　　$y = \operatorname{arc} \cot x, x \in (-\infty, +\infty)$．它是 $y = \cot x, x \in (0, \pi)$ 的反函数 (图 1.27)．

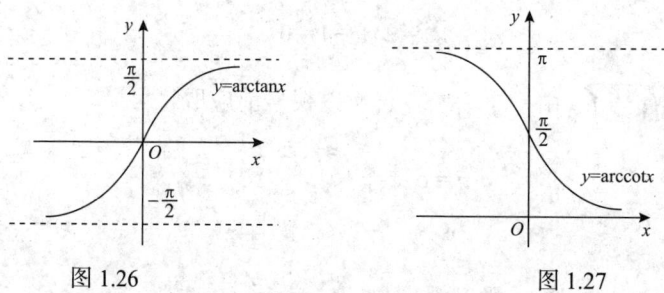

图 1.26 图 1.27

把由基本初等函数经过有限次四则运算和有限次复合而得到的并且可以用一个式子表示的函数称为**初等函数**.

例如, $y = \sqrt{1-x^2}$, $y = \sin^2 x$, $y = \mathrm{e}^{\sin\frac{1}{x}}$ 等都是初等函数. 本课程中所讨论的大多数函数都是初等函数.

工程中常用到由 $y = \mathrm{e}^x, y = \mathrm{e}^{-x}$ 所产生的双曲函数, 它们是

双曲正弦函数 $\quad y = \mathrm{sh}x = \dfrac{1}{2}(\mathrm{e}^x - \mathrm{e}^{-x})$, $x \in (-\infty, +\infty)$ (图 1.28).

双曲余弦函数 $\quad y = \mathrm{ch}x = \dfrac{1}{2}(\mathrm{e}^x + \mathrm{e}^{-x})$, $x \in (-\infty, +\infty)$ (图 1.28).

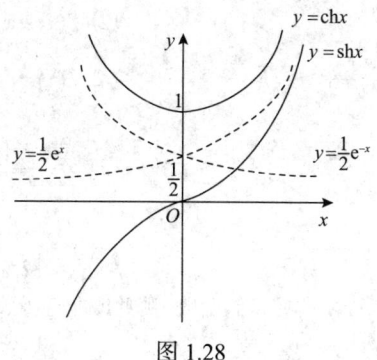

图 1.28

可以证明有如下公式:

(1) $\mathrm{ch}^2 x - \mathrm{sh}^2 x = 1$; (2) $\mathrm{sh}2x = 2\mathrm{sh}x \cdot \mathrm{ch}x$; (3) $\mathrm{ch}2x = \mathrm{ch}^2 x + \mathrm{sh}^2 x$.

双曲正弦函数 $y = \mathrm{sh}x$ 是单调函数, 所以其反函数存在.

例 1.6 求双曲正弦函数 $y = \mathrm{sh}x$ 的反函数.

解 由

$$y = \mathrm{sh}x = \frac{\mathrm{e}^x - \mathrm{e}^{-x}}{2} = \frac{\mathrm{e}^{2x} - 1}{2\mathrm{e}^x},$$

令 $u = \mathrm{e}^x$, 有

$$u^2 - 2yu - 1 = 0,$$

解得 $u = y \pm \sqrt{y^2 + 1}$，由于 $u = e^x > 0$，所以根号前应取正号.

$$u = e^x = y + \sqrt{y^2 + 1},$$

则有

$$x = \ln(y + \sqrt{y^2 + 1}),$$

互换 x 与 y 的位置，可得 $y = \mathrm{sh}x$ 的反函数为

$$y = \ln(x + \sqrt{x^2 + 1}), \quad x \in (-\infty, +\infty).$$

习题 1.1

习题 1.1 解答

1. 用区间表示下列数集：

(1) $\{x \mid 0 < |x - 1| < 3\}$；

(2) $\{x \mid x^2 - x - 2 \geqslant 0\}$.

2. 下列各题中，函数 $f(x)$ 和 $g(x)$ 是否相同，为什么？

(1) $f(x) = \dfrac{x^2 - 1}{x + 1}$，$g(x) = x - 1$；

(2) $f(x) = x$，$g(x) = \sqrt{x^2}$；

(3) $f(x) = \sqrt[3]{x^4 - x^3}$，$g(x) = x \cdot \sqrt[3]{x - 1}$；

(4) $f(x) = \sec^2 x - \tan^2 x$，$g(x) = 1$.

3. 求下列函数的定义域：

(1) $y = \dfrac{1}{x} - \sqrt{1 - x^2}$；

(2) $y = \dfrac{1}{\sqrt{x^2 - 9}}$；

(3) $y = \dfrac{1}{\ln(x - 1)}$；

(4) $y = \begin{cases} x^2, & -2 < x \leqslant 0, \\ 2^x, & 0 < x \leqslant 3. \end{cases}$

4. 下列函数中哪些是奇函数，哪些是偶函数，哪些既非奇函数又非偶函数？

(1) $y = x^3(1 - x^2)$；

(2) $y = \dfrac{1 - x^2}{1 + x^2}$；

(3) $y = \dfrac{a^x + a^{-x}}{2}$；

(4) $y = \sin x - \cos x + 1$.

5. 设函数 $f(x)$ 是定义在 $(-l, l)$ 内的奇函数 $(l > 0)$，证明：若 $f(x)$ 在 $(-l, 0)$ 内单调增加，则 $f(x)$ 在 $(0, l)$ 内也单调增加.

6. 下列各函数中哪些是周期函数？对于周期函数，指出其周期.

(1) $y = \cos 4x$；

(2) $y = 1 + \sin \pi x$；

(3) $y = \sin^2 x$；

(4) $y = x \cos x$.

7. 设函数 $f(x)$ 的定义域 $D = [0, 1]$，求下列函数的定义域：

(1) $f(x^2)$；

(2) $f(x - a) + f(x + a) \, (a > 0)$.

8. 已知 $f\left(x+\dfrac{1}{x}\right)=x^2+\dfrac{1}{x^2}$，求 $f(x)$．

9. 设

$$f(x)=\begin{cases}1,&x>0,\\0,&x=0,\\-1,&x<0.\end{cases}\qquad g(x)=2x+1,$$

求 $f[g(x)]$ 和 $g[f(x)]$．

10. 求下列函数的反函数：

(1) $y=\sqrt[3]{2x+1}$；

(2) $y=\dfrac{1-x}{1+x}$；

(3) $y=1+\log_a(x-2)\,(a>0,a\neq1)$．

11. 求下列函数在指定点的函数值：

(1) $f(x)=\begin{cases}|\sin x|,&|x|<\dfrac{\pi}{3},\\[2mm]0,&|x|\geqslant\dfrac{\pi}{3},\end{cases}$　　求 $f\left(\dfrac{\pi}{6}\right)$，$f\left(\dfrac{\pi}{4}\right)$，$f\left(-\dfrac{\pi}{4}\right)$，$f(-2)$；

(2) $f(x)=\arcsin\dfrac{x}{2}$，求 $f(-2)$，$f(-\sqrt{3})$，$f(0)$，$f(1)$，$f(2)$；

(3) $f(x)=\arctan x$，求 $f(0)$，$f(1)$，$f\left(\dfrac{\sqrt{3}}{3}\right)$，$f(\sqrt{3})$．

12. 作出下列函数的图形：

(1) $y=\sin\dfrac{1}{2}\left(x+\dfrac{\pi}{2}\right)$；

(2) $y=x+\mathrm{e}^x$．

13. 证明 $\mathrm{ch}^2x-\mathrm{sh}^2x=1$．

14. 某货运公司运费报价为：在 100km 以内为 A 元每吨每千米；超过 100km 时，超过部分八折．试写出每吨货物运费与里程 x 之间的函数关系．

1.2　极限的概念、无穷小与无穷大

1.2.1　数列及其极限

1. 数列

设有自变量 n 为正整数的函数 $x_n=f(n)$，把它的一切函数值依次排列得到一列数

$$x_1,x_2,\cdots,x_n,\cdots,$$

称为一个**数列**，简记为 $\{x_n\}$．数列中的每一个数称为数列的项，第 n 项 x_n 称为数

列的**一般项**.

例如，数列 (1) $x_n = \dfrac{n+1}{n}(n=1,2,\cdots)$，即 $2, \dfrac{3}{2}, \dfrac{4}{3}, \cdots, \dfrac{n+1}{n}, \cdots$.

数列 (2) $x_n = (-1)^{n-1}(n=1,2,\cdots)$，即 $1, -1, 1, \cdots, (-1)^{n-1}, \cdots$.

数列中每一项对应数轴上一个点，因此数列对应数轴上一个点列 (图 1.29).

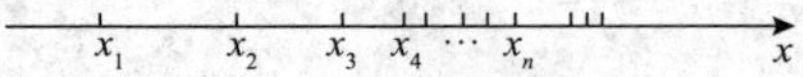

图 1.29

类似于函数的有界性和单调性，可以定义数列的有界性和单调性.

数列的有界性　　对于数列 $\{x_n\}$，如果 $\exists M > 0$，使得 $\forall$ 正整数 n，都有 $|x_n| \leqslant M$，则称 $\{x_n\}$ 是**有界数列**，否则称 $\{x_n\}$ 是**无界数列**.

在数轴上，有界数列 $\{x_n\}$ 的所有项都落在某个闭区间 $[-M, M]$ 上.

数列的单调性　　设有数列 $\{x_n\}$，如果

$$x_1 \leqslant x_2 \leqslant \cdots \leqslant x_n \leqslant x_{n+1} \leqslant \cdots,$$

则称 $\{x_n\}$ 是**单调增加数列**. 如果上式中 $\leqslant$ 号改为 $\geqslant$ 号，则称 $\{x_n\}$ 是**单调减少数列**.

单调增加数列和单调减少数列统称为**单调数列**，在数轴上，单调数列的项只向数轴的一个方向变动.

例如，数列 (1) 是单调减少的有界数列；数列 (2) 也是有界数列，但没有单调性.

2. 数列的极限

对于数列这种变量，我们关心的是当 n 无限增大 (记作 $n \to \infty$) 时，x_n 的变化趋势.

例如，对于数列 (1)，当 n 无限增大时，$x_n = \dfrac{n+1}{n}$ 无限接近于常数 1，此时称数列 $\{x_n\}$ 有极限 1. 对于数列 (2)，当 n 无限增大时，$x_n = (-1)^{n-1}$ 在两个数 1 和 -1 上来回变动，不会无限接近于某固定常数，此时称数列 $\{x_n\}$ 没有极限.

对于数列 (1)，x_n 与常数 1 的接近程度可以用距离 $|x_n - 1| = \dfrac{1}{n}$ 来度量. 只要 n 足够大，$|x_n - 1|$ 可以小于任何预先给定的正数.

比如，对给定的正数 $\varepsilon = \dfrac{1}{100}$，要使 $|x_n - 1| < \dfrac{1}{100}$，只要 $n > 100$，即从 101 项起，都有 $|x_n - 1| < \dfrac{1}{100}$ 成立.

对给定的更小的正数 $\varepsilon = \dfrac{1}{10000}$，要使 $|x_n - 1| < \dfrac{1}{10000}$，只要 $n > 10000$，即从 10001 项起，都有 $|x_n - 1| < \dfrac{1}{10000}$ 成立.

一般地，不论给定的正数 ε 多么小，总存在一个正整数 N，当 $n > N$ 时，都有 $|x_n - 1| < \varepsilon$ 成立.

定义 2.1（数列极限）　设有数列 $\{x_n\}$，A 为一个常数，如果对于任意给定的正数 ε（不论多么小），总存在正整数 N，使得当 $n > N$ 时，都有

$$|x_n - A| < \varepsilon,$$

则称当 $n \to \infty$ 时，**数列 $\{x_n\}$ 有极限** A，或者称数列 $\{x_n\}$ **收敛**于 A，记作

$$\lim_{n \to \infty} x_n = A \quad \text{或} \quad x_n \to A \,(n \to \infty).$$

否则称当 $n \to \infty$ 时，$\{x_n\}$ 没有极限，或者称数列 $\{x_n\}$ **发散**，习惯上也称作 $\lim\limits_{n \to \infty} x_n$ 不存在.

定义可以简写为

$$\lim_{n \to \infty} x_n = A \Leftrightarrow \forall \varepsilon > 0,\ \exists \text{正整数} N,\ \text{当} n > N \text{时},\ \text{有} |x_n - A| < \varepsilon.$$

定义中 $|x_n - A| < \varepsilon$ 可表示为 $A - \varepsilon < x_n < A + \varepsilon$. 定义的几何意义是：当 $n > N$ 时，所有的 x_n 都落到邻域 $(A - \varepsilon, A + \varepsilon)$ 内，即有无穷项落在了邻域 $(A - \varepsilon, A + \varepsilon)$ 内，邻域外至多只有 $x_1, x_2, \cdots, x_N$ 中的有限项（图 1.30）.

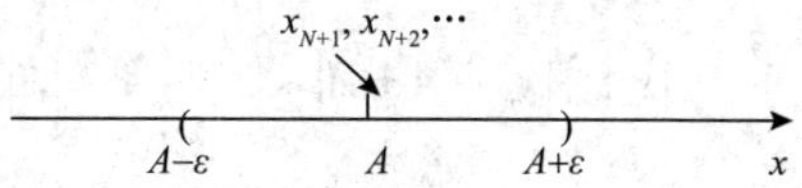

图 1.30

由定义 2.1，容易证明

$$\lim_{n \to \infty} C = C, \quad \lim_{n \to \infty} \frac{1}{n} = 0.$$

例 2.1　证明 $\lim\limits_{n \to \infty} \dfrac{\sin n}{n} = 0$.

证明　因为

$$|x_n - 0| = \left| \frac{\sin n}{n} - 0 \right| = \frac{|\sin n|}{n} < \frac{1}{n},$$

$\forall \varepsilon > 0$，为了使 $|x_n - 0| < \varepsilon$，只要 $n > \dfrac{1}{\varepsilon}$. 取正整数 $N = \left[\dfrac{1}{\varepsilon}\right] + 1$，则当 $n > N$ 时，就有

$$\left|\frac{\sin n}{n} - 0\right| < \varepsilon,$$

即

$$\lim_{n \to \infty} \frac{\sin n}{n} = 0. \qquad\qquad \square$$

例 2.2　证明 $\lim\limits_{n \to \infty} q^n = 0$（$|q| < 1$）.

证明　当 $q = 0$ 时，结论显然成立.

当 $0 < |q| < 1$ 时，$\forall \varepsilon > 0$（不妨设 $\varepsilon < 1$），为了使 $|q^n - 0| = |q|^n < \varepsilon$，只要 $n \ln|q| < \ln\varepsilon$，即 $n > \dfrac{\ln\varepsilon}{\ln|q|}$（注意到 $\ln\varepsilon < 0$，$\ln|q| < 0$）. 取正整数 $N = \left[\dfrac{\ln\varepsilon}{\ln|q|}\right] + 1$，则当 $n > N$ 时，就有 $|q^n - 0| < \varepsilon$，即

$$\lim_{n \to \infty} q^n = 0 \quad (|q| < 1). \qquad\qquad \square$$

3. 收敛数列的性质

性质 1(有界性)　收敛数列必有界.

证明　设 $\lim\limits_{n \to \infty} x_n = A$，由极限定义，取 $\varepsilon = 1$，$\exists$ 正整数 N，当 $n > N$ 时，

$$|x_n - A| < 1, \quad |x_n| = |x_n - A + A| \leqslant |x_n - A| + |A| < 1 + |A|.$$

取 $M = \max\{|x_1|, |x_2|, \cdots, |x_N|, 1 + |A|\}$，则 $\forall$ 正整数 n，都有 $|x_n| \leqslant M$，即 $\{x_n\}$ 是有界数列.

$\qquad\qquad \square$

　　根据这个性质，如果数列无界，那么它一定发散. 但是有界数列却不能断定一定收敛，例如，数列 $x_n = (-1)^{n-1}$ 有界，但是这个数列是发散的.

性质 2(保号性)　如果 $\lim\limits_{n \to \infty} x_n = A$，且 $A > 0$（或 $A < 0$），那么存在正整数 N，当 $n > N$ 时，都有 $x_n > 0$（或 $x_n < 0$）.

证明　由极限定义，对 $\varepsilon = \dfrac{A}{2} > 0$，$\exists$ 正整数 N，当 $n > N$ 时，有 $|x_n - A| < \dfrac{A}{2}$，从而 $x_n > A - \dfrac{A}{2} = \dfrac{A}{2} > 0$.

$\qquad\qquad \square$

用反证法可证明下述推论.

推论 1　设 $\lim\limits_{n\to\infty}x_n = A$，且存在正整数 N，当 $n > N$ 时，$x_n \geqslant 0$（或 $x_n \leqslant 0$），那么 $A \geqslant 0$（或 $A \leqslant 0$）.

1.2.2　函数的极限

数列 $\{x_n\}$ 实际上是自变量 n 取正整数的函数 $x_n = f(n)$，将数列极限加以推广便得到函数 $f(x)$ 的极限.

1. $x \to \infty$ 时 $f(x)$ 的极限

如果当 $|x|$ 无限增大时，函数值 $f(x)$ 无限接近于一个固定常数 A，就称 $x \to \infty$ 时，$f(x)$ 以 A 为极限.

定义 2.2　设函数 $f(x)$ 当 $|x|$ 大于某一正数时有定义，A 为一个常数. 如果对于任意给定的正数 ε，总存在正数 X，使得当 $|x| > X$ 时，都有

$$|f(x) - A| < \varepsilon,$$

则称 A 为 $f(x)$ 当 $x \to \infty$ **时的极限**，记作

$$\lim_{x\to\infty} f(x) = A \quad 或 \quad f(x) \to A(x \to \infty).$$

定义可以简写为

$$\lim_{x\to\infty} f(x) = A \Leftrightarrow \forall \varepsilon > 0,\ \exists X > 0,\ 当 |x| > X 时,\ 有 |f(x) - A| < \varepsilon.$$

定义的几何意义：不论预先取定的正数 ε 多么小，总存在 $X > 0$，当 $x > X$ 或 $x < -X$ 时，曲线 $y = f(x)$ 介于两条平行直线 $y = A + \varepsilon$ 与 $y = A - \varepsilon$ 之间（图 1.31）.

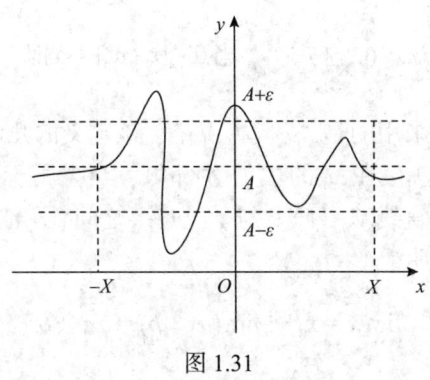

图 1.31

如果 $x > 0$ 且无限增大（记作 $x \to +\infty$），那么只要把上面定义中 $|x| > X$ 改为 $x > X$，就可得 $\lim\limits_{x \to +\infty} f(x) = A$ 的定义. 同样地，如果 $x < 0$ 而 $|x|$ 无限增大（记作 $x \to -\infty$），那么只要把 $|x| > X$ 改为 $x < -X$，便得到 $\lim\limits_{x \to -\infty} f(x)$ 的定义.

由定义 2.2，容易证明 $\lim\limits_{x \to \infty} \dfrac{1}{x} = 0$.

例 2.3　证明 $\lim\limits_{x \to +\infty} \mathrm{e}^{-x} = 0$.

证明　$\forall \varepsilon > 0$（不妨设 $\varepsilon < 1$），为了使 $\left| \mathrm{e}^{-x} - 0 \right| = \mathrm{e}^{-x} < \varepsilon$，只要 $x > -\ln \varepsilon$，取 $X = -\ln \varepsilon$，则当 $x > X$ 时上式成立，由极限定义 $\lim\limits_{x \to +\infty} \mathrm{e}^{-x} = 0$.

2. $x \to x_0$ 时 $f(x)$ 的极限

如果当 x 趋于定点 x_0 时，函数值 $f(x)$ 无限接近于一个固定常数 A，就说 A 是 $f(x)$ 当 x 趋于 x_0 时的极限.

定义 2.3　设函数 $f(x)$ 在点 x_0 的某去心邻域内有定义（在点 x_0 可以没有定义），A 为一个常数，如果对于任意给定的正数 ε，总存在正数 δ，使得当 $0 < |x - x_0| < \delta$ 时，都有

$$|f(x) - A| < \varepsilon,$$

则称 A 为 $f(x)$ 当 $x \to x_0$ 时的极限，记作

$$\lim_{x \to x_0} f(x) = A \quad 或 \quad f(x) \to A(x \to x_0).$$

注意　定义中 $0 < |x - x_0|$ 表示 $x \neq x_0$，所以 $x \to x_0$ 时 $f(x)$ 的极限是否存在与 $f(x)$ 在点 x_0 是否有意义无关.

定义可以简写为

$$\lim_{x \to x_0} f(x) = A \Leftrightarrow \forall \varepsilon > 0,\ \exists \delta > 0,\ 当 0 < |x - x_0| < \delta 时,\ 有 |f(x) - A| < \varepsilon.$$

习惯上，称定义中采用的是"$\varepsilon\text{-}\delta$"语言. 该定义的几何意义是：不论预先给定的正数 ε 多么小，总存在 x_0 的去心 δ 邻域，当 x 属于此去心邻域时，曲线 $y = f(x)$ 介于两条平行直线 $y = A + \varepsilon$ 与 $y = A - \varepsilon$ 之间（图 1.32）.

由定义 2.3 容易证明

$$\lim_{x \to x_0} x = x_0, \quad \lim_{x \to x_0} (ax + b) = ax_0 + b.$$

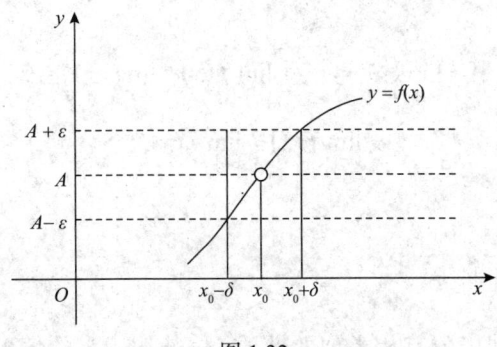

图 1.32

例 2.4　证明 $\lim\limits_{x \to 1} \dfrac{x^2 - 1}{x - 1} = 2$.

证明　当 $x \neq 1$ 时, $\forall \varepsilon > 0$, 为了使

$$\left| \frac{x^2 - 1}{x - 1} - 2 \right| = |(x + 1) - 2| = |x - 1| < \varepsilon,$$

只要取 $\delta = \varepsilon$, 则当 $0 < |x - 1| < \delta$ 时上式成立, 由极限定义可知 $\lim\limits_{x \to 1} \dfrac{x^2 - 1}{x - 1} = 2$.　□

例 2.5　证明当 $x_0 > 0$ 时, $\lim\limits_{x \to x_0} \sqrt{x} = \sqrt{x_0}\,(x > 0)$.

证明　$\forall \varepsilon > 0$, 为了使

$$\left| \sqrt{x} - \sqrt{x_0} \right| = \left| \frac{x - x_0}{\sqrt{x} + \sqrt{x_0}} \right| < \frac{1}{\sqrt{x_0}} |x - x_0| < \varepsilon,$$

只要 $|x - x_0| < \sqrt{x_0}\,\varepsilon$, 取 $\delta = \sqrt{x_0}\,\varepsilon$, 且 $x > 0$, 而 $x > 0$ 可用 $|x - x_0| < x_0$ 保证, 因此取 $\delta = \min\left[x_0, \sqrt{x_0}\,\delta \right]$, 则当 $0 < |x - x_0| < \delta$ 时上式成立, 由极限定义可知 $\lim\limits_{x \to x_0} \sqrt{x} = \sqrt{x_0}$.

□

如果只考虑 x 从 x_0 的左侧趋于 x_0 (记作 $x \to x_0^-$) 的情形, 就得到**左极限** $\lim\limits_{x \to x_0^-} f(x)$ 的定义, 也可记作 $f(x_0 - 0)$; 如果只考虑 x 从 x_0 的右侧趋于 x_0 (记作 $x \to x_0^+$) 的情形, 就得到**右极限** $\lim\limits_{x \to x_0^+} f(x)$ 的定义, 也可记作 $f(x_0 + 0)$.

函数 $f(x)$ 在点 x_0 的极限和左极限、右极限有如下关系:

定理 2.1　$\lim\limits_{x \to x_0} f(x) = A \Leftrightarrow \lim\limits_{x \to x_0^-} f(x) = \lim\limits_{x \to x_0^+} f(x) = A.$

例 2.6　讨论函数

$$f(x) = \begin{cases} \sqrt{x}, & 0 < x \leqslant 1, \\ x + 1, & x > 1 \end{cases}$$

在点 $x=1$ 处的极限.

解 由于 $\lim\limits_{x \to 1^-} f(x) = \lim\limits_{x \to 1^-} \sqrt{x} = 1$，且 $\lim\limits_{x \to 1^+} f(x) = \lim\limits_{x \to 1^+}(x+1) = 2$，则

$$\lim_{x \to 1^-} f(x) \neq \lim_{x \to 1^+} f(x),$$

所以 $\lim\limits_{x \to 1} f(x)$ 不存在.

3. 函数极限的性质

函数极限与数列极限有相类似的性质, 仅就 $x \to x_0$ 的情形给出一些性质, 其证明只需对数列极限性质的证明作一些修改即可得到.

性质 3(局部有界性) 如果 $\lim\limits_{x \to x_0} f(x) = A$，那么存在 $\delta > 0$，当 $0 < |x - x_0| < \delta$ 时，$f(x)$ 有界.

性质 4(局部保号性) 如果 $\lim\limits_{x \to x_0} f(x) = A$，且 $A > 0$（或 $A < 0$），那么存在 $\delta > 0$，当 $0 < |x - x_0| < \delta$ 时，有 $f(x) > 0$（或 $f(x) < 0$）.

可以得到下面更强的结论:

性质 4′ 如果 $\lim\limits_{x \to x_0} f(x) = A$，且 $A \neq 0$，那么存在 $\delta > 0$，当 $0 < |x - x_0| < \delta$ 时，有 $|f(x)| > \dfrac{|A|}{2}$.

推论 2 如果 $\lim\limits_{x \to x_0} f(x) = A$，且存在 $\delta > 0$，当 $0 < |x - x_0| < \delta$ 时，$f(x) \geqslant 0$（或 $f(x) \leqslant 0$），那么 $A \geqslant 0$（或 $A \leqslant 0$）.

在上述数列极限与函数极限的定义中, 自变量的变化过程

$$n \to \infty, \quad x \to x_0, \quad x \to x_0^-, \quad x \to x_0^+, \quad x \to \infty, \quad x \to +\infty, \quad x \to -\infty$$

也称为极限过程. 以后在讨论对于各种极限过程都成立的结论时, 在记号 "$\lim$" 下面不标注极限过程.

1.2.3 无穷小和无穷大

1. 无穷小

定义 2.4 如果在某极限过程中 $\lim f(x) = 0$，则称 $f(x)$ 为该极限过程中的**无穷小**.

例如，$x_n = q^n$（$|q| < 1$）是 $n \to \infty$ 时的无穷小；$f(x) = x$ 是 $x \to 0$ 时的无穷小；$f(x) = \dfrac{1}{x}$ 是 $x \to \infty$ 时的无穷小.

无穷小可以简记为(以 $x \to x_0$ 情形为例) $f(x)$ 是 $x \to x_0$ 时的无穷小 $\Leftrightarrow \forall \varepsilon > 0$，

$\exists \delta > 0$, 当 $0 < |x - x_0| < \delta$ 时, $|f(x)| < \varepsilon$.

无穷小在研究极限中有着重要作用, 无穷小与极限有如下关系:

定理 2.2　在某极限过程中 $\lim f(x) = A \Leftrightarrow f(x) - A$ 是无穷小.

证明　以 $x \to x_0$ 情形为例加以证明.

$$\lim_{x \to x_0} f(x) = A \Leftrightarrow \forall \varepsilon > 0, \exists \delta > 0, \text{ 当 } 0 < |x - x_0| < \delta \text{ 时}, |f(x) - A| < \varepsilon.$$

右端正是 $f(x) - A$ 是 $x \to x_0$ 时的无穷小的定义. □

定理 2.2 可以写成

$$\lim f(x) = A \Leftrightarrow f(x) = A + \alpha, \text{ 其中 } \alpha \text{ 是无穷小.}$$

2. 无穷大

例如, 函数 $f(x) = \dfrac{1}{x}$, 当 $x \to 0$ 时, 函数值的绝对值 $\left| \dfrac{1}{x} \right|$ 无限增大, 我们称

$f(x) = \dfrac{1}{x}$ 当 $x \to 0$ 时是无穷大.

以 $x \to x_0$ 的情形为例给出无穷大的定义,

定义 2.5　设函数 $f(x)$ 在点 x_0 的某去心邻域内有定义 (在点 x_0 可以没有定义). 如果对于任意给定的正数 M (不论多么大), 总存在 $\delta > 0$, 使得当 $0 < |x - x_0| < \delta$ 时, 都有 $|f(x)| > M$, 则称 $f(x)$ **当** $x \to x_0$ **时是无穷大**, 记作 $\lim\limits_{x \to x_0} f(x) = \infty$.

定义可以简写为

$$\lim_{x \to x_0} f(x) = \infty \Leftrightarrow \forall M > 0, \exists \delta > 0, \text{ 当 } 0 < |x - x_0| < \delta \text{ 时}, \text{ 有 } |f(x)| > M.$$

无穷大的几何意义是: 不论给定的 M 多么大, 总存在 x_0 的去心 δ 邻域, 当 x 属于该去心邻域时, 曲线 $y = f(x)$ 在两条平行直线 $y = M$ 和 $y = -M$ 之外 (图 1.33).

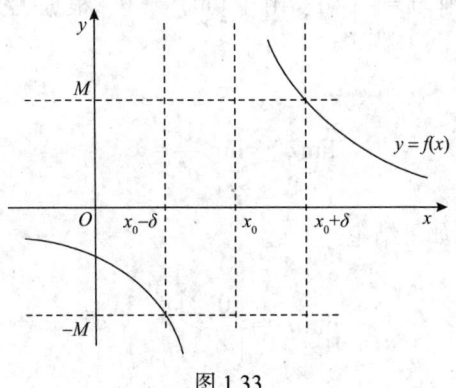

图 1.33

把定义中 $|f(x)| > M$ 改为 $f(x) > M$，就得到正无穷大 $\lim\limits_{x \to x_0} f(x) = +\infty$，把 $|f(x)| > M$ 改为 $f(x) < -M$，就得到负无穷大 $\lim\limits_{x \to x_0} f(x) = -\infty$.

值得注意的是，无穷大量并不表示极限存在，反而属于极限不存在的一种. 极限存在指的是函数会趋向一个定值，而无穷大量则是用 ∞ 这个符号表示函数在无限增大中，不会停留在某个定值上.

3. 无穷大与无穷小的关系

定理 2.3　在同一极限过程中，如果 $f(x)$ 是无穷大，则 $\dfrac{1}{f(x)}$ 是无穷小；反之，如果 $f(x)$ 是无穷小，且 $f(x) \neq 0$，则 $\dfrac{1}{f(x)}$ 是无穷大.

证明　以 $x \to x_0$ 情形为例来证明前一个结论，后一个结论类似可证.

设 $\lim\limits_{x \to x_0} f(x) = \infty$，则 $\forall \varepsilon > 0$，取 $M = \dfrac{1}{\varepsilon}$，$\exists \delta > 0$，当 $0 < |x - x_0| < \delta$ 时，有

$$|f(x)| > M = \frac{1}{\varepsilon},$$

即

$$\left| \frac{1}{f(x)} \right| < \varepsilon,$$

由无穷小的定义可知，$\dfrac{1}{f(x)}$ 是 $x \to x_0$ 时的无穷小. $\qquad\Box$

例 2.7　求 $\lim\limits_{n \to \infty} q^n \ (|q| > 1)$.

解　设 $p = \dfrac{1}{q}$，则 $|p| = \left| \dfrac{1}{q} \right| < 1$，由于 $\lim\limits_{n \to \infty} p^n = 0$，根据无穷小与无穷大的关系可知，

$$\lim_{n \to \infty} q^n = \lim_{n \to \infty} \frac{1}{p^n} = \infty.$$

结合 $|q| < 1$ 的情形，有如下结论：

$$\lim_{n \to \infty} q^n = \begin{cases} 0, & |q| < 1, \\ \infty, & |q| > 1. \end{cases}$$

至此, 我们已经得到各种极限过程中的极限、无穷大以及无穷小的定义, 对于基本初等函数有如下结果:

$$\lim C = C \quad (C\ \text{为常数});$$

$$\lim_{x\to\infty}\frac{1}{x}=0, \quad \lim_{x\to 0}\frac{1}{x}=\infty;$$

$$\lim_{x\to+\infty}x^{\mu}=+\infty \quad (\mu>0);$$

$$\lim_{x\to+\infty}e^{x}=+\infty, \quad \lim_{x\to-\infty}e^{x}=0;$$

$$\lim_{x\to 0^{+}}\ln x=-\infty, \quad \lim_{x\to+\infty}\ln x=+\infty;$$

$$\lim_{x\to\frac{\pi}{2}^{+}}\tan x=-\infty, \quad \lim_{x\to\frac{\pi}{2}^{-}}\tan x=+\infty;$$

$$\lim_{x\to+\infty}\arctan x=\frac{\pi}{2}, \quad \lim_{x\to-\infty}\arctan x=-\frac{\pi}{2}.$$

习题 1.2

(A)

习题 1.2 解答

1. 观察下列数列 $\{x_n\}$ 的变化趋势, 写出它们的极限:

(1) $x_n=(-1)^{n-1}\dfrac{1}{n}$;　　　　　　(2) $x_n=\dfrac{n+1}{n-1}$;

(3) $x_n=2+\dfrac{1}{n^2}$;　　　　　　　　(4) $x_n=(-1)^n n$.

2. 证明 $\lim\limits_{n\to\infty}x_n=0$ 的充分必要条件是 $\lim\limits_{n\to\infty}|x_n|=0$.

3. 设 $f(x)=\dfrac{|x|}{x}$, 求 $\lim\limits_{x\to 0^-}f(x)$ 与 $\lim\limits_{x\to 0^+}f(x)$, 并说明 $f(x)$ 当 $x\to 0$ 时的极限是否存在.

4. 设 $\lim\limits_{x\to+\infty}f(x)=\lim\limits_{x\to-\infty}f(x)=A$, 证明 $\lim\limits_{x\to\infty}f(x)=A$.

5. 判断题(若正确记 "T", 否则记 "F")

(1)无穷小量就是很小的量;　　　　　　　　　　　　　　　　　　(　　)

(2)无穷大量就是很大的量;　　　　　　　　　　　　　　　　　　(　　)

(3)无穷小量的倒数一定是无穷大量;　　　　　　　　　　　　　　(　　)

(4)无穷小量不能是一个常量;　　　　　　　　　　　　　　　　　(　　)

(5)无穷大量不能是一个常量;　　　　　　　　　　　　　　　　　(　　)

(6)无穷小量表示极限不存在;　　　　　　　　　　　　　　　　　(　　)

(7)无穷大量表示极限不存在;　　　　　　　　　　　　　　　　　(　　)

(8)数列也有无穷小量和无穷大量;　　　　　　　　　　　　　　　(　　)

(9)无穷小量必须是当 $x\to 0$ 时的函数;　　　　　　　　　　　　(　　)

(10)任何极限过程下都可能产生无穷小量和无穷大量.　　　　　　(　　)

6. 国家向某企业投资 2 万元, 这家企业将投资作为抵押品向银行贷款, 得到相当于抵押品价格 80% 的贷款, 该企业将这笔贷款再次进行投资, 并且又将投资作为银行贷款, 得到相当于新抵押品价格 80% 的贷款, 该企业又将新贷款进行再投资, 这样贷款—投资—再贷款—再投资, 如此反复扩大再投资, 问其实际效果相当于国家投资多少万元所产生的直接效果?

(B)

1. 用数列极限的定义证明:

(1) $\lim\limits_{n\to\infty}\dfrac{n+1}{2n+1}=\dfrac{1}{2}$;

(2) $\lim\limits_{n\to\infty}\dfrac{\sqrt{n^2+1}}{n}=1$.

2. 用函数极限的定义证明:

(1) $\lim\limits_{x\to-1}\dfrac{x^2-1}{x+1}=-2$;

(2) $\lim\limits_{x\to+\infty}\dfrac{\sin x}{\sqrt{x}}=0$.

3. 用定义证明:

(1) 当 $x\to 0$ 时, $x\sin\dfrac{1}{x}$ 为无穷小;

(2) 当 $n\to\infty$ 时, 2^n 为无穷大.

4. 设有数列 $\{x_n\}$, 若 $\lim\limits_{k\to\infty}x_{2k}=\lim\limits_{k\to\infty}x_{2k+1}=a$, 证明 $\lim\limits_{n\to\infty}x_n=a$.

5. 证明收敛数列的保号性定理的推论.

6. 设数列 $\{x_n\}$ 收敛, 证明其极限是唯一的(提示: 用反证法).

7. 设 $\lim\limits_{x\to x_0}f(x)=A$, 证明 $\lim\limits_{x\to x_0}|f(x)|=|A|$. 举例说明反过来未必成立.

8. 设 $f(x)=\mathrm{e}^{\frac{1}{x}}$, 说明 $\lim\limits_{x\to 0}f(x)$ 是否存在.

9. 试给出 $x\to\infty$ 时函数极限的局部有界性定理, 并加以证明.

10. 已知 $\lim\limits_{x\to 0}\dfrac{f(x)}{x^2}=1$, 证明在点 $x=0$ 的某去心邻域内 $f(x)>0$.

1.3　极限的运算法则

1.3.1　极限和无穷小的运算法则

1. 无穷小的运算法则

法则 1　有限个无穷小的代数和仍然是无穷小.

证明　以 $x\to x_0$ 情形为例加以证明. 设 $\lim\limits_{x\to x_0}f(x)=0,\lim\limits_{x\to x_0}g(x)=0$, 由无穷小的定义, $\forall\varepsilon>0,\exists\delta_1>0$, 当 $0<|x-x_0|<\delta_1$ 时, $|f(x)|<\dfrac{\varepsilon}{2}$, 且 $\exists\delta_2>0$, 当 $0<|x-x_0|<\delta_2$ 时, $|g(x)|<\dfrac{\varepsilon}{2}$.

取 $\delta=\min\{\delta_1,\delta_2\}$, 则当 $0<|x-x_0|<\delta$ 时, $|f(x)\pm g(x)|\leqslant|f(x)|+|g(x)|<\varepsilon$. 说

明 $f(x) \pm g(x)$ 是 $x \to x_0$ 的无穷小.　　　　　　　　　　□

法则 2　有界函数与无穷小的乘积仍然是无穷小.

证明　以 $x \to x_0$ 情形为例加以证明. 设函数 $f(x)$ 有界，即 $\exists M > 0$，使得 $|f(x)| \leqslant M$，设 $\lim\limits_{x \to x_0} g(x) = 0$，即 $\forall \varepsilon > 0$，$\exists \delta > 0$，当 $0 < |x - x_0| < \delta$ 时，$|g(x)| < \dfrac{\varepsilon}{M}$，从而 $|f(x) \cdot g(x)| = |f(x)||g(x)| < M \cdot \dfrac{\varepsilon}{M} = \varepsilon$. 说明 $f(x)g(x)$ 是 $x \to x_0$ 时的无穷小.

□

推论 1　常数与无穷小的乘积是无穷小.

推论 2　有限个无穷小的乘积是无穷小.

注意　无限个无穷小的代数和不一定是无穷小；无限个无穷小的乘积也不一定是无穷小.

例 3.1　求极限 $\lim\limits_{x \to 0} x \sin \dfrac{1}{x}$.

解　因为 $\left| \sin \dfrac{1}{x} \right| \leqslant 1$，而 $\lim\limits_{x \to 0} x = 0$ 即 x 是 $x \to 0$ 时的无穷小，所以 $x \sin \dfrac{1}{x}$ 是 $x \to 0$ 时的无穷小，即 $\lim\limits_{x \to 0} x \sin \dfrac{1}{x} = 0$.

类似可证明 $\lim\limits_{x \to \infty} \dfrac{\sin x}{x} = 0$.

2. 极限的四则运算

法则 3　设 $\lim f(x) = A$，$\lim g(x) = B$，则有

(1) $\lim[f(x) \pm g(x)] = \lim f(x) \pm \lim g(x) = A \pm B$；

(2) $\lim f(x)g(x) = \lim f(x) \lim g(x) = AB$；

(3) 当 $B \neq 0$，$\lim \dfrac{f(x)}{g(x)} = \dfrac{A}{B}$.

证明　以 $x \to x_0$ 情形为例加以证明. 设

$$\lim_{x \to x_0} f(x) = A, \quad \lim_{x \to x_0} g(x) = B,$$

由无穷小与极限的关系，有

$$f(x) = A + \alpha, \quad g(x) = B + \beta,$$

其中 α, β 是 $x \to x_0$ 时的无穷小.

(1) $f(x) \pm g(x) = (A + \alpha) \pm (B + \beta) = (A \pm B) + (\alpha \pm \beta)$，其中 $\alpha \pm \beta$ 仍是无穷

小，再由无穷小与极限的关系，有

$$\lim_{x \to x_0}[f(x) \pm g(x)] = A \pm B.$$

(2) $f(x) \cdot g(x) = (A + \alpha) \cdot (B + \beta) = AB + (A\beta + B\alpha + \alpha\beta)$，其中 $A\beta + B\alpha + \alpha\beta$ 仍为无穷小，从而有

$$\lim_{x \to x_0} f(x)g(x) = AB.$$

(3) 设 $\gamma = \dfrac{f(x)}{g(x)} - \dfrac{A}{B}$，只需证明 γ 是无穷小，由于

$$\gamma = \frac{A + \alpha}{B + \beta} - \frac{A}{B} = \frac{B\alpha - A\beta}{B(B + \beta)} = \frac{B\alpha - A\beta}{Bg(x)},$$

其中 $B\alpha - A\beta$ 是无穷小，下面证明 $\dfrac{1}{Bg(x)}$ 在点 x_0 的附近局部有界.

由于 $\lim\limits_{x \to x_0} g(x) = B \neq 0$，由函数极限的局部保号性，$\exists \delta > 0$，当 $0 < |x - x_0| < \delta$ 时，$|g(x)| > \dfrac{|B|}{2}$，从而

$$\left| \frac{1}{Bg(x)} \right| = \frac{1}{|B| \cdot |g(x)|} < \frac{2}{B^2}.$$

即 $\dfrac{1}{Bg(x)}$ 在点 x_0 的某去心邻域内有界，进而 γ 是无穷小，从而有

$$\lim_{x \to x_0} \frac{f(x)}{g(x)} = \frac{A}{B}. \qquad \square$$

法则 3 中的 (1) 和 (2) 可以推广到有限个函数的情形.

推论 3　设 $\lim f(x) = A$，c 为常数，则有

$$\lim cf(x) = c \lim f(x) = cA.$$

推论 4　$\lim f(x) = A$，n 为正整数，则有

$$\lim [f(x)]^n = [\lim f(x)]^n = A^n.$$

将推论 4 进一步推广，可以证明当 $A > 0$ 时，有

$$\lim \sqrt{f(x)} = \sqrt{\lim f(x)} = \sqrt{A}.$$

进而可以证明, 当 n 为奇数时, 有

$$\lim \sqrt[n]{f(x)} = \sqrt[n]{\lim f(x)} = \sqrt[n]{A}.$$

当 n 为偶数, 如果 $A > 0$, 此等式也成立.

例 3.2　求极限 $\lim\limits_{n\to\infty} \dfrac{2^n + 3^n}{3^n}$.

解　由极限的四则运算法则, 可得

$$\lim_{n\to\infty} \frac{2^n + 3^n}{3^n} = \lim_{n\to\infty}\left[\left(\frac{2}{3}\right)^n + 1\right] = 1.$$

例 3.3　求极限 $\lim\limits_{n\to\infty} \dfrac{2n^2 + 3n + 1}{5n^2 - 4n}$.

解　先将分式的分子、分母同除以 n^2, 有

$$\lim_{n\to\infty} \frac{2n^2 + 3n + 1}{5n^2 - 4n} = \lim_{n\to\infty} \frac{2 + \dfrac{3}{n} + \dfrac{1}{n^2}}{5 - \dfrac{4}{n}} = \frac{\lim\limits_{n\to\infty}\left(2 + \dfrac{3}{n} + \dfrac{1}{n^2}\right)}{\lim\limits_{n\to\infty}\left(5 - \dfrac{4}{n}\right)} = \frac{2}{5}.$$

例 3.4　求极限 $\lim\limits_{n\to\infty}(\sqrt{n^2 + n} - n)$.

解　先将 $\sqrt{n^2 + n} - n$ 有理化, 有

$$\lim_{n\to\infty}(\sqrt{n^2 + n} - n) = \lim_{n\to\infty}\frac{n^2 + n - n^2}{\sqrt{n^2 + n} + n} = \lim_{n\to\infty}\frac{1}{\sqrt{1 + \dfrac{1}{n}} + 1} = \frac{1}{2}.$$

例 3.5　求极限:

(1) $\lim\limits_{x\to\infty} \dfrac{x^2 - x + 1}{2x^2 + x}$;　　(2) $\lim\limits_{x\to\infty} \dfrac{x^2 - 2x - 1}{3x^3 + x + 1}$;　　(3) $\lim\limits_{x\to\infty} \dfrac{3x^3 + x + 1}{x^2 - 2x - 1}$.

解　(1) 将分子、分母同除以 x^2, 有

$$\lim_{x\to\infty} \frac{x^2 - x + 1}{2x^2 + x} = \lim_{x\to\infty} \frac{1 - \dfrac{1}{x} + \dfrac{1}{x^2}}{2 + \dfrac{1}{x}} = \frac{\lim\limits_{x\to\infty}\left(1 - \dfrac{1}{x} + \dfrac{1}{x^2}\right)}{\lim\limits_{x\to\infty}\left(2 + \dfrac{1}{x}\right)} = \frac{1}{2}.$$

(2) 将分子、分母同除以 x^3, 有

$$\lim_{x\to\infty}\frac{x^2-2x-1}{3x^3+x+1}=\lim_{x\to\infty}\frac{\dfrac{1}{x}-\dfrac{2}{x^2}-\dfrac{1}{x^3}}{3+\dfrac{1}{x^2}+\dfrac{1}{x^3}}=\frac{\lim\limits_{x\to\infty}\left(\dfrac{1}{x}-\dfrac{2}{x^2}-\dfrac{1}{x^3}\right)}{\lim\limits_{x\to\infty}\left(3+\dfrac{1}{x^2}+\dfrac{1}{x^3}\right)}=0.$$

(3) 由于

$$\lim_{x\to\infty}\frac{x^2-2x-1}{3x^3+x+1}=0,$$

根据无穷大与无穷小的关系,

$$\lim_{x\to\infty}\frac{3x^3+x+1}{x^2-2x-1}=\infty.$$

一般地, 当 $x\to\infty$ 时, 两个多项式之比的极限

$$\lim_{x\to\infty}\frac{a_0x^n+a_1x^{n-1}+\cdots+a_n}{b_0x^m+b_1x^{m-1}+\cdots+b_m}=\begin{cases}\dfrac{a_0}{b_0}, & n=m,\\[2mm] 0, & n<m,\\[2mm] \infty, & n>m,\end{cases}$$

这里 m,n 是正整数, $a_0\neq0, b_0\neq0$.

例 3.6　求极限 $\lim\limits_{x\to3}\dfrac{x-3}{x^2-9}$.

解　由于 $x^2-9=(x+3)(x-3)$, 则分子与分母有公因式 $x-3$. 当 $x\to3$ 时, $x\neq3$, $x-3\neq0$, 约去这个非零公因子, 有

$$\lim_{x\to3}\frac{x-3}{x^2-9}=\lim_{x\to3}\frac{x-3}{(x-3)(x+3)}=\lim_{x\to3}\frac{1}{x+3}=\frac{1}{6}.$$

例 3.7　求极限 $\lim\limits_{x\to1}\left(\dfrac{1}{x-1}-\dfrac{2}{x^2-1}\right)$.

解　先通分, 再约去非零公因子, 有

$$\lim_{x\to1}\left(\frac{1}{x-1}-\frac{2}{x^2-1}\right)=\lim_{x\to1}\frac{x+1-2}{x^2-1}=\lim_{x\to1}\frac{x-1}{(x-1)(x+1)}=\lim_{x\to1}\frac{1}{x+1}=\frac{1}{2}.$$

例 3.8　求 $\lim\limits_{x\to0}\dfrac{\sqrt{1+x}-\sqrt{1-x}}{x}$.

解 先将分子有理化, 有

$$\lim_{x\to 0}\frac{\sqrt{1+x}-\sqrt{1-x}}{x}=\lim_{x\to 0}\frac{(1+x)-(1-x)}{x(\sqrt{1+x}+\sqrt{1-x})}=\lim_{x\to 0}\frac{2}{\sqrt{1+x}+\sqrt{1-x}}=\frac{2}{2}=1.$$

3. 无穷大的运算法则

法则 4 (1)两个同号的无穷大的和仍为同号的无穷大.
(2)两个无穷大的乘积仍为无穷大.

例 3.9 求 $\lim\limits_{x\to +\infty}\dfrac{1}{\sqrt{x^2+1}-x}$.

解 先将分母有理化, 有

$$\lim_{x\to +\infty}\frac{1}{\sqrt{x^2+1}-x}=\lim_{x\to +\infty}\frac{\sqrt{x^2+1}+x}{(x^2+1)-x^2}=\lim_{x\to +\infty}(\sqrt{x^2+1}+x)=+\infty.$$

1.3.2 复合函数的极限

定理 3.1 设 $\lim\limits_{u\to u_0}f(u)=A$, $\lim\limits_{x\to x_0}\varphi(x)=u_0$, 且在点 x_0 某去心邻域内, $\varphi(x)\ne u_0$, 则有

$$\lim_{x\to x_0}f[\varphi(x)]=A.$$

证明 $\forall \varepsilon >0$, 由 $\lim\limits_{u\to u_0}f(u)=A$ 可知, $\exists \delta_1>0$, 当 $0<|u-u_0|<\delta_1$ 时, 有 $|f(u)-A|<\varepsilon$.

由 $\lim\limits_{x\to x_0}\varphi(x)=u_0$ 且 $\varphi(x)\ne u_0$, 对上述 $\delta_1>0$, $\exists \delta >0$, 当 $0<|x-x_0|<\delta$ 时, 有 $0<|\varphi(x)-u_0|<\delta_1$.

用 $\varphi(x)$ 代替前述中的 u 就成了 $\forall \varepsilon >0$, $\exists \delta >0$, 当 $0<|x-x_0|<\delta$ 时, 有 $0<|\varphi(x)-u_0|<\delta_1$, 进而 $|f[\varphi(x)]-A|<\varepsilon$. 即 $\lim\limits_{x\to x_0}f[\varphi(x)]=A$. □

定理 3.1 的结论可写成 $\lim\limits_{x\to x_0}f[\varphi(x)]\xlongequal{\text{令}u=\varphi(x)}\lim\limits_{u\to u_0}f(u)=A$.

如果 $f(u)$ 和 $\varphi(x)$ 满足定理条件, 那么作变量代换 $u=\varphi(x)$, 就可把 $\lim\limits_{x\to x_0}f[\varphi(x)]$ 化为求 $\lim\limits_{u\to u_0}f(u)$, 称此方法为变量代换法.

例 3.10 求极限 $\lim\limits_{x\to 0^+}\sqrt{\arctan\dfrac{1}{x}}$.

解 令 $u = \arctan\dfrac{1}{x}$，由于 $\lim\limits_{x\to 0^+}\arctan\dfrac{1}{x} = \dfrac{\pi}{2}$，且 $\arctan\dfrac{1}{x} \neq \dfrac{\pi}{2}$，而 $\lim\limits_{u\to\frac{\pi}{2}}\sqrt{u} = \sqrt{\dfrac{\pi}{2}}$，

所以

$$\lim_{x\to 0^+}\sqrt{\arctan\frac{1}{x}} = \lim_{u\to\frac{\pi}{2}}\sqrt{u} = \sqrt{\frac{\pi}{2}}.$$

例 3.11 求极限 $\lim\limits_{x\to 3}\sqrt{\dfrac{x^2-9}{x-3}}$.

解 $y = \sqrt{\dfrac{x^2-9}{x-3}}$ 是由 $y = \sqrt{u}$ 与 $u = \dfrac{x^2-9}{x-3}$ 复合而成的. 因为 $\lim\limits_{x\to 3}\dfrac{x^2-9}{x-3} = 6$，所以

$$\lim_{x\to 3}\sqrt{\frac{x^2-9}{x-3}} = \lim_{u\to 6}\sqrt{u} = \sqrt{6}.$$

与定理 3.1 类似，关于数列极限与函数极限的关系有如下定理.

定理 3.2 设 $\lim\limits_{x\to x_0}f(x) = A$，$\lim\limits_{n\to\infty}x_n = x_0$ 且 $x_n \neq x_0$，则有

$$\lim_{n\to\infty}f(x_n) = \lim_{x\to x_0}f(x) = A.$$

习题 1.3

（A）

习题 1.3 解答

1. 求下列极限：

(1) $\lim\limits_{n\to\infty}\dfrac{(n+1)(n+2)(n+3)}{5n^3}$；

(2) $\lim\limits_{n\to\infty}\dfrac{1+2+\cdots+n}{n^2}$；

(3) $\lim\limits_{n\to\infty}\left(1+\dfrac{1}{2}+\dfrac{1}{4}+\cdots+\dfrac{1}{2^{n-1}}\right)$；

(4) $\lim\limits_{n\to\infty}\sqrt{n}\left(\sqrt{n+1}-\sqrt{n}\right)$.

2. 求下列极限：

(1) $\lim\limits_{x\to 2}\dfrac{x^2+5}{x-3}$；

(2) $\lim\limits_{x\to 1}\dfrac{x^2-2x+1}{x^2-1}$；

(3) $\lim\limits_{x\to 4}\dfrac{x^2-6x+8}{x^2-5x+4}$；

(4) $\lim\limits_{x\to\infty}\left(1+\dfrac{1}{x}\right)\left(2-\dfrac{1}{x^2}\right)$；

(5) $\lim\limits_{x\to 1}\left(\dfrac{1}{x-1}-\dfrac{3}{x^3-1}\right)$；

(6) $\lim\limits_{x\to +\infty}\left(\sqrt{x^2+x}-x\right)$；

(7) $\lim\limits_{x\to 2}\dfrac{x^3+2x^2}{(x-2)^2}$；

(8) $\lim\limits_{x\to\infty}\dfrac{x^2}{2x+1}$；

(9) $\lim\limits_{x\to +\infty}(2x^3-x+1)$；

(10) $\lim\limits_{x\to 1}\sqrt{\dfrac{x^2-3x+2}{x^2-4x+3}}$.

3. 求下列极限:

(1) $\lim\limits_{x\to 0} x^2 \sin\dfrac{1}{x}$;

(2) $\lim\limits_{x\to\infty} \dfrac{\arctan x}{x}$.

4. 已知 $\lim\limits_{x\to +\infty}\left(\dfrac{x^2+1}{x+1} - ax - b\right) = 0$, 求常数 a 和 b.

(B)

1. 求下列极限:

(1) $\lim\limits_{n\to\infty}\left[\dfrac{1}{1\cdot 2} + \dfrac{1}{2\cdot 3} + \cdots + \dfrac{1}{n\cdot(n+1)}\right]$;

(2) $\lim\limits_{n\to\infty}\dfrac{1+a+a^2+\cdots+a^n}{1+b+b^2+\cdots+b^n}$ $(|a|<1,\ |b|<1)$;

(3) $\lim\limits_{n\to\infty}(1+x)(1+x^2)\cdots(1+x^{2^n})$ $(|x|<1)$;

(4) $\lim\limits_{n\to\infty}\left(1-\dfrac{1}{2^2}\right)\left(1-\dfrac{1}{3^2}\right)\cdots\left(1-\dfrac{1}{n^2}\right)$.

2. 设 $f(x) = \dfrac{\mathrm{e}^{\frac{1}{x}}-1}{\mathrm{e}^{\frac{1}{x}}+1}$, 求 $\lim\limits_{x\to 0^+} f(x)$ 和 $\lim\limits_{x\to 0^-} f(x)$, 并说明 $\lim\limits_{x\to 0} f(x)$ 是否存在.

1.4　极限存在准则、无穷小的比较

1.4.1　极限存在准则

下面介绍判定极限存在的两个准则及两个重要极限: $\lim\limits_{x\to 0}\dfrac{\sin x}{x} = 1$,

$\lim\limits_{x\to\infty}\left(1+\dfrac{1}{x}\right)^x = \mathrm{e}$.

准则 1(夹逼定理)　设数列 $\{x_n\}$, $\{y_n\}$, $\{z_n\}$ 满足下列条件:

(1) $y_n \leqslant x_n \leqslant z_n$;

(2) $\lim\limits_{n\to\infty} y_n = \lim\limits_{n\to\infty} z_n = A$. 则 $\lim\limits_{n\to\infty} x_n = A$.

证明　$\forall \varepsilon > 0$, 因为 $\lim\limits_{n\to\infty} y_n = \lim\limits_{n\to\infty} z_n = A$, 所以

$\exists$ 正整数 N_1, 当 $n > N_1$ 时, 有 $|y_n - A| < \varepsilon$, 即 $A-\varepsilon < y_n < A+\varepsilon$;

$\exists$ 正整数 N_2, 当 $n > N_2$ 时, 有 $|z_n - A| < \varepsilon$, 即 $A-\varepsilon < z_n < A+\varepsilon$.

取 $N = \max\{N_1, N_2\}$, 当 $n > N$ 时,

$$A-\varepsilon < y_n \leqslant x_n \leqslant z_n < A+\varepsilon.$$

从而有

$$|x_n - A| < \varepsilon,$$

由数列极限定义, $\lim\limits_{n\to\infty} x_n = A$. $\quad\square$

例 4.1 证明 $\lim\limits_{n\to\infty}\dfrac{2^n}{n!} = 0$.

证明 由于

$$0 < \frac{2^n}{n!} = \frac{\overbrace{2\cdot 2\cdot\cdots\cdot 2\cdot 2\cdot 2}^{n\,\text{个}}}{n(n-1)\cdot\cdots\cdot 3\cdot 2\cdot 1} < 2\cdot\left(\frac{2}{3}\right)^{n-2},$$

令 $y_n = 0$, $z_n = 2\cdot\left(\dfrac{2}{3}\right)^{n-2}$, 有

$$\lim_{n\to\infty} y = 0, \quad \lim_{n\to\infty} z_n = 2\lim_{n\to\infty}\left(\frac{2}{3}\right)^{n-2} = 0,$$

由夹逼定理, 知

$$\lim_{n\to\infty}\frac{2^n}{n!} = 0. \qquad\square$$

例 4.2 证明 $\lim\limits_{n\to\infty}\left(\dfrac{1}{\sqrt{n^2+1}} + \dfrac{1}{\sqrt{n^2+2}} + \cdots + \dfrac{1}{\sqrt{n^2+n}}\right) = 1$.

证明 设 $x_n = \dfrac{1}{\sqrt{n^2+1}} + \dfrac{1}{\sqrt{n^2+2}} + \cdots + \dfrac{1}{\sqrt{n^2+n}}$, 由于

$$\frac{n}{\sqrt{n^2+n}} < x_n < \frac{n}{\sqrt{n^2+1}},$$

而

$$\lim_{n\to\infty}\frac{n}{\sqrt{n^2+n}} = \lim_{n\to\infty}\frac{1}{\sqrt{1+\dfrac{1}{n}}} = 1, \quad \lim_{n\to\infty}\frac{n}{\sqrt{n^2+1}} = \lim_{n\to\infty}\frac{1}{\sqrt{1+\dfrac{1}{n^2}}} = 1,$$

由夹逼定理可得

$$\lim_{n\to\infty} x_n = 1. \qquad\square$$

类似于数列极限的夹逼定理, 可以得到下面的函数极限的夹逼定理.

准则 1′ (夹逼定理) 设函数 $f(x), g(x), h(x)$ 都在点 x_0 的某个去心邻域内有定义, 且满足下列条件:

(1) $g(x) \leqslant f(x) \leqslant h(x)$;

(2) $\lim\limits_{x \to x_0} g(x) = \lim\limits_{x \to x_0} h(x) = A$.

则

$$\lim\limits_{x \to x_0} f(x) = A.$$

夹逼定理对其他极限过程情形仍成立.

下面利用夹逼定理证明重要极限 I.

重要极限 I $\lim\limits_{x \to 0} \dfrac{\sin x}{x} = 1$.

证明 先证当 $0 < |x| < \dfrac{\pi}{2}$ 时, $|\sin x| < |x| < |\tan x|$.

如图 1.34, 在单位圆中设 $\angle AOB = x\left(0 < x < \dfrac{\pi}{2}\right)$. 过 A 作切线与 OB 延长线交于 D, 作 $BC \perp OA$. 由 $\triangle OAB$ 的面积 $<$ 扇形 OAB 的面积 $< \triangle OAD$ 的面积, 可得

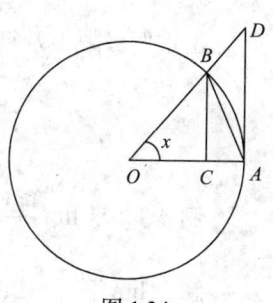

$$\sin x < x < \tan x \quad \left(0 < x < \dfrac{\pi}{2}\right).$$

图 1.34

当 $-\dfrac{\pi}{2} < x < 0$ 时, $0 < -x < \dfrac{\pi}{2}$, 由上式可得

$$-\sin x < -x < -\tan x \quad \left(0 < -x < \dfrac{\pi}{2}\right).$$

综合上述二式, 知

$$|\sin x| < |x| < |\tan x| \quad \left(0 < |x| < \dfrac{\pi}{2}\right).$$

不等式各边同除以 $|\sin x| \neq 0$, 得

$$1 < \left|\dfrac{x}{\sin x}\right| < \left|\dfrac{1}{\cos x}\right|.$$

由于 $0 < |x| < \dfrac{\pi}{2}$ 时, $\dfrac{x}{\sin x} > 0$, $\dfrac{1}{\cos x} > 0$, 上式就是 $1 < \dfrac{x}{\sin x} < \dfrac{1}{\cos x}$, 即

$$\cos x < \dfrac{\sin x}{x} < 1.$$

下面来证 $\lim\limits_{x \to 0} \cos x = 1$，事实上，当 $0 < |x| < \dfrac{\pi}{2}$ 时，

$$0 < 1 - \cos x = 2\sin^2 \frac{x}{2} < 2\left(\frac{x}{2}\right)^2 = \frac{x^2}{2},$$

当 $x \to 0$ 时，$\dfrac{x^2}{2} \to 0$，根据准则 1′，则有 $\lim\limits_{x \to 0}(1 - \cos x) = 0$，所以

$$\lim_{x \to 0} \cos x = 1.$$

由于 $\lim\limits_{x \to 0} \cos x = 1$，$\lim\limits_{x \to 0} 1 = 1$，再由准则 1′ 即得

$$\lim_{x \to 0} \frac{\sin x}{x} = 1.$$ □

由重要极限 I 及复合函数的极限运算法则，当 $\lim\limits_{x \to x_0} \varphi(x) = 0$，且 $\varphi(x) \neq 0$ 时，有

$$\lim_{x \to x_0} \frac{\sin \varphi(x)}{\varphi(x)} \xlongequal{\text{令} u = \varphi(x)} \lim_{u \to 0} \frac{\sin u}{u} = 1.$$

例 4.3　求 $\lim\limits_{x \to 0} \dfrac{\tan x}{x}$.

解　$\lim\limits_{x \to 0} \dfrac{\tan x}{x} = \lim\limits_{x \to 0} \dfrac{\sin x}{x} \cdot \dfrac{1}{\cos x} = \lim\limits_{x \to 0} \dfrac{\sin x}{x} \cdot \lim\limits_{x \to 0} \dfrac{1}{\cos x} = 1$.

例 4.4　求 $\lim\limits_{x \to 0} \dfrac{\sin 3x}{\tan 5x}$.

解　$\lim\limits_{x \to 0} \dfrac{\sin 3x}{\tan 5x} = \dfrac{3}{5} \lim\limits_{x \to 0} \dfrac{\sin 3x}{3x} \cdot \dfrac{5x}{\tan 5x} = \dfrac{3}{5} \lim\limits_{x \to 0} \dfrac{\sin 3x}{3x} \cdot \lim\limits_{x \to 0} \dfrac{5x}{\tan 5x} = \dfrac{3}{5}$.

例 4.5　求 $\lim\limits_{x \to 0} \dfrac{1 - \cos x}{x^2}$.

解　$\lim\limits_{x \to 0} \dfrac{1 - \cos x}{x^2} = \lim\limits_{x \to 0} \dfrac{2\sin^2 \dfrac{x}{2}}{x^2} = \lim\limits_{x \to 0} \dfrac{1}{2}\left(\dfrac{\sin \dfrac{x}{2}}{\dfrac{x}{2}}\right)^2 = \dfrac{1}{2}$.

例 4.6　求 $\lim\limits_{n \to \infty} 2^n \cdot \sin \dfrac{\pi}{2^n}$.

解　设 $y_n = \dfrac{\pi}{2^n}$，则 $\lim\limits_{n \to \infty} y_n = 0$. 且 $y_n \neq 0$. 由数列极限与函数极限的关系，有

$$\lim_{n \to \infty} 2^n \cdot \sin \frac{\pi}{2^n} = \pi \lim_{n \to \infty} \frac{\sin \dfrac{\pi}{2^n}}{\dfrac{\pi}{2^n}} = \pi \cdot \lim_{y \to 0} \frac{\sin y}{y} = \pi.$$

准则 2（单调有界原理）　单调有界数列必有极限.

定理的证明超出本书的范围. 我们可以从几何角度, 直观地理解此定理.

如果 $\{x_n\}$ 单调增加, 它的项只能沿数轴的正方向移动, 又 $\{x_n\}$ 是有界的, 它的项不能越过某个正数 M, 这样就使得当 n 无限增大时, x_n 趋于某个常数 A, 即 $\lim\limits_{n\to\infty} x_n$ 存在(图 1.35).

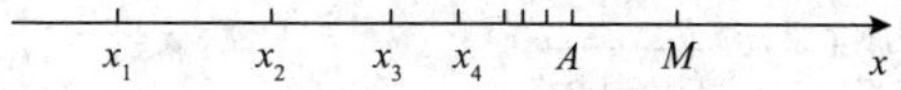

$$x_1 \quad x_2 \quad x_3 \ x_4 \quad A \quad M \qquad x$$

图 1.35

实际应用中, 若 $\{x_n\}$ 单调增加, 我们只需要证明它有上界即可. 若 $\{x_n\}$ 单调减少, 则要去证明它有下界才行.

例 4.7　设 $x_n = \left(1+\dfrac{1}{n}\right)^n$ $(n=1,2,\cdots)$, 证明极限 $\lim\limits_{n\to\infty} x_n$ 存在.

证明　首先证明数列 $\{x_n\}$ 是单调增加的. 根据牛顿二项公式可得

$$
\begin{aligned}
x_n &= \left(1+\frac{1}{n}\right)^n \\
&= 1 + n\cdot\frac{1}{n} + \frac{n(n-1)}{2!}\frac{1}{n^2} + \frac{n(n-1)(n-2)}{3!}\frac{1}{n^3} \\
&\quad + \cdots + \frac{n(n-1)(n-2)\cdots(n-n+1)}{n!}\frac{1}{n^n} \\
&= 1 + 1 + \frac{1}{2!}\left(1-\frac{1}{n}\right) + \frac{1}{3!}\left(1-\frac{1}{n}\right)\left(1-\frac{2}{n}\right) \\
&\quad + \cdots + \frac{1}{n!}\left(1-\frac{1}{n}\right)\left(1-\frac{2}{n}\right)\cdots\left(1-\frac{n-1}{n}\right),
\end{aligned}
$$

同样地, 有

$$
\begin{aligned}
x_{n+1} &= 1+1+\frac{1}{2!}\left(1-\frac{1}{n+1}\right)+\frac{1}{3!}\left(1-\frac{1}{n+1}\right)\left(1-\frac{2}{n+1}\right) \\
&\quad + \cdots + \frac{1}{(n+1)!}\left(1-\frac{1}{n+1}\right)\left(1-\frac{2}{n+1}\right)\cdots\left(1-\frac{n}{n+1}\right).
\end{aligned}
$$

比较 x_n 与 x_{n+1} 的展开式, 除前两项外, x_n 的每一项都小于 x_{n+1} 的对应项, 并且 x_{n+1} 还多出最后项, 其值大于 0, 因此

$$x_n < x_{n+1} \quad (n=1,2,\cdots).$$

即数列 $\{x_n\}$ 是单调增加的.

接着证明数列 $\{x_n\}$ 是有界的. 对一切 n, 有 $x_n > 0$, 并且

$$x_n = 2 + \frac{1}{2!}\left(1 - \frac{1}{n}\right) + \frac{1}{3!}\left(1 - \frac{1}{n}\right)\left(1 - \frac{2}{n}\right) + \cdots + \frac{1}{n!}\left(1 - \frac{1}{n}\right)\left(1 - \frac{2}{n}\right)\cdots\left(1 - \frac{n-1}{n}\right)$$

$$< 2 + \frac{1}{2!} + \frac{1}{3!} + \cdots + \frac{1}{n!}$$

$$< 2 + \frac{1}{1 \cdot 2} + \frac{1}{2 \cdot 3} + \cdots + \frac{1}{(n-1)n}$$

$$= 2 + \left(1 - \frac{1}{2}\right) + \left(\frac{1}{2} - \frac{1}{3}\right) + \cdots + \left(\frac{1}{n-1} - \frac{1}{n}\right)$$

$$= 3 - \frac{1}{n} < 3.$$

即数列 $\{x_n\}$ 是有界的. 根据单调有界原理, $\lim\limits_{n \to \infty} x_n$ 存在. □

通常用 e 来表示这个极限, 即

$$\lim_{n \to \infty}\left(1 + \frac{1}{n}\right)^n = \mathrm{e}.$$

这里 $\mathrm{e} = 2.7182818\cdots$ 是一个无理数, 且 e 是指数函数 $y = \mathrm{e}^x$ 和自然对数 $y = \ln x$ 的底.

下面利用 $\lim\limits_{n \to \infty}\left(1 + \frac{1}{n}\right)^n = \mathrm{e}$ 证明重要极限 II.

重要极限 II　$\lim\limits_{x \to \infty}\left(1 + \frac{1}{x}\right)^x = \mathrm{e}.$

证明　先证 $\lim\limits_{x \to +\infty}\left(1 + \frac{1}{x}\right)^x = \mathrm{e}$, 当 $x > 0$ 时, 有正整数 n, 使得 $n \leqslant x < n+1$, 所以

$$1 + \frac{1}{n+1} < 1 + \frac{1}{x} \leqslant 1 + \frac{1}{n},$$

故有

$$\left(1 + \frac{1}{n+1}\right)^n < \left(1 + \frac{1}{x}\right)^x \leqslant \left(1 + \frac{1}{n}\right)^{n+1}.$$

而 $x \to +\infty \Leftrightarrow n \to \infty$, 由于

$$\lim_{n\to\infty}\left(1+\frac{1}{n+1}\right)^n=\lim_{n\to\infty}\frac{\left(1+\dfrac{1}{n+1}\right)^{n+1}}{1+\dfrac{1}{n+1}}=\mathrm{e},$$

且

$$\lim_{n\to\infty}\left(1+\frac{1}{n}\right)^{n+1}=\lim_{n\to\infty}\left(1+\frac{1}{n}\right)^n\cdot\left(1+\frac{1}{n}\right)=\mathrm{e}.$$

由夹逼定理, 得

$$\lim_{x\to+\infty}\left(1+\frac{1}{x}\right)^x=\mathrm{e}.$$

再证 $\lim\limits_{x\to-\infty}\left(1+\dfrac{1}{x}\right)^x=\mathrm{e}$, 令 $u=-x$, 则

$$\lim_{x\to-\infty}\left(1+\frac{1}{x}\right)^x=\lim_{u\to+\infty}\left(1-\frac{1}{u}\right)^{-u}=\lim_{u\to+\infty}\left(\frac{u}{u-1}\right)^u$$

$$=\lim_{u\to+\infty}\left(1+\frac{1}{u-1}\right)^{u-1}\cdot\left(1+\frac{1}{u-1}\right)=\mathrm{e}.$$

综上可得

$$\lim_{x\to\infty}\left(1+\frac{1}{x}\right)^x=\mathrm{e}.\qquad\qquad\Box$$

例 4.8　求 $\lim\limits_{x\to0}(1+x)^{\frac{1}{x}}$.

解　令 $u=\dfrac{1}{x}$, 则 $\lim\limits_{x\to0}(1+x)^{\frac{1}{x}}=\lim\limits_{u\to\infty}\left(1+\dfrac{1}{u}\right)^u=\mathrm{e}$.

这是重要极限 II 的另一种形式.

例 4.9　求 $\lim\limits_{x\to\infty}\left(1-\dfrac{1}{x}\right)^x$.

解　令 $u=-x$, 则

$$\lim_{x\to\infty}\left(1-\frac{1}{x}\right)^x=\lim_{u\to\infty}\left(1+\frac{1}{u}\right)^{-u}=\lim_{u\to\infty}\left[\left(1+\frac{1}{u}\right)^u\right]^{-1}=\mathrm{e}^{-1}.$$

例 4.10 求 $\lim\limits_{x \to \infty}\left(1 + \dfrac{k}{x}\right)^x$（$k \neq 0$，$k$ 为整数）.

解 令 $u = \dfrac{k}{x}$，则

$$\lim_{x \to \infty}\left(1 + \frac{k}{x}\right)^x = \lim_{u \to 0}(1+u)^{\frac{k}{u}} = \lim_{u \to 0}\left[(1+u)^{\frac{1}{u}}\right]^k = \mathrm{e}^k.$$

同理可证 $\lim\limits_{x \to \infty}\left(1 - \dfrac{k}{x}\right)^x = \mathrm{e}^{-k}$（$k \neq 0$，$k$ 为整数）.

例 4.11 求 $\lim\limits_{x \to \infty}\left(\dfrac{x-2}{x+2}\right)^x$.

解 $\lim\limits_{x \to \infty}\left(\dfrac{x-2}{x+2}\right)^x = \lim\limits_{x \to \infty}\dfrac{\left(1 - \dfrac{2}{x}\right)^x}{\left(1 + \dfrac{2}{x}\right)^x} = \dfrac{\mathrm{e}^{-2}}{\mathrm{e}^2} = \mathrm{e}^{-4}.$

例 4.12（连续复利） 设一笔贷款 A_0（称本金），年利率为 r，则

一年后的本利和 $A_1 = A_0(1+r)$;

二年后的本利和 $A_2 = A_1(1+r) = A_0(1+r)^2$;

k 年后的本利和 $A_k = A_0(1+r)^k$.

如果一年分 n 期计息，年利率仍为 r，则每期利率为 $\dfrac{r}{n}$，于是一年后的本利和

$$A_1 = A_0\left(1 + \frac{r}{n}\right)^n,$$

$$\cdots\cdots$$

k 年后的本利和 $A_k = A_0\left(1 + \dfrac{r}{n}\right)^{nk}$.

如果计息期数 $n \to \infty$，则每时每刻计算复利（称为**连续复利**），则 k 年后的本利和为

$$A_k = \lim_{n \to \infty} A_0\left(1 + \frac{r}{n}\right)^{nk} = \lim_{n \to \infty} A_0\left[\left(1 + \frac{1}{\frac{n}{r}}\right)^{\frac{n}{r}}\right]^{rk} = A_0\mathrm{e}^{rk}.$$

1.4.2　无穷小的比较

在同一极限过程中, 两个无穷小之比的极限有不同的情况. 例如当 $x \to 0$ 时, x , x^2 , $\sin x$, $1-\cos x$ 都是无穷小. 而

$$\lim_{x \to 0} \frac{x^2}{x} = 0 , \quad \lim_{x \to 0} \frac{\sin x}{x} = 1 , \quad \lim_{x \to 0} \frac{1-\cos x}{x^2} = \frac{1}{2} .$$

两个无穷小之比的极限, 反映了这两个无穷小趋于 0 的快慢程度不同. 当 $x \to 0$ 时, x^2 比 x 趋于 0 的速度快, 而 $\sin x$ 与 x 趋于 0 的速度相当.

定义 4.1　设 $\alpha = \alpha(x)$, $\beta = \beta(x)$ 都是 $x \to x_0$ 时的无穷小, 且 $\alpha(x) \neq 0$

(1) 如果 $\lim\limits_{x \to x_0} \dfrac{\beta}{\alpha} = 0$, 则称 $x \to x_0$ 时 β 是比 α **高阶的无穷小**, 记作 $\beta = o(\alpha)$ ($x \to x_0$);

(2) 如果 $\lim\limits_{x \to x_0} \dfrac{\beta}{\alpha} = C$ ($C \neq 0$ 是常数), 则称 $x \to x_0$ 时, β 与 α 是**同阶无穷小**;

(3) 如果 $\lim\limits_{x \to x_0} \dfrac{\beta}{\alpha} = 1$, 则称 $x \to x_0$ 时 β 与 α 是**等价无穷小**, 记作 $\beta \sim \alpha$ ($x \to x_0$).

例如, 当 $x \to 0$ 时, $x^2 = o(x)$, $\sin x \sim x$, $\tan x \sim x$, $1-\cos x \sim \frac{1}{2} x^2$, $1-\cos x$ 与 x^2 是同阶无穷小.

例 4.13　证明当 $x \to 0$ 时, $\sqrt{1+x} - 1 \sim \frac{1}{2} x$.

证明　进行分子有理化

$$\lim_{x \to 0} \frac{\sqrt{1+x} - 1}{\frac{1}{2} x} = \lim_{x \to 0} \frac{x}{\frac{1}{2} x(\sqrt{1+x} + 1)} = 2 \lim_{x \to 0} \frac{1}{\sqrt{1+x} + 1} = 1 ,$$

所以当 $x \to 0$ 时,

$$\sqrt{1+x} - 1 \sim \frac{1}{2} x . \qquad \qquad \square$$

定理 4.1　设在某极限过程中 $\alpha , \beta , \alpha' , \beta'$ 都是无穷小, $\alpha \sim \alpha'$, $\beta \sim \beta'$, 且 $\lim \dfrac{\beta'}{\alpha'}$ 存在, 则有

$$\lim \frac{\beta}{\alpha} = \lim \frac{\beta'}{\alpha'} .$$

证明　由极限运算法则, 有

$$\lim\frac{\beta}{\alpha} = \lim\frac{\beta}{\beta'}\cdot\frac{\beta'}{\alpha'}\cdot\frac{\alpha'}{\alpha} = \lim\frac{\beta}{\beta'}\cdot\lim\frac{\beta'}{\alpha'}\cdot\lim\frac{\alpha'}{\alpha} = \lim\frac{\beta'}{\alpha'}. \qquad \square$$

定理表明, 在求两个无穷小之比的极限时, 分子及分母都可以用等价无穷小代换, 这可以极大地简化极限的计算.

例 4.14　求 $\lim\limits_{x\to 0}\dfrac{\sin 3x}{\tan 5x}$.

解　当 $x\to 0$ 时, $\sin 3x\sim 3x$, $\tan 5x\sim 5x$, 所以 $\lim\limits_{x\to 0}\dfrac{\sin 3x}{\tan 5x} = \lim\limits_{x\to 0}\dfrac{3x}{5x} = \dfrac{3}{5}$.

例 4.15　求 $\lim\limits_{x\to 0}\dfrac{\sin x}{x^3+3x}$.

解　当 $x\to 0$ 时, $\sin x\sim x$, 所以 $\lim\limits_{x\to 0}\dfrac{\sin x}{x^3+3x} = \lim\limits_{x\to 0}\dfrac{x}{x^3+3x} = \lim\limits_{x\to 0}\dfrac{1}{x^2+3} = \dfrac{1}{3}$.

例 4.16　求 $\lim\limits_{x\to 0}\dfrac{\sqrt{1+x^2}-1}{1-\cos x}$.

解　当 $x\to 0$ 时, $\sqrt{1+x^2}-1\sim\dfrac{1}{2}x^2$, $1-\cos x\sim\dfrac{1}{2}x^2$, 所以

$$\lim_{x\to 0}\frac{\sqrt{1+x^2}-1}{1-\cos x} = \lim_{x\to 0}\frac{\dfrac{1}{2}x^2}{\dfrac{1}{2}x^2} = 1.$$

例 4.17　求 $\lim\limits_{x\to 0}\dfrac{\tan x-\sin x}{x^3}$.

解　$\lim\limits_{x\to 0}\dfrac{\tan x-\sin x}{x^3} = \lim\limits_{x\to 0}\dfrac{\tan x(1-\cos x)}{x^3}$.

当 $x\to 0$ 时, $\tan x\sim x$, $1-\cos x\sim\dfrac{1}{2}x^2$, 所以

$$\lim_{x\to 0}\frac{\tan x(1-\cos x)}{x^3} = \lim_{x\to 0}\frac{x\cdot\dfrac{1}{2}x^2}{x^3} = \frac{1}{2}.$$

注意　求极限时, 只能对乘除运算中各个因子作等价无穷小代换, 而不能对加减运算中的各项作等价无穷小代换.

上例中, 如果把 $\tan x-\sin x$ 中 $\tan x$ 与 $\sin x$ 分别用等价无穷小 x 作代换, 有

$$\lim_{x\to 0}\frac{\tan x-\sin x}{x^3} = \lim_{x\to 0}\frac{x-x}{x^3} = \lim_{x\to 0}\frac{0}{x^3} = 0.$$

得到错误的结果.

习题 1.4

(A)

习题 1.4 解答

1. 求下列极限:

(1) $\lim\limits_{x \to 0} \dfrac{\sin \omega x}{x}$;

(2) $\lim\limits_{x \to 0} \dfrac{\sin 3x}{\tan 2x}$;

(3) $\lim\limits_{x \to 0} x \cot x$;

(4) $\lim\limits_{x \to 0} \dfrac{\tan 2x}{x^2 + x}$;

(5) $\lim\limits_{n \to \infty} 2^n \tan \dfrac{x}{2^n} \ (x \neq 0)$;

(6) $\lim\limits_{x \to 0} \dfrac{1 - \cos 2x}{x \sin x}$.

2. 求下列极限:

(1) $\lim\limits_{x \to 0} (1 - x)^{\frac{1}{x}}$;

(2) $\lim\limits_{x \to \infty} \left(\dfrac{2 + x}{x} \right)^{3x}$;

(3) $\lim\limits_{x \to \infty} \left(\dfrac{x - 1}{x} \right)^{kx}$;

(4) $\lim\limits_{x \to \infty} \left(\dfrac{x + 2}{x - 2} \right)^{x}$.

3. 设 $f(x) = \begin{cases} 2e^{2x}, & x \geqslant 0, \\ \dfrac{\sin ax}{x}, & x < 0 \end{cases}$ 且 $\lim\limits_{x \to 0} f(x)$ 存在, 求常数 a.

4. 设 $\lim\limits_{x \to \infty} \left(\dfrac{x + 2}{x} \right)^{kx} = 2$, 求常数 k.

5. 当 $x \to 0$ 时, $x^2 + 2x$ 与 $x \sin x$ 相比哪一个是高阶无穷小?

6. 当 $x \to 1$ 时, 无穷小 $x - 1$ 与 (1) $x^3 - 1$, (2) $\dfrac{1}{2}(x^2 - 1)$ 是否同阶, 是否等价?

7. 求下列极限:

(1) $\lim\limits_{x \to 0} \dfrac{\tan x - \sin x}{\sin^3 x}$;

(2) $\lim\limits_{x \to 0} \dfrac{\sin x^n}{\sin^m x}$ (n 和 m 为正整数);

(3) $\lim\limits_{x \to 0} \dfrac{\sec x - 1}{x^2}$;

(4) $\lim\limits_{x \to 0} \dfrac{x^2 \sin \dfrac{1}{x}}{\sin 2x}$.

(B)

1. 求下列极限:

(1) $\lim\limits_{x \to 0^+} x \left[\dfrac{1}{x} \right]$;

(2) $\lim\limits_{n \to \infty} n \left(\dfrac{1}{n^2 + 1} + \dfrac{1}{n^2 + 2} + \cdots + \dfrac{1}{n^2 + n} \right)$;

(3) $\lim\limits_{x \to +\infty} \left(a^x + b^x + c^x \right)^{\frac{1}{x}}$ ($a > 0, b > 0, c > 0$).

2. 设 $x_n = 1 + \dfrac{1}{2^2} + \dfrac{1}{3^2} + \cdots + \dfrac{1}{n^2}$ ($n = 1, 2, \cdots$), 证明极限 $\lim\limits_{n \to \infty} x_n$ 存在.

3. 设 $x_1 > 0$, $\quad x_{n+1} = \dfrac{1}{2}\left(x_n + \dfrac{1}{x_n}\right)$, $n = 1, 2, \cdots$. 证明 $\lim\limits_{n \to \infty} x_n$ 存在, 并求极限值.

1.5　连续函数

1.5.1　函数的连续性

考察函数图形, 函数 $y = x^2$ 的图形处处接连不断, 称函数 $y = x^2$ 处处连续, 而函数 $y = \mathrm{sgn}\, x$ (符号函数) 的图形在原点处断开, 称函数 $y = \mathrm{sgn}\, x$ 在 $x = 0$ 处不连续. 一般地, 有如下定义:

定义 5.1　设函数 $f(x)$ 在点 x_0 的某邻域内有定义, 如果

$$\lim_{x \to x_0} f(x) = f(x_0),$$

则称函数 $f(x)$ **在点** x_0 **连续**, x_0 称为 $f(x)$ 的**连续点**.

函数 $f(x)$ 在点 x_0 连续, 是用函数极限定义的, 有如下要求:

(1) $f(x)$ 在点 x_0 的某邻域内有定义, 特别是在点 x_0 处有定义 (这一点与极限的定义是不同的);

(2) 极限 $\lim\limits_{x \to x_0} f(x)$ 存在;

(3) 极限值 $\lim\limits_{x \to x_0} f(x) = f(x_0)$.

定义 5.1 可以用 "$\varepsilon\text{-}\delta$" 语言叙述如下:

$f(x)$ 在点 x_0 连续 $\Leftrightarrow \forall \varepsilon > 0$, $\exists \delta > 0$, 当 $|x - x_0| < \delta$ 时, 有 $|f(x) - f(x_0)| < \varepsilon$.

与左极限、右极限对应, 有如下定义:

如果 $f(x)$ 在点 x_0 及其左侧附近有定义, 且 $\lim\limits_{x \to x_0^-} f(x) = f(x_0)$, 称 $f(x)$ 在点 x_0 **左连续**;

如果 $f(x)$ 在点 x_0 及其右侧附近有定义, 且 $\lim\limits_{x \to x_0^+} f(x) = f(x_0)$, 称 $f(x)$ 在点 x_0 **右连续**.

函数 $f(x)$ 在点 x_0 连续与左连续、右连续的关系:

定理 5.1　函数 $f(x)$ 在点 x_0 连续 $\Leftrightarrow f(x)$ 在点 x_0 既左连续又右连续.

例 5.1　设函数 $f(x) = \begin{cases} \dfrac{\sin x}{x}, & x < 0, \\ a, & x = 0, \\ x\sin\dfrac{1}{x} + b, & x > 0 \end{cases}$ 在 $x = 0$ 处连续, 求常数 a 和 b 的值.

解　$f(0) = a$，而

$$\lim_{x \to x_0^-} f(x) = \lim_{x \to 0^-} \frac{\sin x}{x} = 1, \quad \lim_{x \to 0^+} f(x) = \lim_{x \to 0^+} \left(x \sin \frac{1}{x} + b \right) = b,$$

由于 $f(x)$ 在 $x = 0$ 处连续，有

$$\lim_{x \to 0^-} f(x) = \lim_{x \to 0^+} f(x) = f(0),$$

故 $a = b = 1$.

函数连续性是按点定义的. 当我们说函数在某个区间连续时是指

如果函数 $f(x)$ 在开区间 (a,b) 内每一点都连续，则称 $f(x)$ 在开区间 (a,b) 内连续.

如果函数 $f(x)$ 在开区间 (a,b) 内连续，并且在左端点 a 右连续，在右端点 b 左连续，则称 $f(x)$ 在闭区间 $[a,b]$ 上连续.

如果 $f(x)$ 在区间 I 上连续，则称 $f(x)$ 是区间 I 上的连续函数.

例 5.2　证明 $y = \sin x$ 和 $y = \cos x$ 在 $(-\infty, +\infty)$ 内连续.

证明　$\forall x_0 \in (-\infty, +\infty)$，当 $|x - x_0| < \dfrac{\pi}{2}$ 时，$\forall \varepsilon > 0$，要使

$$\left| \sin x - \sin x_0 \right| = \left| 2 \cos \frac{x + x_0}{2} \sin \frac{x - x_0}{2} \right| \leqslant 2 \left| \sin \frac{x - x_0}{2} \right| \leqslant |x - x_0| < \varepsilon,$$

只要 $|x - x_0| < \varepsilon$，取 $\delta = \varepsilon$，则当 $|x - x_0| < \delta$ 时，上式成立，所以

$$\lim_{x \to x_0} \sin x = \sin x_0.$$

即 $y = \sin x$ 在点 x_0 连续. 由 x_0 的任意性可知，$y = \sin x$ 在 $(-\infty, +\infty)$ 内连续.

同理可证，$y = \cos x$ 在 $(-\infty, +\infty)$ 内连续.　　　　　　　　□

例 5.3　证明 $y = \mathrm{e}^x$ 在 $(-\infty, +\infty)$ 内连续.

证明　先证 $\lim\limits_{x \to 0} \mathrm{e}^x = \mathrm{e}^0 = 1$，即 $y = \mathrm{e}^x$ 在点 $x = 0$ 连续. 当 $x \geqslant 0$ 时，$\forall \varepsilon > 0$，要使 $\left| \mathrm{e}^x - 1 \right| = \mathrm{e}^x - 1 < \varepsilon$，只要 $\mathrm{e}^x < 1 + \varepsilon$，即 $x < \ln(1 + \varepsilon)$，取 $\delta = \ln(1 + \varepsilon)$，则当 $0 \leqslant x < \delta$ 时上式成立，即

$$\lim_{x \to 0^+} \mathrm{e}^x = 1.$$

当 $x < 0$ 时，令 $u = -x$，有

$$\lim_{x \to 0^-} e^x = \lim_{u \to 0^+} e^{-u} = \lim_{u \to 0^+} \frac{1}{e^u} = 1,$$

综上可知, $\lim\limits_{x \to 0} e^x = 1$, 即 $y = e^x$ 在 $x = 0$ 处连续.

$\forall x_0 \in (-\infty, +\infty)$, 有

$$\lim_{x \to x_0} e^x = \lim_{x \to x_0} e^{x_0} e^{x-x_0} = e^{x_0} \lim_{x \to x_0} e^{x-x_0} = e^{x_0}.$$

因此, $\forall x_0 \in (-\infty, +\infty)$, $y = e^x$ 在 x_0 处连续, 即 $y = e^x$ 在 $(-\infty, +\infty)$ 内连续. $\quad \square$

1.5.2　连续函数的运算

由极限的运算法则可以得到连续函数的运算性质.

定理 5.2 (连续函数的四则运算)　设函数 $f(x)$, $g(x)$ 都在点 x_0 连续, 那么

(1) $f(x) \pm g(x)$ 也在点 x_0 连续;

(2) $f(x)g(x)$ 也在点 x_0 连续;

(3) 当 $g(x_0) \neq 0$ 时, $\dfrac{f(x)}{g(x)}$ 也在点 x_0 连续.

定理 5.3 (连续函数的复合运算)　设函数 $f(u)$ 在点 u_0 连续, 且 $\lim\limits_{x \to x_0} \varphi(x) = u_0$, 则有

$$\lim_{x \to x_0} f[\varphi(x)] = \lim_{u \to u_0} f(u) = f(u_0).$$

特别地, 若 $f(u)$ 在点 u_0 连续, $\varphi(x)$ 在点 x_0 连续, $\varphi(x_0) = u_0$, 则 $f[\varphi(x)]$ 在点 x_0 连续.

定理 5.4 (反函数的连续性)　设函数 $y = f(x)$ 是定义在区间 I 上的连续函数, 值域为 W, 并且有反函数 $y = f^{-1}(x)$, 那么 $y = f^{-1}(x)$ 是定义在 W 上的连续函数.

这是因为 $x = f^{-1}(y)$, $y \in W$ 的图形与 $y = f(x)$, $x \in I$ 的图形是同一条连续曲线, 互换变量 x 与 y 的位置. 知 $y = f^{-1}(x)$ 在 W 上是连续的.

1.5.3　初等函数的连续性

1. 指数函数 $y = a^x$ 和对数函数 $y = \log_a x$ $(a > 0, a \neq 1)$ 的连续性

由例 5.3, $y = e^x$ 在 $(-\infty, +\infty)$ 内连续, 而 $y = a^x = e^{x\ln a}$, 由复合函数的连续性, 可知 $y = a^x$ 在 $(-\infty, +\infty)$ 内连续.

由反函数的连续性, 可知 $y = a^x$ 的反函数 $y = \log_a x$ 在 $(0, +\infty)$ 内连续.

2. 幂函数 $y = x^{\mu}$ ($\mu \neq 0$) 的连续性

当 $x \in (0, +\infty)$ 时，$y = a^{\mu} = \mathrm{e}^{\mu \ln x}$，由复合函数的连续性，可知 $y = x^{\mu}$ 在 $(0, +\infty)$ 内连续. 当 μ 取不同值时，$y = x^{\mu}$ 的定义域是不同的，可以证明 $y = x^{\mu}$ 在其定义域内连续.

3. 三角函数和反三角函数的连续性

由例 5.2 可知，$y = \sin x$ 和 $y = \cos x$ 在 $(-\infty, +\infty)$ 内连续，再由连续函数的四则运算法则可知，函数

$$\tan x = \frac{\sin x}{\cos x}, \quad \cot x = \frac{\cos x}{\sin x}, \quad \sec x = \frac{1}{\cos x}, \quad \csc x = \frac{1}{\sin x}$$

在分母不等于 0 的点，即在各自的定义域内连续.

再由反函数的连续性，可知反三角函数

$$y = \arcsin x, \quad y = \arccos x, \quad y = \arctan x, \quad y = \operatorname{arccot} x$$

在它们各自的定义域内连续.

由初等函数的定义及基本初等函数的连续性，根据连续函数的四则运算法则以及复合函数的连续性定理，可以得到如下的结论.

定理 5.5(初等函数的连续性)　一切初等函数在其定义区间(即包含在定义域内的区间)内都是连续的.

例如，点 $x_0 = \dfrac{\pi}{2}$ 是初等函数 $y = \ln \sin x$ 的一个定义区间 $(0, \pi)$ 内的点，所以

$$\lim_{x \to \frac{\pi}{2}} \ln \sin x = \ln \sin \frac{\pi}{2} = 0.$$

下面利用初等函数的连续性推导几个常用的极限.

例 5.4　求 (1) $\displaystyle\lim_{x \to 0} \frac{\arcsin x}{x}$；(2) $\displaystyle\lim_{x \to 0} \frac{\arctan x}{x}$.

解　(1) 令 $u = \arcsin x$，它在 $x = 0$ 处连续，则 $x \to 0$ 时，$u \to 0$，从而

$$\lim_{x \to 0} \frac{\arcsin x}{x} = \lim_{u \to 0} \frac{u}{\sin u} = 1,$$

即 $\arcsin x \sim x$ $(x \to 0)$.

(2) 同理可证 $\displaystyle\lim_{x \to 0} \frac{\arctan x}{x} = 1$，即 $\arctan x \sim x$ $(x \to 0)$.

例 5.5　求 (1) $\lim\limits_{x\to 0}\dfrac{\ln(1+x)}{x}$；(2) $\lim\limits_{x\to 0}\dfrac{\log_a(1+x)}{x}$ $(a>0,a\neq 1)$.

解　(1) $\dfrac{\ln(1+x)}{x}=\ln(1+x)^{\frac{1}{x}}$，因为 $\lim\limits_{x\to 0}(1+x)^{\frac{1}{x}}=\mathrm{e}$，且函数 $\ln u$ 在点 $u_0=\mathrm{e}$ 连续，由复合函数的连续性 (定理 5.3)，得

$$\lim_{x\to 0}\frac{\ln(1+x)}{x}=\lim_{x\to 0}\ln(1+x)^{\frac{1}{x}}=\ln\mathrm{e}=1,$$

即 $\ln(1+x)\sim x$ $(x\to 0)$.

(2) $\lim\limits_{x\to 0}\dfrac{\log_a(1+x)}{x}=\dfrac{1}{\ln a}\lim\limits_{x\to 0}\dfrac{\ln(1+x)}{x}=\dfrac{1}{\ln a}$.

例 5.6　求 (1) $\lim\limits_{x\to 0}\dfrac{\mathrm{e}^x-1}{x}$；(2) $\lim\limits_{x\to 0}\dfrac{a^x-1}{x}$ $(a>0,a\neq 1)$.

解　(1) 令 $u=\mathrm{e}^x-1$，则

$$\lim_{x\to 0}\frac{\mathrm{e}^x-1}{x}=\lim_{u\to 0}\frac{u}{\ln(1+u)}=1,$$

即 $\mathrm{e}^x-1\sim x$ $(x\to 0)$.

(2) $\lim\limits_{x\to 0}\dfrac{a^x-1}{x}=\lim\limits_{x\to 0}\dfrac{\mathrm{e}^{x\ln a}-1}{x}=\lim\limits_{x\to 0}\dfrac{\mathrm{e}^{x\ln a}-1}{x\ln a}\ln a=\lim\limits_{x\to 0}\dfrac{x\ln a}{x}=\ln a$ $(a>0,a\neq 1)$.

例 5.7　求 $\lim\limits_{x\to 0}\dfrac{(1+x)^\alpha-1}{x}$ $(\alpha\neq 0)$.

解　$\lim\limits_{x\to 0}\dfrac{(1+x)^\alpha-1}{x}=\lim\limits_{x\to 0}\dfrac{\mathrm{e}^{\alpha\ln(1+x)}-1}{x}=\lim\limits_{x\to 0}\dfrac{\alpha\ln(1+x)}{x}=\alpha$，即

$$(1+x)^\alpha-1\sim\alpha x\quad(x\to 0).$$

综合前面的例题，得到当 $x\to 0$ 时，一些常用的等价无穷小

$$\sin x\sim x,\quad \tan x\sim x,\quad 1-\cos x\sim\frac{1}{2}x^2,$$

$$\arcsin x\sim x,\quad \arctan x\sim x,$$

$$\ln(1+x)\sim x,\quad \mathrm{e}^x-1\sim x,\quad (1+x)^\alpha-1\sim\alpha x\,(\alpha\neq 0).$$

例 5.8　求 $\lim\limits_{x\to 0}\dfrac{1-\cos x}{(\mathrm{e}^x-1)\ln(1+x)}$.

解　当 $x\to 0$ 时，$1-\cos x\sim\dfrac{1}{2}x^2$，$\mathrm{e}^x-1\sim x$，$\ln(1+x)\sim x$，因此

$$\lim_{x\to 0}\frac{1-\cos x}{(e^x-1)\ln(1+x)}=\lim_{x\to 0}\frac{\frac{1}{2}x^2}{x^2}=\frac{1}{2}.$$

例 5.9　求 $\lim\limits_{x\to 0}\dfrac{\arctan 2x}{\ln(1+\sin x)}$.

解　当 $x\to 0$ 时, $\arctan 2x\sim 2x$, $\ln(1+\sin x)\sim\sin x\sim x$, 因此

$$\lim_{x\to 0}\frac{\arctan 2x}{\ln(1+\sin x)}=\lim_{x\to 0}\frac{2x}{x}=2.$$

例 5.10　求 $\lim\limits_{x\to 0}(1+2x)^{\frac{3}{\sin x}}$.

解　因为

$$(1+2x)^{\frac{3}{\sin x}}=(1+2x)^{\frac{1}{2x}\cdot\frac{x}{\sin x}\cdot 6}=e^{6\cdot\frac{x}{\sin x}\ln(1+2x)^{\frac{1}{2x}}},$$

利用定理 5.3 及极限的运算法则, 便有

$$\lim_{x\to 0}(1+2x)^{\frac{3}{\sin x}}=e^{\lim\limits_{x\to 0}\left[6\cdot\frac{x}{\sin x}\cdot\ln(1+2x)^{\frac{1}{2x}}\right]}=e^6.$$

一般地, 对于形如 $u(x)^{v(x)}(u(x)>0,u(x)\not\equiv 1)$ 的函数 (通常称为幂指函数), 如果

$$\lim u(x)=a>0,\quad \lim v(x)=b,$$

那么

$$\lim u(x)^{v(x)}=a^b.$$

注意: 这里三个 $\lim$ 都表示在同一自变量变化过程中的极限.

1.5.4　函数的间断点

根据函数在一点处连续的定义可知

函数 $f(x)$ 在点 x_0 连续 $\Leftrightarrow \lim\limits_{x\to x_0^-}f(x)=\lim\limits_{x\to x_0^+}f(x)=f(x_0)$.

如果 $f(x)$ 在点 x_0 不连续, 则称点 x_0 为函数 $f(x)$ 的**间断点**, 把函数的间断点分成两类:

(1) 如果 x_0 是函数 $f(x)$ 的间断点, 但 $\lim\limits_{x\to x_0^-}f(x)$ 及 $\lim\limits_{x\to x_0^+}f(x)$ 都存在, 则称 x_0 为函数 $f(x)$ 的**第一类间断点**.

(2) 如果 $\lim\limits_{x\to x_0^-}f(x)$ 及 $\lim\limits_{x\to x_0^+}f(x)$ 中至少有一个不存在，则称 x_0 为函数 $f(x)$ 的**第二类间断点**.

例 5.11 讨论函数 $f(x)=(1+x)^{\frac{1}{x}}$ 的间断点.

解 $f(x)$ 在 $x=0$ 处没有定义，但是

$$\lim\limits_{x\to 0}f(x)=\lim\limits_{x\to 0}(1+x)^{\frac{1}{x}}=\mathrm{e},$$

$\lim\limits_{x\to 0^-}f(x)$ 和 $\lim\limits_{x\to 0^+}f(x)$ 都存在，所以 $x=0$ 是 $f(x)$ 的第一类间断点.

如果补充定义，使 $x=0$ 时，$y=\mathrm{e}$，成为

$$f_1(x)=\begin{cases}(1+x)^{\frac{1}{x}}, & x\neq 0,\\ \mathrm{e}, & x=0,\end{cases}$$

则 $f_1(x)$ 在 $x=0$ 处连续.

在上例中，我们可以通过补充或修改函数在某个间断点处的定义，从而去掉函数在该点的间断性，称这样的间断点为函数的**可去间断点**. 可去间断点属于函数的第一类间断点. 在例 5.10 中，$x=0$ 是 $f(x)$ 的**可去间断点**.

例 5.12 讨论函数

$$f(x)=\begin{cases}\dfrac{x^2-1}{x-1}, & x\neq 1,\\ 1, & x=1\end{cases}$$

(图 1.36) 的间断点.

解 由于 $\lim\limits_{x\to 1}f(x)=\lim\limits_{x\to 1}\dfrac{x^2-1}{x-1}=\lim\limits_{x\to 1}(x+1)=2\neq f(1)$，从而 $\lim\limits_{x\to 1^-}f(x)$ 和 $\lim\limits_{x\to 1^+}f(x)$ 都存在，所以 $x=1$ 是 $f(x)$ 的第一类间断点.

如果修改定义，使 $x=1$ 时，$y=2$，构成新函数

$$f_1(x)=\begin{cases}\dfrac{x^2-1}{x-1}, & x\neq 1,\\ 2, & x=1,\end{cases}$$

则 $f_1(x)$ 在 $x=1$ 处连续，所以 $x=1$ 是 $f(x)$ 的可去间断点.

例 5.13 讨论函数

$$f(x)=\begin{cases}x+1, & x<0,\\ 0, & x=0,\\ x-1, & x>0\end{cases}$$

(图 1.37) 的间断点.

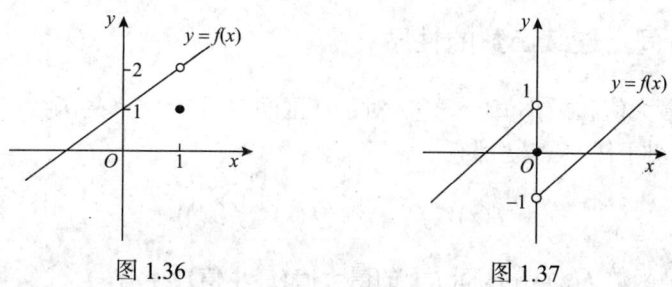

图 1.36　　　　　　　　　　图 1.37

解　$\lim\limits_{x\to 0^-}f(x)=\lim\limits_{x\to 0^-}(x+1)=1$，　$\lim\limits_{x\to 0^+}f(x)=\lim\limits_{x\to 0^+}(x-1)=-1$，　因为 $\lim\limits_{x\to 0^-}f(x)$ 和 $\lim\limits_{x\to 0^+}f(x)$ 都存在，所以 $x=0$ 是 $f(x)$ 的第一类间断点.

例 5.14　讨论函数

$$f_1(x)=\begin{cases}\dfrac{1}{x}, & x\neq 0,\\[2mm] 0, & x=0\end{cases}$$

的间断点.

解　$\lim\limits_{x\to 0}f(x)=\lim\limits_{x\to 0}\dfrac{1}{x}=\infty$，由于 $\lim\limits_{x\to 0^-}f(x)$ 和 $\lim\limits_{x\to 0^+}f(x)$ 都不存在，所以 $x=0$ 是 $f(x)$ 的第二类间断点.

例 5.15　讨论函数

$$f(x)=\begin{cases}\sin\dfrac{1}{x}, & x\neq 0,\\[2mm] 0, & x=0\end{cases}$$

的间断点.

解　当 $x\to 0\,(x\neq 0)$ 时，函数 $f(x)=\sin\dfrac{1}{x}$ 的值在 -1 和 1 之间振荡，不趋于任何常数 (图 1.38)，$\lim\limits_{x\to 0^-}f(x)$ 和 $\lim\limits_{x\to 0^+}f(x)$ 都不存在，所以 $x=0$ 是 $f(x)$ 的第二类间断点.

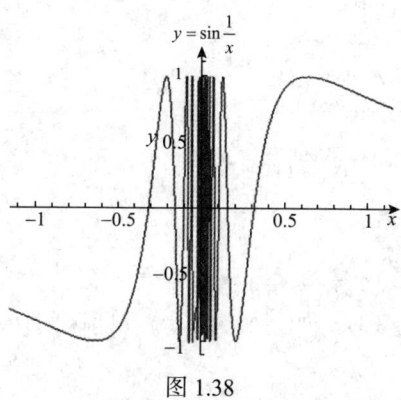

图 1.38

1.5.5　闭区间上连续函数的性质

先说明最大值和最小值的概念. 对于在区间 I 上有定义的函数 $f(x)$，如果有 $x_0 \in I$，使得对于任一 $x \in I$ 都有

$$f(x) \leqslant f(x_0) \quad (f(x) \geqslant f(x_0)),$$

则称 $f(x_0)$ 是函数 $f(x)$ 在区间 I 上的**最大值**（**最小值**）.

在闭区间上连续函数有几个重要的性质：

定理 5.6（最值定理）　如果函数 $f(x)$ 在闭区间 $[a,b]$ 上连续，那么 $f(x)$ 在 $[a,b]$ 上必能取得最大值和最小值，即 $\exists x_1, x_2 \in [a,b]$，使得 $\forall x \in [a,b]$，都有

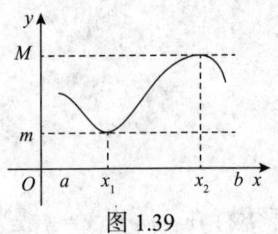

图 1.39

$$f(x_1) \leqslant f(x) \leqslant f(x_2) \quad (\text{图 1.39}).$$

定理 5.6 的证明超出本书范围，略去.

如果 $f(x)$ 在开区间 (a,b) 内连续或在闭区间 $[a,b]$ 上有间断点，那么 $f(x)$ 在该区间上不一定有最大值和最小值.

例如，$f(x) = \tan x$ 在 $\left(-\dfrac{\pi}{2}, \dfrac{\pi}{2}\right)$ 上连续，但没有最大值和最小值（图 1.40）.

再如

$$f(x) = \begin{cases} x+1, & -1 \leqslant x < 0, \\ 0, & x = 0, \\ x-1, & 0 < x \leqslant 1 \end{cases}$$

在 $[-1,1]$ 上有间断点，它在 $[-1,1]$ 上没有最大值和最小值（图 1.41）.

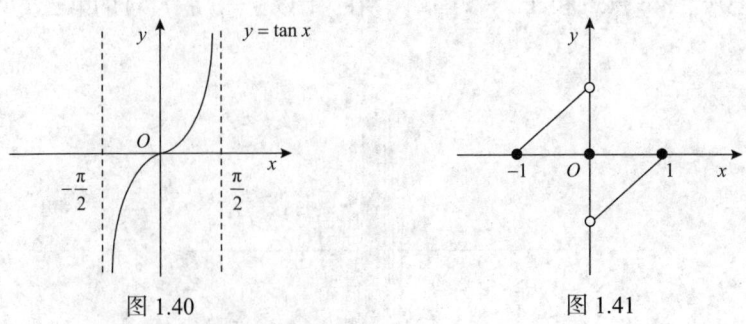

图 1.40　　　　　　　　　　　　图 1.41

定理 5.7（有界性定理）　如果函数 $f(x)$ 在闭区间 $[a,b]$ 上连续，那么 $f(x)$ 在 $[a,b]$ 上有界（图 1.39）.

证明　由最值定理, $f(x)$ 在 $[a,b]$ 上必有最大值 M 和最小值 m. 从而 $\forall x \in [a,b]$ 都有 $m \leqslant f(x) \leqslant M$, 所以 $f(x)$ 在 $[a,b]$ 上有界. □

如果 $f(x)$ 在开区间 (a,b) 内连续或在闭区间 $[a,b]$ 上有间断点, 那么 $f(x)$ 在该区间上不一定有界.

例如, $f(x) = \tan x$ 在 $\left(-\dfrac{\pi}{2}, \dfrac{\pi}{2}\right)$ 上连续, 但显然无界. $f(x) = \tan x$ 在 $[0,\pi]$ 上有间断点, 在 $[0,\pi]$ 上 $f(x) = \tan x$ 也无界 (图 1.40).

定理 5.8　(介值定理)　如果函数 $f(x)$ 在闭区间 $[a,b]$ 上连续, 且 $f(a) \neq f(b)$, 那么对于 $f(a)$ 和 $f(b)$ 之间的任何一个数 c, 至少存在一个点 $\xi \in (a,b)$, 使得 $f(\xi) = c$ (图 1.42).

证明从略.

推论 1　在闭区间上连续的函数必取得介于最大值 M 与最小值 m 之间的任何值 (图 1.42).

定理 5.9　(零点定理)　如果函数 $f(x)$ 在闭区间 $[a,b]$ 上连续, 且 $f(a)$ 与 $f(b)$ 异号, 那么至少存在一点 $\xi \in (a,b)$, 使得 $f(\xi) = 0$ (图 1.43).

证明　不妨设 $f(a) < 0$, $f(b) > 0$. 对于 $c = 0$, 有 $f(a) < c < f(b)$. 由介值定理可知, 至少存在一点 $\xi \in (a,b)$, 使得 $f(\xi) = c = 0$. □

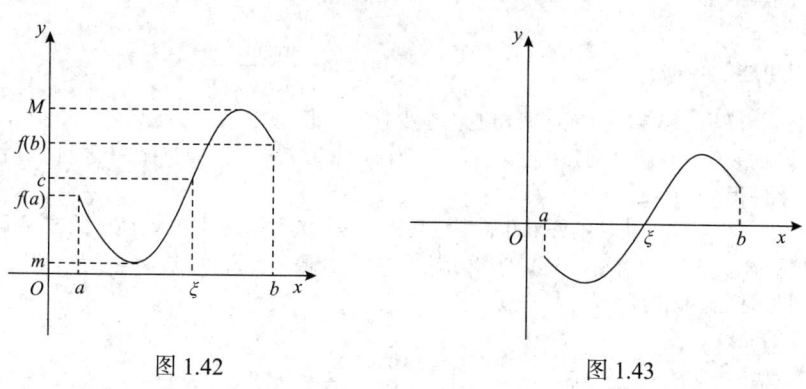

图 1.42　　　　　　　　　图 1.43

例 5.16　证明方程 $x^3 - 8x + 1 = 0$ 在开区间 $(0,1)$ 内至少有一个实根.

证明　设 $f(x) = x^3 - 8x + 1$, 则 $f(x)$ 在 $[0,1]$ 上连续, 且

$$f(0) = 1 > 0, \quad f(1) = -6 < 0.$$

由零点定理可知, 至少存在一点 $\xi \in (0,1)$, 使得 $f(\xi) = 0$, 即方程 $f(x) = 0$ 在区间 $(0,1)$ 内至少有一个实根. □

习题 1.5

习题 1.5 解答

(A)

1. 讨论下列函数的连续性，并画出函数的图形:

(1) $f(x) = \begin{cases} \sin x, & x \leqslant 0, \\ x^2, & x > 0; \end{cases}$ (2) $f(x) = \begin{cases} x, & -1 \leqslant x \leqslant 1, \\ x^2, & x < -1 \text{ 或 } x > 1. \end{cases}$

2. 讨论下列函数的连续性，如有间断点，判别其类型.

(1) $f(x) = \dfrac{x^2 - 1}{x^2 - x - 2};$ (2) $f(x) = \begin{cases} x - 1, & x \leqslant 0, \\ x + 1, & x > 0; \end{cases}$

(3) $f(x) = \begin{cases} x^2, & x \neq 0, \\ 1, & x = 0; \end{cases}$ (4) $f(x) = \begin{cases} \mathrm{e}^{\frac{1}{x}}, & x \neq 0, \\ 0, & x = 0; \end{cases}$

(5) $f(x) = \begin{cases} \dfrac{\sin x}{x}, & x < 0, \\ 0, & x = 0, \\ \dfrac{2(\sqrt{1+x} - 1)}{x}, & x > 0. \end{cases}$

3. 求下列极限:

(1) $\lim\limits_{x \to 0} \dfrac{2^x - 1}{x};$ (2) $\lim\limits_{x \to 1} \dfrac{1 - x}{\ln x};$

(3) $\lim\limits_{x \to 0^+} \sin\left(\arctan \dfrac{1}{x}\right);$ (4) $\lim\limits_{x \to 0} \dfrac{\arcsin x}{\ln(1 + \sin x)}.$

4. 证明方程 $x^5 + x - 1 = 0$ 在区间 $(0,1)$ 内至少有一个根.

5. 设函数 $f(x)$ 在闭区间 $[a,b]$ 上连续，且 $f(a) < a$，$f(b) > b$，证明在开区间 (a,b) 内至少有一点 ξ，使得 $f(\xi) = \xi$.

6. 一个登山运动员从早晨 7:00 开始攀登某座山峰，在下午 7:00 到达山顶，第二天早晨 7:00 再从山顶沿着原路下山，下午 7:00 到达山脚，试利用介值定理说明，这个运动员必在这两天的某一相同时刻经过登山路线的同一地点.

(B)

1. 讨论下列函数的连续性，如有间断点，判别其类型:

(1) $f(x) = \dfrac{\mathrm{e}^{\frac{1}{x}} - \mathrm{e}^{-\frac{1}{x}}}{\mathrm{e}^{\frac{1}{x}} + \mathrm{e}^{-\frac{1}{x}}};$ (2) $f(x) = \lim\limits_{n \to \infty} \dfrac{x^{2n} - 1}{x^{2n} + 1} x.$

2. 求下列极限:

(1) $\lim\limits_{x \to 0} (\cos x)^{\frac{1}{x^2}};$

(2) $\lim\limits_{x \to 0} \left(\dfrac{a^x + b^x + c^x}{3}\right)^{\frac{1}{x}}$ （a,b,c 为不等于 1 的正数）.

3. 设 $f(x) = \lim\limits_{n \to \infty} \dfrac{x^{2n-1} + ax^2 + bx}{x^{2n} + 1}$ 在 $(-\infty, +\infty)$ 上连续，求 a, b 的值.

4. 设函数 $f(x)$ 在闭区间 $[a, b]$ 上连续，$a < x_1 < x_2 < \cdots < x_n < b$，证明在开区间 (a, b) 内至少有一点 ξ，使得 $f(\xi) = \dfrac{f(x_1) + f(x_2) + \cdots + f(x_n)}{n}$.

5. 设函数 $f(x)$ 在区间 $(-\infty, +\infty)$ 内连续，且极限 $\lim\limits_{x \to \infty} f(x)$ 存在，证明函数 $f(x)$ 在区间 $(-\infty, +\infty)$ 内有界.

1.6　数学实验：一元函数图形的绘制

实验目的　通过图形加强对函数的认识与理解，掌握运用函数的图形来观察和分析函数的有关特性与变化趋势的方法，建立数形结合的思想；了解一元函数图形的绘制方法和原理，理解参数方程和极坐标方程的含义.

基本原理　绘制闭区间 $[a, b]$ 上连续函数 $f(x)$ 的图形，一般是将 $[a, b]$ 等分为 n 个小区间，设其端点分别为

$$a = x_0 < x_1 < x_2 < \cdots < x_n = b,$$

用直线段顺次连接点 $(x_0, f(x_0)), (x_1, f(x_1)), (x_2, f(x_2)), \cdots, (x_n, f(x_n))$ 成一条连续曲线.

例 6.1　分别作出函数

$$y = \sin x, \quad y = 2x + \sin 3x, \quad y = x \sin x$$

在 $[-4\pi, 4\pi]$ 上的图像.

解　(1) 在 MATLAB 命令栏中输入以下语句，即可得到函数 $y = \sin x$ 的图像，如图 1.44 所示.

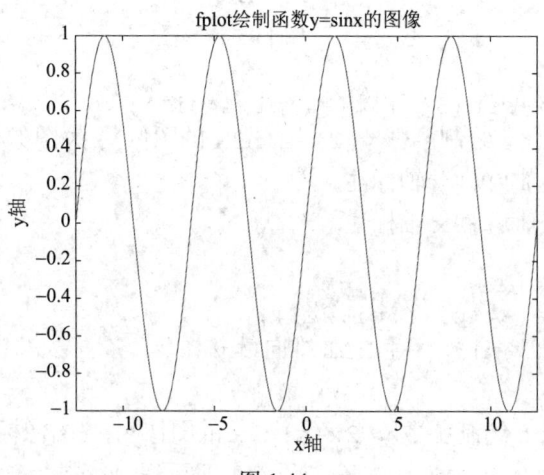

图 1.44

```
fplot('sin(x)',[-4*pi,4*pi]);
title('fplot 绘制函数 y=sinx 的图像');%图形标题
ylabel('y轴');%y轴标注
xlabel('x轴');%x轴标注
```

或者

```
x=linspace(-4*pi,4*pi,241);
y=sin(x);%产生 241 维向量 y
plot(x,y);
title('plot 绘制函数 y=sinx 的图像');%图形标题
```

(2)在 MATLAB 命令栏中输入以下语句，即可得到函数 $y = 2x + \sin 3x$ 的图像，如图 1.45 所示.

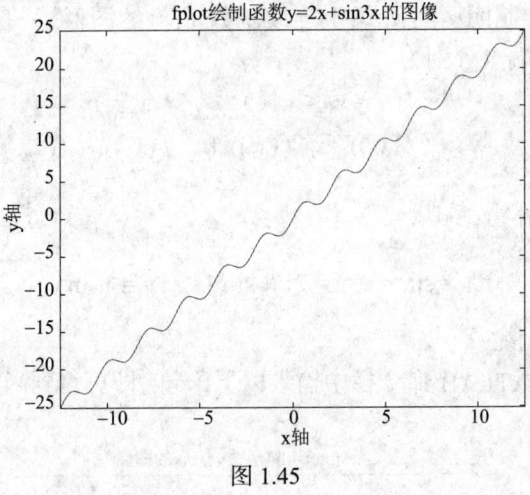

图 1.45

```
fplot('2*x+sin(3*x)',[-4*pi,4*pi]);
title('fplot 绘制函数 y=2x+sin3x 的图像');%图像标题
ylabel('y轴');%y轴标注
xlabel('x轴');%x轴标注
```
或者

```
x=linspace(-4*pi,4*pi,241);
y=2*x+sin(3*x);%产生 241 维向量 y
plot(x,y);
title('plot 绘制函数 y=2x+sin3x 的图像');%图像标题
```
(3)在 MATLAB 命令栏中输入语句，即可得到函数 $y = x\sin x$ 的图像，如

图 1.46 所示.

```
fplot('x*sin(x)',[-4*pi,4*pi]);
title('fplot 绘制函数 y=xsinx 的图像');%图像标题
ylabel('y 轴标注');%y 轴标注
xlabel('x 轴标注');%x 轴标注
```

或者

```
x=linspace(-4*pi,4*pi,241);
y=x.*sin(x);%产生 241 维向量 y, 必须用点乘运算
plot(x,y);
title('plot 绘制函数 y=xsinx 的图像');%图像标题
```

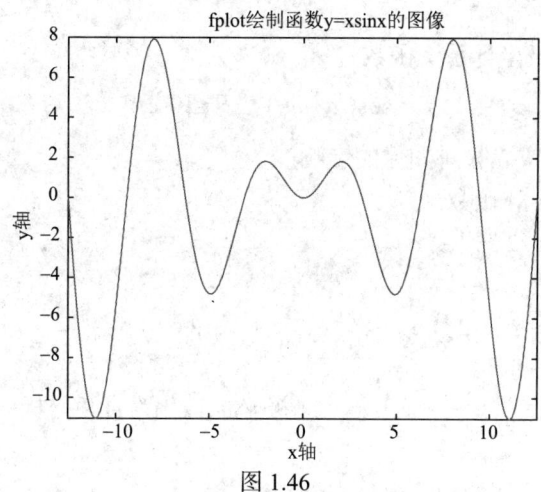

图 1.46

例 6.2　在同一坐标系下作出函数

$$y = \sin x, \quad y = \cos x$$

在 $[-2\pi, 2\pi]$ 上的图像.

解　编写如下 M 函数, 即可得到图像, 如图 1.47 所示.

```
x=-2*pi:pi/30:2*pi;%产生 121 维向量 x
y1=sin(x);y2=cos(x);%产生 121 维向量 y1,y2
plot(x,y1,'b',x,y2,'r--');
title('函数 y=sinx,y=cosx 在[-2\pi,2\pi]上的图像');
text(2.6,sin(2,4),'\leftarrow y=sin(x)');
text(-7.2,-0.2,'y=cos(x)\rightarrow');
%text(x,y,'字符串')
```

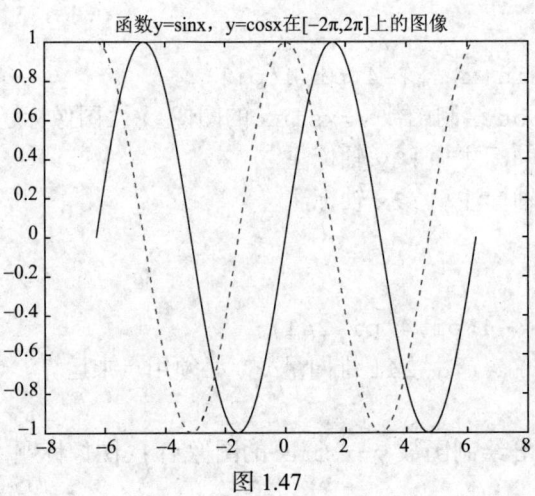

图 1.47

例 6.3　绘制极坐标系下函数

$$r = \cos(\alpha + n\theta), \quad \theta \in [0, 2\pi]$$

的图像, 并讨论参数 α, n 对图像的影响.

解　编写如下 M 函数:

```
function sy203(a,n)
%玫瑰线
t=0:pi/(60*n):2*pi;
r=cos(a+n*t);
x=r.*cos(t);y=r.*sin(t);%极坐标转化为直角坐标
plot(x,y);
```

我们在 MATLAB 的命令窗口中分别运行命令

```
sy203(0,3); %三叶玫瑰线
```

即可得到 $r = \cos 3\theta$ 的图像, 如图 1.48 所示.

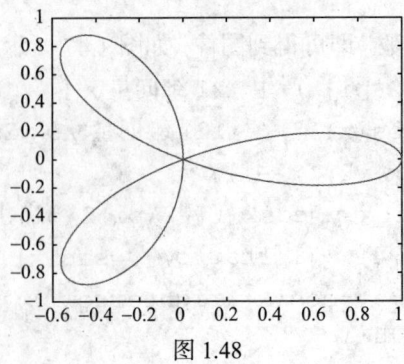

图 1.48

我们可以尝试输入以下一系列命令, 得到相应的图像, 如图 1.49~图 1.51 所示.

```
sy203(Pi/2,3)
```

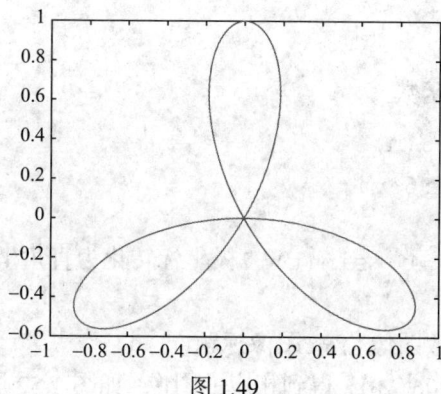

图 1.49

```
sy203(0,5)
```

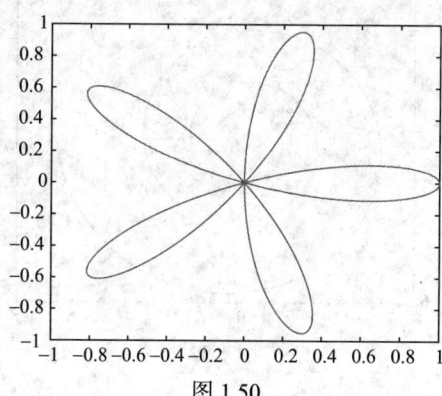

图 1.50

```
sy203(0,7)
```

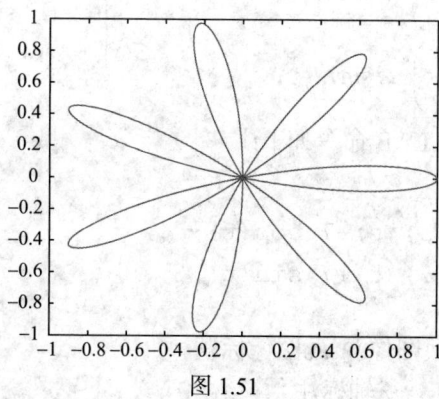

图 1.51

例 6.4 绘制极坐标系下函数

$$r = \mathrm{e}^{t/10}$$

的对数螺线的图像.

解 编写如下 M 函数:

```
function sy206(n)
t=0:pi/(60*n):6*pi;
r=exp(t/10);
x=r.*cos(t);y=r.*sin(t);%极坐标转化为直角坐标

plot(x,y);
title('绘制函数图像');%图像标题
```

我们输入命令 sy206(10), 得到相应的图像, 如图 1.52 所示.

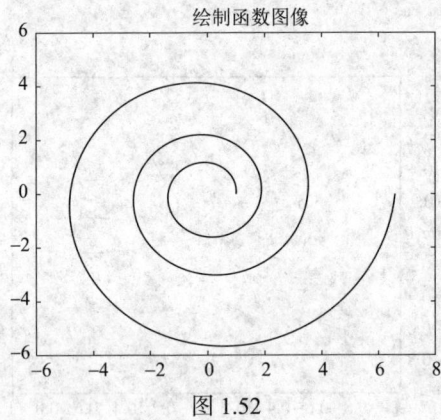

图 1.52

例 6.5 画出以下参数方程的图形:

$$(1)\begin{cases} x = 5\cos\left(-\dfrac{11}{5}t\right) + 7\cos t, \\ y = 5\sin\left(-\dfrac{11}{5}t\right) + 7\sin t; \end{cases} \qquad (2)\begin{cases} x = (1+\sin t - 2\cos 4t)\cos t, \\ y = (1+\sin t - 2\cos 4t)\sin t. \end{cases}$$

解 (1)编写 MATLAB 命令如下:

```
t=0:pi/60:8*pi;
x=5*cos((-11/5)*t)+7*cos(t);
y=5*sin((-11/5)*t)+7*sin(t);
plot(x,y);
title('绘制函数图像');%图像标题
ylabel('y轴');%y轴标注
```

```
xlabel('x轴');%x轴标注
```
得到相应的图像, 如图 1.53 所示.

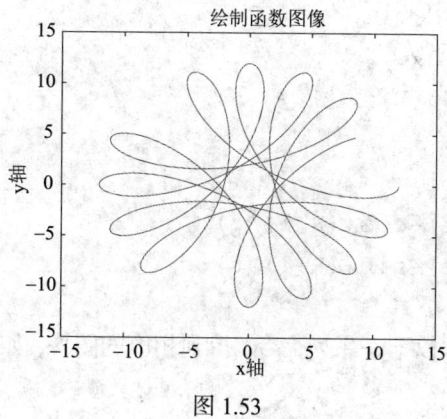

图 1.53

(2)编写 MATLAB 命令如下:
```
t=0:pi/60:2*pi;
x=(1+sin(t)-2*cos(4*t)).*cos(t);
y=(1+sin(t)-2*cos(4*t)).*sin(t);
plot(x,y);
title('绘制函数图像');%图像标题
ylabel('y轴');%y轴标注
xlabel('x轴');%x轴标注
```
得到相应的图像, 如图 1.54 所示.

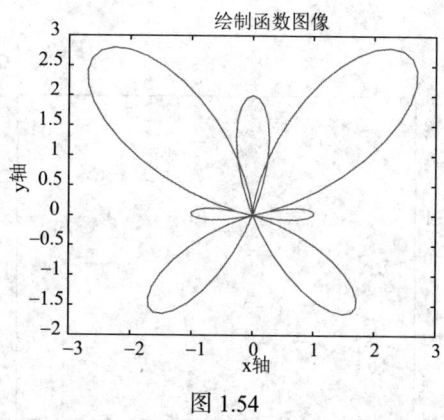

图 1.54

例 6.6　外摆线: 当半径为 r 的圆沿着半径为 R 的圆的外侧无滑动滚动时, 动

圆圆周上一点 $P(x,y)$ 的轨迹，其参数方程为 $\begin{cases} x = (R+r)\cos t - r\cos[(R+r)t/r], \\ y = (R+r)\sin t - r\sin[(R+r)t/r]. \end{cases}$ 绘

制当 $r=1$ 时的外摆线图像.

解　编写如下 M 函数：

```
function sy205(R)
%外摆线，r=1
t=0:pi/60:8*pi;
x=(R+1)*cos(t)-cos((R+1)*t);
y=(R+1)*sin(t)-sin((R+1)*t);
plot(x,y);
```

我们可以尝试输入以下一系列命令，得到相应的图像，如图 1.55~图 1.57 所示.

```
sy205(1)
```

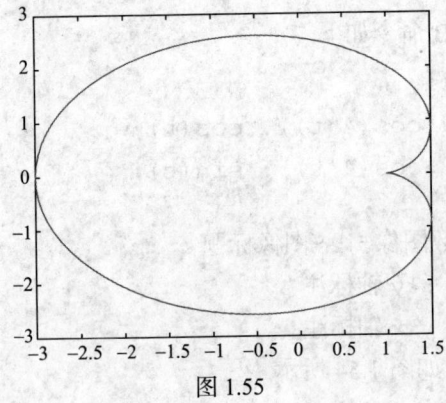

图 1.55

```
sy205(2)
```

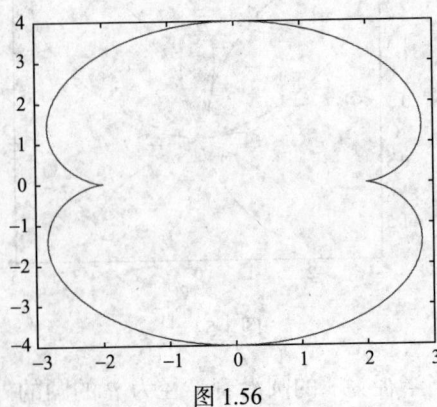

图 1.56

sy205(2.5)

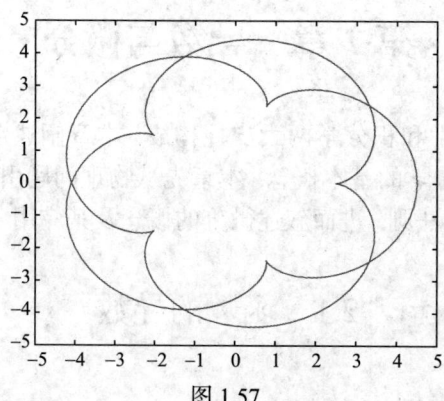

图 1.57

第2章 导数与微分

微积分学由微分学和积分学两大支柱构成. 本章阐述了微分学的基本内容, 其中导数与微分是微分学的基本概念. 本章先从物理问题引出了函数的导数的概念, 然后给出函数求导法则, 进而叙述微分的概念及其应用.

2.1 函数的导数

2.1.1 变化率问题举例

变速直线运动的速度

设质点 M 沿直线运动, 从出发到时刻 t, 质点 M 所走过的路程 $s = s(t)$. 在从 t_0 到 t 这段时间内, 质点 M 所走过的路程为 $s(t) - s(t_0)$. 这段时间内的平均速度为

$$\overline{v} = \frac{s(t) - s(t_0)}{t - t_0}.$$

如果质点 M 做匀速直线运动, 那么 $\overline{v}$ 是常数; 如果质点 M 做变速运动, 那么 $\overline{v}$ 的值随着 t 而改变. 为了描述质点 M 在时刻 t_0 的运动状况, 令 $t \to t_0$, 如果极限

$$v = \lim_{t \to t_0} \frac{s(t) - s(t_0)}{t - t_0}$$

存在, 把这个极限值 v 称为质点 M 在时刻 t_0 的 (瞬时) 速度.

一般地, 设函数 $y = f(x)$, 当自变量从 x_0 变到 x, 函数值从 $f(x_0)$ 变到 $f(x)$, 称

$$\Delta x = x - x_0$$

为**自变量的增量**, 称

$$\Delta y = f(x) - f(x_0) = f(x_0 + \Delta x) - f(x_0)$$

为**函数的增量**.

函数增量与自变量增量的比值

$$\frac{\Delta y}{\Delta x} = \frac{f(x) - f(x_0)}{x - x_0} = \frac{f(x_0 + \Delta x) - f(x_0)}{\Delta x}$$

是函数对自变量的平均变化率. 平均变化率的极限

$$\lim_{x \to x_0} \frac{f(x) - f(x_0)}{x - x_0} = \lim_{\Delta x \to 0} \frac{f(x_0 + \Delta x) - f(x_0)}{\Delta x}$$

就是函数在 x_0 点处的变化率.

在自然科学领域内有大量的变化率问题, 抽象出数量关系上的共同点, 就产生了导数的概念.

2.1.2 导数的概念

1. 函数在一点处的导数

定义 1.1 设函数 $y = f(x)$ 在点 x_0 的某邻域内有定义, 当自变量在点 x_0 取得增量 Δx 时, 相应地函数取得增量 $\Delta y = f(x_0 + \Delta x) - f(x_0)$, 如果极限

$$\lim_{\Delta x \to 0} \frac{\Delta y}{\Delta x} = \lim_{\Delta x \to 0} \frac{f(x_0 + \Delta x) - f(x_0)}{\Delta x} \tag{1}$$

存在, 则称 $y = f(x)$ **在点** x_0 **可导**, 称极限值为函数 $y = f(x)$ 在点 x_0 处的**导数**, 记为 $f'(x_0)$, 即

$$f'(x_0) = \lim_{\Delta x \to 0} \frac{f(x_0 + \Delta x) - f(x_0)}{\Delta x}. \tag{2}$$

导数也可记为 $y'\big|_{x=x_0}$, $\dfrac{\mathrm{d}y}{\mathrm{d}x}\bigg|_{x=x_0}$ 或 $\dfrac{\mathrm{d}f(x)}{\mathrm{d}x}\bigg|_{x=x_0}$.

如果极限 (1) 不存在, 就说函数 $y = f(x)$ 在点 x_0 处不可导. 特别地, 若 $\lim\limits_{\Delta x \to 0} \dfrac{\Delta y}{\Delta x} = \infty$, 使得函数 $y = f(x)$ 在点 x_0 处不可导, 则常称作 $y = f(x)$ 在点 x_0 处的导数是无穷大.

导数的定义式 (2) 可以写成如下形式:

$$f'(x_0) = \lim_{x \to x_0} \frac{f(x) - f(x_0)}{x - x_0}, \tag{3}$$

用此式来求 $f'(x_0)$ 有时更方便.

由导数的定义, 做变速直线运动的物体在 t_0 时刻的瞬时速度就是路程函数对时间的导数, 即设路程函数为 $s = s(t)$, 则 $v(t_0) = s'(t_0)$.

总而言之, 函数的导数就是函数对自变量的变化率.

2. 左导数与右导数

与函数 $y = f(x)$ 在点 x_0 的左右极限、左右连续类似，也有函数 $y = f(x)$ 在点 x_0 的左右导数的概念. 把导数的定义式(2)、(3)改为左极限与右极限就得到函数 $y = f(x)$ 在点 x_0 的**左导数**与**右导数**，分别记为 $f'_-(x_0)$，$f'_+(x_0)$，即

$$f'_-(x_0) = \lim_{\Delta x \to 0^-} \frac{f(x_0 + \Delta x) - f(x_0)}{\Delta x} = \lim_{x \to x_0^-} \frac{f(x) - f(x_0)}{x - x_0},$$

$$f'_+(x_0) = \lim_{\Delta x \to 0^+} \frac{f(x_0 + \Delta x) - f(x_0)}{\Delta x} = \lim_{x \to x_0^+} \frac{f(x) - f(x_0)}{x - x_0}.$$

函数 $f(x)$ 在点 x_0 的导数、左导数与右导数有如下关系：

定理 1.1　函数 $f(x)$ 在点 x_0 可导 $\Leftrightarrow$ 函数 $f(x)$ 在点 x_0 的左右导数都存在且相等，即 $f'_-(x_0)$ 和 $f'_+(x_0)$ 都存在且 $f'_-(x_0) = f'_+(x_0)$.

例 1.1　已知函数

$$f(x) = \begin{cases} ax, & x \leqslant 0, \\ \sin x, & x > 0 \end{cases}$$

在 $x = 0$ 处可导，求常数 a 的值.

解　由于

$$f'_-(0) = \lim_{x \to 0^-} \frac{f(x) - f(0)}{x - 0} = \lim_{x \to 0^-} \frac{ax}{x} = a,$$

$$f'_+(0) = \lim_{x \to 0^+} \frac{f(x) - f(0)}{x - 0} = \lim_{x \to 0^+} \frac{\sin x}{x} = 1,$$

由于 $f(x)$ 在 $x = 0$ 处可导，从而 $f'_-(0) = f'_+(0)$，所以 $a = 1$.

例 1.2　讨论函数 $f(x) = |x|$ 在 $x = 0$ 处的可导性.

解　由于

$$f(x) = |x| = \begin{cases} x, & x \geqslant 0, \\ -x, & x < 0, \end{cases}$$

所以有

$$f'_-(0) = \lim_{x \to 0^-} \frac{f(x) - f(0)}{x - 0} = \lim_{x \to 0^-} \frac{-x}{x} = -1,$$

$$f'_+(0) = \lim_{x \to 0^+} \frac{f(x) - f(0)}{x - 0} = \lim_{x \to 0^+} \frac{x}{x} = 1,$$

因 $f'_-(0) \neq f'_+(0)$，所以 $f(x) = |x|$ 在 $x = 0$ 处不可导.

3. 导函数

如果函数 $y = f(x)$ 在开区间 (a,b) 内每一点都可导, 则称 $y = f(x)$ **在开区间 (a,b) 内可导**.

此时, $\forall x_0 \in (a,b)$ 存在唯一的 $f'(x_0)$ 与之对应, 得到一个定义在 (a,b) 内的新的函数, 称其为 $y = f(x)$ 的**导函数**(在不引起混淆的情况下也可简称为**导数**), 记作 $f'(x)$, 即

$$f'(x) = \lim_{\Delta x \to 0} \frac{f(x + \Delta x) - f(x)}{\Delta x}, \quad x \in (a,b).$$

导函数也记作 y', $\dfrac{\mathrm{d}y}{\mathrm{d}x}$ 或 $\dfrac{\mathrm{d}f(x)}{\mathrm{d}x}$. 显然, 当 $y = f(x)$ 在点 x_0 处可导时,

$$f'(x_0) = f'(x)\big|_{x=x_0}.$$

如果函数 $y = f(x)$ 在开区间 (a,b) 内可导, 且 $f'_+(a)$ 和 $f'_-(b)$ 都存在, 则称 $f(x)$ **在闭区间 $[a,b]$ 上可导**.

下面举出一些求基本初等函数的导数的例子.

例 1.3 求常函数 $y = C$ 的导数.

解 $y' = \lim\limits_{\Delta x \to 0} \dfrac{y(x + \Delta x) - y(x)}{\Delta x} = \lim\limits_{\Delta x \to 0} \dfrac{C - C}{\Delta x} = 0$.

例 1.4 求正弦函数 $y = \sin x$ 的导数.

解 $y' = \lim\limits_{\Delta x \to 0} \dfrac{\sin(x + \Delta x) - \sin x}{\Delta x} = \lim\limits_{\Delta x \to 0} \dfrac{2\cos\left(x + \dfrac{\Delta x}{2}\right)\sin\dfrac{\Delta x}{2}}{\Delta x}$

$$= \lim\limits_{\Delta x \to 0} \cos\left(x + \frac{\Delta x}{2}\right)\frac{\sin\dfrac{\Delta x}{2}}{\dfrac{\Delta x}{2}} = \cos x.$$

同理可得 $(\cos x)' = -\sin x$.

例 1.5 求对数函数 $y = \log_a x \ (a > 0, a \neq 1)$ 的导数.

解 $y' = \lim\limits_{\Delta x \to 0} \dfrac{\log_a(x + \Delta x) - \log_a x}{\Delta x} = \lim\limits_{\Delta x \to 0} \dfrac{1}{\Delta x}\left[\log_a\left(1 + \dfrac{\Delta x}{x}\right)\right]$

$$= \frac{1}{\ln a}\lim\limits_{\Delta x \to 0} \frac{\ln\left(1 + \dfrac{\Delta x}{x}\right)}{\Delta x} = \frac{1}{x\ln a}\lim\limits_{\Delta x \to 0} \frac{\ln\left(1 + \dfrac{\Delta x}{x}\right)}{\dfrac{\Delta x}{x}}$$

$$= \frac{1}{x\ln a}.$$

特别地，对自然对数函数 $y = \ln x$，有 $(\ln x)' = \dfrac{1}{x}$.

例 1.6　求指数函数 $y = a^x$（$a > 0, a \neq 1$）的导数.

解　$y' = \lim\limits_{\Delta x \to 0} \dfrac{a^{x+\Delta x} - a^x}{\Delta x} = \lim\limits_{\Delta x \to 0} \dfrac{a^x(a^{\Delta x} - 1)}{\Delta x} = a^x \ln a$.

特别地，对 $y = \mathrm{e}^x$，有 $(\mathrm{e}^x)' = \mathrm{e}^x$.

例 1.7　求幂函数 $y = x^\mu$（$\mu \neq 0$）的导数.

解　$y' = \lim\limits_{\Delta x \to 0} \dfrac{(x+\Delta x)^\mu - x^\mu}{\Delta x} = \lim\limits_{\Delta x \to 0} \dfrac{x^\mu\left[\left(1+\dfrac{\Delta x}{x}\right)^\mu - 1\right]}{\Delta x}$

$$= x^{\mu-1} \lim\limits_{\Delta x \to 0} \dfrac{\left(1+\dfrac{\Delta x}{x}\right)^\mu - 1}{\dfrac{\Delta x}{x}} = \mu x^{\mu-1}.$$

当 μ 取不同的数值时，可得

$$(x^2)' = 2x, \quad (x^3)' = 3x^2, \quad \left(\dfrac{1}{x}\right)' = -\dfrac{1}{x^2}, \quad \left(\sqrt{x}\right)' = \dfrac{1}{2\sqrt{x}}.$$

2.1.3　导数的几何意义

设平面曲线 C 的方程为 $y = f(x)$，$M_0(x_0, y_0)$ 是曲线 C 上的定点，$M(x_0 + \Delta x, y_0 + \Delta y)$ 是 C 上的任意一点. 作割线 $M_0 M$，如果当点 M 沿曲线 C 趋于定点 M_0 时，割线 $M_0 M$ 有极限位置 $M_0 T$，那么直线 $M_0 T$ 称为曲线 C 在点 M_0 处的**切线**（图 2.1）.

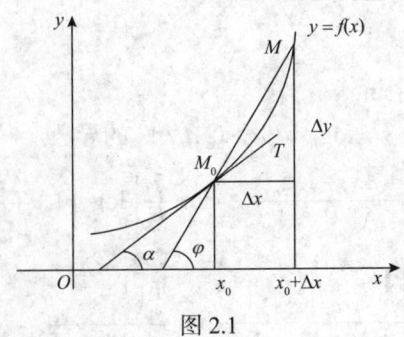

图 2.1

设函数 $y = f(x)$ 在点 x_0 可导. 割线 $M_0 M$ 的斜率为

$$\tan \varphi = \frac{\Delta y}{\Delta x} = \frac{f(x_0 + \Delta x) - f(x_0)}{\Delta x},$$

令 $\Delta x \to 0$，则切线 $M_0 T$ 的斜率为

$$\tan \alpha = \lim_{\Delta x \to 0} \tan \varphi = \lim_{\Delta x \to 0} \frac{f(x_0 + \Delta x) - f(x_0)}{\Delta x} = f'(x_0),$$

即导数值 $f'(x_0)$ 是曲线 $y = f(x)$ 在点 $M_0(x_0, f(x_0))$ 处的切线斜率. 由此可知曲线 $y = f(x)$ 在点 M_0 处的切线方程为

$$y - f(x_0) = f'(x_0)(x - x_0).$$

过曲线 $y = f(x)$ 上点 M_0，且与切线垂直的直线称为曲线 $y = f(x)$ 在点 M_0 处的**法线**. 当 $f'(x_0) \neq 0$ 时，法线方程为

$$y - f(x_0) = -\frac{1}{f'(x_0)}(x - x_0),$$

当 $f'(x_0) = 0$ 时，法线方程为 $x = x_0$.

例 1.8　求曲线 $y = \ln x$ 过原点的切线.

解　设切点坐标为 $(x_0, \ln x_0)$，由导数的几何意义，所求切线的斜率为 $f'(x_0) = \dfrac{1}{x_0}$，切线方程为

$$y - \ln x_0 = \frac{1}{x_0}(x - x_0),$$

由于切线过原点，有

$$0 - \ln x_0 = \frac{1}{x_0}(0 - x_0),$$

从而有 $\ln x_0 = 1$，可得 $x_0 = e$，所以切线方程为

$$y - 1 = \frac{1}{e}(x - e), \quad \text{即 } y = \frac{x}{e}.$$

2.1.4　函数可导和连续的关系

定理 1.2　如果函数 $f(x)$ 在点 x_0 处可导，那么 $f(x)$ 在点 x_0 处连续.

证明　由导数的定义，存在极限

$$\lim_{x \to x_0} \frac{f(x) - f(x_0)}{x - x_0} = f'(x_0),$$

从而

$$\lim_{x \to x_0}[f(x) - f(x_0)] = \lim_{x \to x_0} \frac{f(x) - f(x_0)}{x - x_0}(x - x_0)$$

$$= \lim_{x \to x_0} \frac{f(x) - f(x_0)}{x - x_0} \cdot \lim_{x \to x_0}(x - x_0) = 0.$$

即 $\lim_{x \to x_0} f(x) = f(x_0)$，所以 $f(x)$ 在点 x_0 处连续.　　　　　□

　　反之，当函数 $f(x)$ 在点 x_0 连续时，它不一定在该点可导. 例如函数 $f(x) = |x|$ 在点 $x = 0$ 处连续，但不可导（例 1.2）.

　　例 1.9　求常数 a 和 b 的值，使得函数

$$f(x) = \begin{cases} ax + b, & x \leqslant 1, \\ x^2, & x > 1 \end{cases}$$

在点 $x = 1$ 处可导.

　　解　由于 $f(x)$ 在点 $x = 1$ 处可导，从而在 $x = 1$ 处连续，而 $f(1) = a + b$，且

$$\lim_{x \to 1^-} f(x) = \lim_{x \to 1^-}(ax + b) = a + b, \quad \lim_{x \to 1^+} f(x) = \lim_{x \to 1^+} x^2 = 1,$$

所以有 $a + b = 1$. 又

$$f'_-(1) = \lim_{x \to 1^-} \frac{f(x) - f(1)}{x - 1} = \lim_{x \to 1^-} \frac{(ax + b) - (a + b)}{x - 1} = a,$$

$$f'_+(1) = \lim_{x \to 1^+} \frac{f(x) - f(1)}{x - 1} = \lim_{x \to 1^+} \frac{x^2 - 1}{x - 1} = 2,$$

所以 $a = 2$. 于是 $a = 2,\ b = -1$.

习题 2.1

(A)

习题 2.1 解答

1. 设 $f'(x_0)$ 存在，指出下列极限各表示什么？

(1) $\lim\limits_{\Delta x \to 0} \dfrac{f(x_0 - \Delta x) - f(x_0)}{\Delta x}$;　　　　　　(2) $\lim\limits_{h \to 0} \dfrac{f(x_0) - f(x_0 + h)}{h}$;

(3) $\lim\limits_{h \to 0} \dfrac{f(x_0 + h) - f(x_0 - h)}{h}$;　　　　　　(4) $\lim\limits_{x \to 0} \dfrac{f(x)}{x}$ 　（设 $f(0) = 0$ 且 $f'(0)$ 存在）.

2. 已知极限

$$\lim\limits_{\Delta x \to 0} \frac{f(x_0 + \Delta x) - f(x_0 - \Delta x)}{\Delta x}$$

存在, 问 $f(x)$ 在点 x_0 是否可导.

3. 判断题(若正确记"T", 否则记"F").

(1) $\lim\limits_{\Delta x \to 0} \dfrac{f(x_0 + 2\Delta x) - f(x_0)}{\Delta x}$ 极限存在, 则 $f(x)$ 在 $x = x_0$ 可导;　　　　　（　　）

(2) $f(x)$ 在 $x = x_0$ 可导, 则 $\lim\limits_{\Delta x \to 0} \dfrac{f(x_0 + \Delta x) - f(x_0)}{\Delta x}$ 必定存在, 且等于 $f'(x_0)$;　　（　　）

(3) 函数在某一点的左右导数都存在, 则在该点函数一定是可导的;　　　　　　（　　）

(4) 函数在某一点的导数就等于函数过一点的法线的斜率;　　　　　　　　　　（　　）

(5) 如函数在某一点不可导, 则该函数在这一点一定不连续;　　　　　　　　　（　　）

(6) 如函数在某一点不连续, 则该函数在这一点一定不可导;　　　　　　　　　（　　）

(7) 任何间断点都不存在导数.　　　　　　　　　　　　　　　　　　　　　　（　　）

4. 讨论下列函数在指定 x_0 处是否可导:

(1) $f(x) = \begin{cases} \sin x, & x \geqslant 0, \\ x, & x < 0, \end{cases}$ 　$x_0 = 0$;　　(2) $f(x) = \begin{cases} x, & x \leqslant 1, \\ 2 - x, & x > 1, \end{cases}$ 　$x_0 = 1$.

5. 设函数

$$f(x) = \begin{cases} e^x, & x < 0, \\ x^2 + ax + b, & x \geqslant 0 \end{cases}$$

在 $x = 0$ 处可导, 求常数 a 和 b 的值.

6. 证明导数公式 $(e^x)' = e^x$.

7. 设函数 $\varphi(x)$ 在 a 点连续, $f(x) = (x - a)\varphi(x)$, 求 $f'(a)$.

8. 求曲线 $y = x^3$ 在点 $(1,1)$ 处的切线方程和法线方程.

9. 求曲线 $y = e^x$ 在点 $(0,1)$ 处的切线方程和法线方程.

(B)

1. 设 $f(x)$ 为偶函数, 且 $f'(0)$ 存在, 证明 $f'(0) = 0$.

2. 讨论函数

$$f(x) = \begin{cases} x^2 \sin \dfrac{1}{x}, & x \neq 0, \\ 0, & x = 0 \end{cases}$$

在 $x = 0$ 处的连续性和可导性.

3. 设函数 $\varphi(x)$ 在 $x = a$ 点连续, $f(x) = |x - a|\varphi(x)$, 讨论 $f(x)$ 在 $x = a$ 点是否可导.

4. 证明曲线 $xy = a^2$ 上任一点处的切线与两坐标轴所围图形的面积都等于 $2a^2$.

2.2　求 导 法 则

2.2.1　函数四则运算的求导法则

法则 1　如果函数 $u = u(x)$，$v = v(x)$ 都可导，那么

(1) $u(x) \pm v(x)$ 可导，并且

$$[u(x) \pm v(x)]' = u'(x) \pm v'(x);$$

(2) $u(x)v(x)$ 可导，并且

$$[u(x)v(x)]' = u'(x)v(x) + u(x)v'(x);$$

(3) 当 $v(x) \neq 0$ 时，$\dfrac{u(x)}{v(x)}$ 可导，并且

$$\left[\frac{u(x)}{v(x)}\right]' = \frac{u'(x)v(x) - u(x)v'(x)}{v^2(x)}.$$

证明　(1) 记 $y = u(x) \pm v(x)$，则

$$\begin{aligned}
\Delta y &= [u(x + \Delta x) \pm v(x + \Delta x)] - [u(x) \pm v(x)] \\
&= [u(x + \Delta x) - u(x)] \pm [v(x + \Delta x) - v(x)] \\
&= \Delta u \pm \Delta v,
\end{aligned}$$

$$y' = \lim_{\Delta x \to 0} \frac{\Delta y}{\Delta x} = \lim_{\Delta x \to 0} \frac{\Delta u}{\Delta x} \pm \lim_{\Delta x \to 0} \frac{\Delta v}{\Delta x} = u'(x) \pm v'(x).$$

(2) 记 $y = u(x) \cdot v(x)$，则

$$\begin{aligned}
\Delta y &= u(x + \Delta x)v(x + \Delta x) - u(x)v(x) \\
&= [u(x + \Delta x)v(x + \Delta x) - u(x)v(x + \Delta x)] + [u(x)v(x + \Delta x) - u(x)v(x)] \\
&= \Delta u \cdot v(x + \Delta x) + u(x)\Delta v,
\end{aligned}$$

进而

$$\begin{aligned}
y' &= \lim_{\Delta x \to 0} \frac{\Delta y}{\Delta x} = \lim_{\Delta x \to 0} \frac{\Delta u}{\Delta x} \cdot \lim_{\Delta x \to 0} v(x + \Delta x) + u(x) \lim_{\Delta x \to 0} \frac{\Delta v}{\Delta x} \\
&= u'(x)v(x) + u(x)v'(x).
\end{aligned}$$

这里根据 $v(x)$ 可导必连续, 则有 $\lim\limits_{\Delta x \to 0} v(x + \Delta x) = v(x)$.

(3) 记 $y = \dfrac{u(x)}{v(x)}$, 则

$$\Delta y = \frac{u(x + \Delta x)}{v(x + \Delta x)} - \frac{u(x)}{v(x)} = \frac{u(x + \Delta x)v(x) - u(x)v(x + \Delta x)}{v(x)v(x + \Delta x)}$$

$$= \frac{[u(x + \Delta x)v(x) - u(x)v(x)] + [u(x)v(x) - u(x)v(x + \Delta x)]}{v(x)v(x + \Delta x)}$$

$$= \frac{\Delta u \cdot v(x) - u(x)\Delta v}{v(x)v(x + \Delta x)},$$

$$y' = \lim_{\Delta x \to 0} \frac{\Delta y}{\Delta x} = \lim_{\Delta x \to 0} \frac{\dfrac{\Delta u}{\Delta x}v(x) - u(x)\dfrac{\Delta v}{\Delta x}}{v(x)v(x + \Delta x)} = \frac{u'(x)v(x) - u(x)v'(x)}{v^2(x)}.$$

这里同样是根据 $v(x)$ 可导必连续, 则有 $\lim\limits_{\Delta x \to 0} v(x + \Delta x) = v(x)$.　　　　□

法则 1 中的 (1) 和 (2) 可以推广到有限个函数的情形, 如

$$(u + v + w)' = u' + v' + w', \qquad (uvw)' = u'vw + uv'w + uvw'.$$

如果令 (2) 中的 $v(x) = c$ (常数), 可得

$$(cu)' = c'u + cu' = cu'.$$

如果令 (3) 中的 $u(x) = 1$, 可得

$$\left(\frac{1}{v}\right)' = \frac{1' \cdot v - 1 \cdot v'}{v^2} = -\frac{v'}{v^2} \qquad (v \neq 0).$$

例 2.1　设 $y = x\ln x + \dfrac{\sin a}{x}$, 求 y' 及 $y'|_{x=1}$.

解　$y' = x'\ln x + x(\ln x)' + \sin a\left(\dfrac{1}{x}\right)' = \ln x + 1 - \dfrac{\sin a}{x^2}$. 进而 $y'|_{x=1} = 1 - \sin a$.

例 2.2　求 $y = e^x(\sin x + \cos x)$ 的导数.

解　$y' = (e^x)'(\sin x + \cos x) + e^x(\sin x + \cos x)'$

$\qquad = e^x(\sin x + \cos x) + e^x(\cos x - \sin x)$

$\qquad = 2e^x \cos x.$

例 2.3　求下列函数的导数:

(1) $y = \tan x$; (2) $y = \cot x$; (3) $y = \sec x$; (4) $y = \csc x$.

解　(1) $(\tan x)' = \left(\dfrac{\sin x}{\cos x}\right)' = \dfrac{(\sin x)'\cos x - \sin x(\cos x)'}{\cos^2 x}$

$$= \dfrac{\cos^2 x + \sin^2 x}{\cos^2 x} = \dfrac{1}{\cos^2 x} = \sec^2 x.$$

(2) 同理 $(\cot x)' = -\dfrac{1}{\sin^2 x} = -\csc^2 x$.

(3) $(\sec x)' = \left(\dfrac{1}{\cos x}\right)' = \dfrac{-(\cos x)'}{\cos^2 x} = \dfrac{\sin x}{\cos^2 x} = \sec x \tan x$.

(4) 同理 $(\csc x)' = -\csc x \cot x$.

2.2.2　反函数求导法则

法则 2　设函数 $x = f(y)$ 有反函数 $y = f^{-1}(x)$. 若 $x = f(y)$ 对 y 可导并且 $f'(y) \neq 0$, 则反函数 $y = f^{-1}(x)$ 对 x 也可导, 并且

$$[f^{-1}(x)]' = \dfrac{1}{f'(y)}.$$

证明　由于 $x = f(y)$ 和 $y = f^{-1}(x)$ 互为反函数, 所以 $y = f^{-1}(x)$ 中 x 与 y 是一一对应的. 又由于 $x = f(x)$ 可导必连续, 所以其反函数 $y = f^{-1}(x)$ 也是连续的.

对函数 $y = f^{-1}(x)$, 当自变量取得增量 $\Delta x \neq 0$ 时, 函数值的增量

$$\Delta y = f^{-1}(x + \Delta x) - f^{-1}(x).$$

由于 x 与 y 是一一对应的, 当 $\Delta x \neq 0$ 时, $\Delta y \neq 0$, 且根据 $f^{-1}(x)$ 的连续性可知, 当 $\Delta x \to 0$ 时, $\Delta y \to 0$, 所以

$$[f^{-1}(x)]' = \lim_{\Delta x \to 0} \dfrac{\Delta y}{\Delta x} = \lim_{\Delta x \to 0} \dfrac{1}{\dfrac{\Delta x}{\Delta y}} = \dfrac{1}{\lim\limits_{\Delta y \to 0} \dfrac{\Delta x}{\Delta y}} = \dfrac{1}{f'(y)}. \qquad \square$$

例 2.4　求反正弦函数 $y = \arcsin x$ 的导数.

解　$y = \arcsin x$, $x \in [-1, 1]$ 是 $x = \sin y$, $y \in \left[-\dfrac{\pi}{2}, \dfrac{\pi}{2}\right]$ 的反函数. 当 $y \in \left(-\dfrac{\pi}{2}, \dfrac{\pi}{2}\right)$ 时, $(\sin y)' = \cos y \neq 0$, 由反函数的求导法则可得

$$(\arcsin x)' = \dfrac{1}{(\sin y)'} = \dfrac{1}{\cos y} = \dfrac{1}{\sqrt{1 - \sin^2 y}} = \dfrac{1}{\sqrt{1 - x^2}}, \qquad x \in (-1, 1).$$

同理可证

$$(\arccos x)' = -\frac{1}{\sqrt{1-x^2}}, \qquad x \in (-1,1).$$

例 2.5　求反正切函数 $y = \arctan x$ 的导数.

解　$y = \arctan x$ 是 $x = \tan y$，$y \in \left(-\dfrac{\pi}{2}, \dfrac{\pi}{2}\right)$ 的反函数. 当 $y \in \left(-\dfrac{\pi}{2}, \dfrac{\pi}{2}\right)$ 时，$(\tan y)' = \sec^2 y \neq 0$，由反函数求导法则

$$(\arctan x)' = \frac{1}{(\tan y)'} = \frac{1}{\sec^2 y} = \frac{1}{1+\tan^2 y} = \frac{1}{1+x^2}.$$

同理可证

$$(\text{arccot}\,x)' = -\frac{1}{1+x^2}.$$

2.2.3　复合函数的求导法则

法则 3（链式法则）　设函数 $y = f(u)$ 和 $u = \varphi(x)$ 都可导，则复合函数 $y = f[\varphi(x)]$ 也可导，并且

$$[f(\varphi(x))]' = f'(\varphi(x))\varphi'(x), \quad \text{即} \quad \frac{\mathrm{d}y}{\mathrm{d}x} = \frac{\mathrm{d}y}{\mathrm{d}u} \cdot \frac{\mathrm{d}u}{\mathrm{d}x}.$$

证明　当自变量 x 取得增量 $\Delta x \neq 0$ 时，相应地 u 取得增量 Δu，从而 y 取得增量 Δy. 由 $y = f(u)$ 可导可得

$$\lim_{\Delta x \to 0} \frac{\Delta y}{\Delta u} = f'(u).$$

再根据极限与无穷小关系，当 $\Delta u \to 0$（$\Delta u \neq 0$）时，存在无穷小 $\alpha = \alpha(\Delta u)$，使得

$$\frac{\Delta y}{\Delta u} = f'(u) + \alpha,$$

即

$$\Delta y = f'(u)\Delta u + \alpha \Delta u.$$

当 $\Delta u = 0$ 时，因为 $\Delta y = f(u + \Delta u) - f(u) = 0$，上式也成立.

由于 $u = \varphi(x)$ 可导，可得 $\lim\limits_{\Delta x \to 0} \dfrac{\Delta u}{\Delta x} = \varphi'(x).$

又由于 $u = \varphi(x)$ 在点 x 处可导必连续，有 $\lim\limits_{\Delta x \to 0} \Delta u = 0$，从而有 $\lim\limits_{\Delta x \to 0} \alpha = 0$，所以

$$\frac{\mathrm{d}y}{\mathrm{d}x} = \lim_{\Delta x \to 0} \frac{\Delta y}{\Delta x} = \lim_{\Delta x \to 0} \frac{f'(u)\Delta u + \alpha \Delta u}{\Delta x}$$

$$= f'(u) \lim_{\Delta x \to 0} \frac{\Delta u}{\Delta x} + \lim_{\Delta x \to 0} \alpha \frac{\Delta u}{\Delta x} = f'(u) \cdot \varphi'(x).$$

□

法则 3 称为对复合函数求导的**链式法则**. 法则 3 表明求复合函数 $f[\varphi(x)]$ 的导数 $\dfrac{\mathrm{d}y}{\mathrm{d}x}$ 时，先求出 $y = f(u)$ 对中间变量 u 的导数 $\dfrac{\mathrm{d}y}{\mathrm{d}u}$，再乘以 $u = \varphi(x)$ 的导数 $\dfrac{\mathrm{d}u}{\mathrm{d}x}$，但要注意，求出 $\dfrac{\mathrm{d}y}{\mathrm{d}u}$ 后要把 u 用 $\varphi(x)$ 代替.

例 2.6　求下列函数的导数:

(1) $y = \mathrm{e}^{-x}$;　(2) 双曲函数 $y = \mathrm{sh}x$ 和 $y = \mathrm{ch}x$.

解　(1) $y = \mathrm{e}^{-x}$ 是由 $y = \mathrm{e}^{u}$，$u = -x$ 复合而成的，因此

$$\frac{\mathrm{d}y}{\mathrm{d}x} = \frac{\mathrm{d}y}{\mathrm{d}u} \cdot \frac{\mathrm{d}u}{\mathrm{d}x} = -\mathrm{e}^{u} = -\mathrm{e}^{-x}.$$

(2) $(\mathrm{sh}x)' = \left(\dfrac{\mathrm{e}^{x} - \mathrm{e}^{-x}}{2}\right)' = \dfrac{\mathrm{e}^{x} + \mathrm{e}^{-x}}{2} = \mathrm{ch}x$，$(\mathrm{ch}x)' = \left(\dfrac{\mathrm{e}^{x} + \mathrm{e}^{-x}}{2}\right)' = \dfrac{\mathrm{e}^{x} - \mathrm{e}^{-x}}{2} = \mathrm{sh}x$.

例 2.7　求 $y = \ln|x|$ 的导数.

解　当 $x > 0$ 时，$y = \ln x$，有 $y' = \dfrac{1}{x}$. 当 $x < 0$ 时，$y = \ln(-x)$，有

$$y' = \frac{-1}{-x} = \frac{1}{x}.$$

所以当 $x \neq 0$ 时，

$$y' = (\ln|x|)' = \frac{1}{x}.$$

例 2.8　求下列函数的导数:

(1) $y = \sin^{2} x$;　　　　　　　　(2) $y = \sqrt{1 + x^{2}}$;

(3) $y = \ln \cos x$;　　　　　　　　(4) $y = \mathrm{e}^{\sin\frac{1}{x}}$.

解　(1) $y = \sin^{2} x$ 由 $y = u^{2}$，$u = \sin x$　复合而成，因此

$$\frac{\mathrm{d}y}{\mathrm{d}x} = \frac{\mathrm{d}y}{\mathrm{d}u} \cdot \frac{\mathrm{d}u}{\mathrm{d}x} = 2u \cdot \cos x = 2\sin x \cdot \cos x = \sin 2x.$$

(2) $y = \sqrt{1 + x^2}$ 由 $y = \sqrt{u}$，$u = 1 + x^2$ 复合而成，因此

$$\frac{\mathrm{d}y}{\mathrm{d}x} = \frac{\mathrm{d}y}{\mathrm{d}u} \cdot \frac{\mathrm{d}u}{\mathrm{d}x} = \frac{1}{2\sqrt{u}} \cdot 2x = \frac{x}{\sqrt{1 + x^2}}.$$

(3) $y = \ln \cos x$ 由 $y = \ln u$，$u = \cos x$ 复合而成，因此

$$\frac{\mathrm{d}y}{\mathrm{d}x} = \frac{\mathrm{d}y}{\mathrm{d}u} \cdot \frac{\mathrm{d}u}{\mathrm{d}x} = \frac{1}{u}(-\sin x) = -\frac{\sin x}{\cos x} = -\tan x.$$

(4) $y = \mathrm{e}^{\sin \frac{1}{x}}$ 由 $y = \mathrm{e}^u$，$u = \sin v$，$v = \frac{1}{x}$ 复合而成，因此

$$\frac{\mathrm{d}y}{\mathrm{d}x} = \frac{\mathrm{d}y}{\mathrm{d}u} \cdot \frac{\mathrm{d}u}{\mathrm{d}v} \cdot \frac{\mathrm{d}v}{\mathrm{d}x} = \mathrm{e}^u \cdot \cos v \cdot \left(-\frac{1}{x^2}\right) = -\frac{1}{x^2} \mathrm{e}^{\sin \frac{1}{x}} \cdot \cos \frac{1}{x}.$$

其中(4)是将链式法则推广到由有限个函数复合而成的复合函数的情形.

应用链式法则时，首先要将复合函数分解成比较简单的函数，然后用这些简单函数的导数的乘积得到所给函数的导数. 当对复合函数的分解比较熟练以后，就可以不再写出中间变量.

例 2.9　求下列函数的导数:

(1) $y = \ln(x + \sqrt{x^2 + a^2})$;　　　　　　(2) $y = \arccos \dfrac{1}{x}$;

(3) $y = \dfrac{1}{2} x\sqrt{a^2 - x^2} + \dfrac{a^2}{2} \arcsin \dfrac{x}{a}$　$(a > 0)$.

解　(1) $y' = [\ln(x + \sqrt{x^2 + a^2})]' = \dfrac{1}{x + \sqrt{x^2 + a^2}}(x + \sqrt{x^2 + a^2})'$

$$= \frac{1}{x + \sqrt{x^2 + a^2}}[x' + (\sqrt{x^2 + a^2})']$$

$$= \frac{1}{x + \sqrt{x^2 + a^2}}\left(1 + \frac{(x^2)'}{2\sqrt{x^2 + a^2}}\right)$$

$$= \frac{1}{x + \sqrt{x^2 + a^2}}\left(1 + \frac{x}{\sqrt{x^2 + a^2}}\right)$$

$$= \frac{1}{\sqrt{x^2 + a^2}}.$$

(2) $y' = \left(\arccos\dfrac{1}{x}\right)' = -\dfrac{1}{\sqrt{1-\left(\dfrac{1}{x}\right)^2}}\cdot\left(\dfrac{1}{x}\right)'$

$\qquad = \dfrac{1}{\sqrt{1-\left(\dfrac{1}{x}\right)^2}}\cdot\dfrac{1}{x^2} = \dfrac{1}{|x|\sqrt{x^2-1}}.$

(3) $y' = \dfrac{1}{2}x'\sqrt{a^2-x^2} + \dfrac{1}{2}x(\sqrt{a^2-x^2})' + \dfrac{a^2}{2}\left(\arcsin\dfrac{x}{a}\right)'$

$\qquad = \dfrac{1}{2}\sqrt{a^2-x^2} + \dfrac{x}{2}\cdot\dfrac{-2x}{2\sqrt{a^2-x^2}} + \dfrac{a^2}{2}\dfrac{1}{\sqrt{1-\left(\dfrac{x}{a}\right)^2}}\cdot\dfrac{1}{a}$

$\qquad = \dfrac{1}{2}\sqrt{a^2-x^2} - \dfrac{x^2}{2\sqrt{a^2-x^2}} + \dfrac{a^2}{2\sqrt{a^2-x^2}}$

$\qquad = \sqrt{a^2-x^2}.$

例 2.10 设 $f(x)$ 可导, 求下列函数的导数:

(1) $y = f(e^x) + e^{f(x)}$;　　　　　　(2) $y = f(\sin^2 x) + f(\cos^2 x)$.

解　(1) $y' = [f(e^x)]' + [e^{f(x)}]'$

$\qquad = f'(e^x)(e^x)' + e^{f(x)}\cdot f'(x)$

$\qquad = e^x f'(e^x) + e^{f(x)}\cdot f'(x).$

(2) $y' = [f(\sin^2 x)]' + [f(\cos^2 x)]'$

$\qquad = f'(\sin^2 x)\cdot 2\sin x\cos x + f'(\cos^2 x)\cdot(-2\cos x\sin x)$

$\qquad = \sin 2x[f'(\sin^2 x) - f'(\cos^2 x)].$

例 2.11 求下列函数的导数:

(1) $f(x) = \begin{cases} x^2, & x \leqslant 0, \\ \ln x, & x > 0; \end{cases}$　　　　(2) $f'(x) = \begin{cases} x^2+1, & x < 0, \\ 3x^2+1, & x \geqslant 0. \end{cases}$

解　(1) 当 $x < 0$ 时, $f'(x) = 2x$;

当 $x > 0$ 时, $f'(x) = \dfrac{1}{x}$;

当 $x = 0$ 时, $f'_-(0) = \lim\limits_{\Delta x\to 0^-}\dfrac{f(0+\Delta x)-f(0)}{\Delta x} = \lim\limits_{\Delta x\to 0^-}\dfrac{(\Delta x)^2-0}{\Delta x} = 0;$

$\qquad f'_+(0) = \lim\limits_{\Delta x\to 0^+}\dfrac{f(0+\Delta x)-f(0)}{\Delta x} = \lim\limits_{\Delta x\to 0^+}\dfrac{\ln\Delta x-0}{\Delta x} = -\infty.$

故 $f(x)$ 在 $x = 0$ 不可导. 所以

$$f'(x) = \begin{cases} 2x, & x < 0, \\ 不存在, & x = 0, \\ \dfrac{1}{x}, & x > 0. \end{cases}$$

(2) 当 $x < 0$ 时，$f'(x) = 2x$；

当 $x > 0$ 时，$f'(x) = 6x$；

当 $x = 0$ 时，$f'_-(0) = \lim\limits_{\Delta x \to 0^-} \dfrac{f(0+\Delta x) - f(0)}{\Delta x} = \lim\limits_{\Delta x \to 0^-} \dfrac{(\Delta x)^2 + 1 - 1}{\Delta x} = 0$；

$f'_+(0) = \lim\limits_{\Delta x \to 0^+} \dfrac{f(0+\Delta x) - f(0)}{\Delta x} = \lim\limits_{\Delta x \to 0^+} \dfrac{3(\Delta x)^2 + 1 - 1}{\Delta x} = 0.$

所以

$$f'(x) = \begin{cases} 2x, & x < 0, \\ 6x, & x \geqslant 0. \end{cases}$$

2.2.4　基本初等函数的导数公式

(1) $(C)' = 0$；　　　　　　　　　　　(2) $(x^\mu)' = \mu x^{\mu-1}$；

(3) $(a^x)' = a^x \ln a \ (a > 0, a \neq 1)$；　(4) $(\mathrm{e}^x)' = \mathrm{e}^x$；

(5) $(\log_a x)' = \dfrac{1}{x \ln a} \ (a > 0, a \neq 1)$；　(6) $(\ln|x|)' = \dfrac{1}{x}$；

(7) $(\sin x)' = \cos x$；　　　　　　　(8) $(\cos x)' = -\sin x$；

(9) $(\tan x)' = \sec^2 x$；　　　　　　(10) $(\cot x)' = -\csc^2 x$；

(11) $(\sec x)' = \sec x \tan x$；　　　　(12) $(\csc x)' = -\csc x \cot x$；

(13) $(\arcsin x)' = \dfrac{1}{\sqrt{1-x^2}}$；　　(14) $(\arccos x)' = -\dfrac{1}{\sqrt{1-x^2}}$；

(15) $(\arctan x)' = \dfrac{1}{1+x^2}$；　　(16) $(\operatorname{arccot} x)' = -\dfrac{1}{1+x^2}$.

习题 2.2

(A)

1. 推导下列导数公式：

(1) $(\cot x)' = -\csc^2 x$；　　　　　　(2) $(\csc x)' = -\csc x \cot x$.

2. 求下列函数的导数：

(1) $y = x\sqrt{x} + \dfrac{1}{x} + 1$；　　　　　(2) $y = 5x^3 - 2^x + 3\mathrm{e}^x$；

习题 2.2 解答

(3) $y = \tan x + \sec x$;

(4) $y = \sin x \cos x$;

(5) $y = x^2 \ln x$;

(6) $y = \mathrm{e}^x \cos x$;

(7) $y = \dfrac{\ln x}{x}$;

(8) $y = \dfrac{\mathrm{e}^x}{x^2}$;

(9) $y = x^2 \ln x \cos x$;

(10) $y = \dfrac{1 + \sin x}{1 - \sin x}$.

3. 求下列函数在指定点处的导数:

(1) $f(x) = \dfrac{5}{3-x} + \dfrac{x^3}{2}, x_0 = 2$;

(2) $s = t\sin t + \dfrac{1}{2}\cos t, \ t_0 = \dfrac{\pi}{4}$;

(3) $y = x\mathrm{e}^x + \ln(x + \sqrt{x^2 + a^2}), x_0 = 0$.

4. 求曲线 $y = x - \dfrac{1}{x}$ 在与 x 轴交点处的切线方程.

5. 求下列函数的导数:

(1) $y = (1 - 2x)^{10}$;

(2) $y = \ln \tan \dfrac{x}{2}$;

(3) $y = \dfrac{1}{\sqrt{1 - x^2}}$;

(4) $y = \mathrm{e}^{\arctan\sqrt{x}}$;

(5) $y = \ln[\ln(\ln x)]$;

(6) $y = \sqrt{x + \sqrt{x}}$;

(7) $y = \mathrm{e}^{-t}\sin 2t$;

(8) $y = x\arctan\dfrac{x}{2} + \sqrt{4 - x^2}$;

(9) $y = \arccos\sqrt{1 - x^2}$;

(10) $y = \ln(\sec x + \tan x)$.

6. 设函数 $f(x)$ 和 $g(x)$ 可导, 求下列函数的导数:

(1) $y = \ln[1 + f^2(x)]$;

(2) $y = x^2 f(\ln x)$;

(3) $y = \sqrt{1 + f^2(x) + g^2(x)}$.

7. 求函数 $y = x|x|$ 的导函数.

8. 求下列函数的导数:

(1) $f(x) = \begin{cases} x^2, & x \leqslant 0, \\ x^3, & x > 0; \end{cases}$

(2) $f(x) = \begin{cases} \arctan x, & x < 0, \\ \mathrm{e}^x - 1, & x \geqslant 0. \end{cases}$

(B)

1. 设 $f(x) = x(x-1)(x-2)\cdots(x-100)$, 求 $f'(0)$.

2. 讨论 α 取何值时, 函数

$$f(x) = \begin{cases} x^\alpha \sin\dfrac{1}{x}, & x > 0, \\ 0, & x \leqslant 0 \end{cases} \quad (\alpha > 0)$$

有连续的导函数.

3. 设 $f(x)$ 是定义在 $(-a, a)$ ($a > 0$) 内的可导函数, 证明:

(1) 若 $f(x)$ 为奇函数, 则 $f'(x)$ 为偶函数;

(2) 若 $f(x)$ 为偶函数, 则 $f'(x)$ 为奇函数.

2.3　高阶导数、隐函数及由参数方程所确定的函数的导数

2.3.1　高阶导数

变速直线运动的速度 v 是路程函数 $s = s(t)$ 对时间 t 的导数, 即

$$v = s' \quad \text{或} \quad v = \frac{\mathrm{d}s}{\mathrm{d}t},$$

而加速度 a 是速度 v 对时间 t 的导数, 即

$$a = v' = (s')' \quad \text{或} \quad a = \frac{\mathrm{d}v}{\mathrm{d}t} = \frac{\mathrm{d}}{\mathrm{d}t}\left(\frac{\mathrm{d}s}{\mathrm{d}t}\right).$$

称为 s 对 t 的二阶导数, 记作 s'' 或 $\dfrac{\mathrm{d}^2 s}{\mathrm{d}t^2}$.

一般地, 把函数 $y = f(x)$ 的导数 $f'(x)$ 称为 $y = f(x)$ 的**一阶导数**, 把一阶导数的导数称为 $y = f(x)$ 的**二阶导数**, 二阶导数的导数称为**三阶导数**, $\cdots$, $(n-1)$ 阶导数的导数称为 n **阶导数**, 分别记作

$$y', \ y'', \ y''', \ y^{(4)}, \cdots, \ y^{(n)}$$

或

$$\frac{\mathrm{d}y}{\mathrm{d}x}, \frac{\mathrm{d}^2 y}{\mathrm{d}x^2}, \frac{\mathrm{d}^3 y}{\mathrm{d}x^3}, \frac{\mathrm{d}^4 y}{\mathrm{d}x^4}, \cdots, \frac{\mathrm{d}^n y}{\mathrm{d}x^n}.$$

函数 $y = f(x)$ 具有 n 阶导数, 也说成函数 $y = f(x)$ n **阶可导**, 二阶及二阶以上的导数统称为**高阶导数**. 求高阶导数就是一次次地接连求导数.

例 3.1　求下列函数的二阶导数:

(1) $y = \sin wx$；　(2) $y = \ln(1 + x^2)$；　　(3) $y = (1 + x^2)\arctan x$.

解　(1) $y' = w\cos wx$, $y'' = -w^2 \sin wx$.

(2) $y' = \dfrac{2x}{1 + x^2}$, $y'' = \left(\dfrac{2x}{1 + x^2}\right)' = \dfrac{2(1 + x^2) - 2x \cdot 2x}{(1 + x^2)^2} = \dfrac{2(1 - x^2)}{(1 + x^2)^2}$.

(3) $y' = 2x\arctan x + 1$, $y'' = (2x\arctan x + 1)' = 2\arctan x + \dfrac{2x}{1 + x^2}$.

例 3.2　设 $f(x)$ 二阶可导，求 $y = x^2 f(\ln x)$ 的二阶导数.

解　$y' = 2xf(\ln x) + x^2 f'(\ln x) \cdot \dfrac{1}{x} = 2xf(\ln x) + xf'(\ln x);$

　　　$y'' = 2f(\ln x) + 2xf'(\ln x) \cdot \dfrac{1}{x} + f'(\ln x) + xf''(\ln x) \cdot \dfrac{1}{x}$

　　　　$= 2f(\ln x) + 3f'(\ln x) + f''(\ln x).$

例 3.3　求 $y = x^\mu$ 的 n 阶导数 $(\mu \neq 0)$.

解　$y' = \mu x^{\mu-1}$，$y'' = \mu(\mu-1)x^{\mu-2}$，$y''' = \mu(\mu-1)(\mu-2)x^{\mu-3}$，一般地，可得

$$y^{(n)} = (x^\mu)^{(n)} = \mu(\mu-1)\cdots(\mu-n+1)x^{\mu-n}.$$

特别地，当 μ 取正整数 n 时，有

$$(x^n)^{(n)} = n!, \quad (x^n)^{(n+k)} = 0 \quad (k \text{ 为正整数}).$$

例 3.4　求 $y = a^x \ (a > 0, a \neq 1)$ 的 n 阶导数.

解　$y' = a^x \ln a$，$y'' = a^x \ln^2 a$，$y''' = a^x \ln^3 a$，一般地，可得

$$y^{(n)} = (a^x)^{(n)} = a^x \ln^n a.$$

特别地，当 $a = \mathrm{e}$ 时，有 $(\mathrm{e}^x)^{(n)} = \mathrm{e}^x$.

例 3.5　求 $y = \sin x$ 的 n 阶导数.

解　$y' = \cos x = \sin\left(x + \dfrac{\pi}{2}\right)$，$y'' = -\sin x = \sin\left(x + \dfrac{2\pi}{2}\right)$，$y''' = -\cos x = \sin\left(x + \dfrac{3\pi}{2}\right)$.

一般地，可得 $y^{(n)} = (\sin x)^{(n)} = \sin\left(x + \dfrac{n\pi}{2}\right)$. 类似地，有

$$(\cos x)^{(n)} = \cos\left(x + \dfrac{n\pi}{2}\right).$$

例 3.6　求 $y = \ln(1 + x)$ 的 n 阶导数.

解　$y' = \dfrac{1}{1+x}$，$y'' = -\dfrac{1}{(1+x)^2}$，$y''' = (-1)(-2)\dfrac{1}{(1+x)^3}$，一般地，可得

$$y^{(n)} = [\ln(1+x)]^{(n)} = (-1)^{n-1}\dfrac{(n-1)!}{(1+x)^n}.$$

通常规定 $0! = 1$，所以这个公式对 $n = 1$ 也成立.

为了便于以后的学习，要熟记例 3.3～例 3.6 的结论.

2.3.2　隐函数的导数

前面我们遇到的函数一般都写成 $y = f(x)$ 的形式，即等号左边是因变量，而右边是含有自变量的式子，这种形式的函数称为**显函数**.

还有一种由二元方程形式表达的函数，例如，方程 $x^2 + y^3 = 9$ 表示一个函数. 因为，当变量 x 在 $(-\infty, +\infty)$ 内取值时，按照这个方程，变量 y 有唯一确定的值与之对应. 这种形式的函数称为由二元方程所确定的**隐函数**.

有时可以把隐函数化为显函数，称作隐函数的显化. 例如，从方程 $x^2 + y^3 = 9$ 解出 $y = \sqrt[3]{9 - x^2}$，就把隐函数化为显函数. 隐函数显化往往比较困难，有时甚至是不可能的.

我们希望有一种方法，不需要将隐函数显化，直接由二元方程求出它所确定的隐函数的导数. 下面通过例子说明这种方法.

例 3.7　求由方程 $x^2 + y^3 = 9$ 所确定的隐函数 $y = y(x)$ 的导数 $\dfrac{\mathrm{d}y}{\mathrm{d}x}$ 和 $\left.\dfrac{\mathrm{d}y}{\mathrm{d}x}\right|_{x=1}$.

解　方程中的 y 是关于 x 的函数，方程两端分别对 x 求导，由链式法则，可得

$$2x + 3y^2 \frac{\mathrm{d}y}{\mathrm{d}x} = 0,$$

从而

$$\frac{\mathrm{d}y}{\mathrm{d}x} = -\frac{2x}{3y^2}.$$

由原方程，当 $x = 1$ 时，$y = 2$，有

$$\left.\frac{\mathrm{d}y}{\mathrm{d}x}\right|_{x=1} = \left.-\frac{2x}{3y^2}\right|_{\substack{x=1 \\ y=2}} = -\frac{1}{6}.$$

例 3.8　求椭圆 $\dfrac{x^2}{a^2} + \dfrac{y^2}{b^2} = 1$（$a > 0, b > 0$）在点 (x_0, y_0) 处的切线方程.

解　在方程两端分别对 x 求导，得 $\dfrac{2x}{a^2} + \dfrac{2y}{b^2} y' = 0$，即 $y' = -\dfrac{b^2 x}{a^2 y}$. 椭圆在点 (x_0, y_0) 处切线的斜率 $k = y'\big|_{x=x_0} = -\dfrac{b^2 x_0}{a^2 y_0}$，切线方程为

$$y - y_0 = -\frac{b^2 x_0}{a^2 y_0}(x - x_0),$$

即

$$\frac{x_0}{a^2}(x-x_0)+\frac{y_0}{b^2}(y-y_0)=0.$$

由于 (x_0,y_0) 在椭圆上，有 $\dfrac{x_0^2}{a^2}+\dfrac{y_0^2}{b^2}=1$，从而切线方程为

$$\frac{x_0 x}{a^2}+\frac{y_0 y}{b^2}=1.$$

例 3.9　设 $y=xe^y$，求二阶导数 $\dfrac{d^2 y}{dx^2}$.

解　方程两端对 x 求导，得 $y'=e^y+xe^y y'$，即

$$y'=\frac{e^y}{1-xe^y}=\frac{e^y}{1-y},$$

从而

$$y''=\frac{e^y y'(1-y)-e^y(-y')}{(1-y)^2}=\frac{(2-y)e^y \cdot y'}{(1-y)^2}$$

$$=\frac{(2-y)e^y \cdot \dfrac{e^y}{1-y}}{(1-y)^2}=\frac{(2-y)e^{2y}}{(1-y)^3}.$$

2.3.3　对数求导法

称形如 $y=u(x)^{v(x)}\,(u(x)>0)$ 的函数为**幂指函数**. 可以先取对数，再用求隐函数导数的方法求出 y'. 这种方法叫做**对数求导法**.

下面通过例子来说明此方法.

例 3.10　求 $y=x^{\sin x}\,(x>0)$ 的导数.

解　两边取对数，得

$$\ln y=\sin x\ln x.$$

两边对 x 求导，注意到 y 是 x 的函数，由链式法则，得

$$\frac{1}{y}y'=\cos x\ln x+\frac{\sin x}{x},$$

从而

$$y' = y\left(\cos x \ln x + \frac{\sin x}{x}\right) = x^{\sin x}\left(\cos x \ln x + \frac{\sin x}{x}\right).$$

也可以将函数表示成 $y = x^{\sin x} = e^{\sin x \ln x}$，由复合函数求导法则得

$$y' = e^{\sin x \ln x}\left(\cos x \ln x + \frac{\sin x}{x}\right) = x^{\sin x}\left(\cos x \ln x + \frac{\sin x}{x}\right).$$

例 3.11　设有方程 $x^y = y^x$ $(x > 0, y > 0)$，求 $\dfrac{dy}{dx}$.

解　两边取对数, 得 $y \ln x = x \ln y$，两边对 x 求导, 得

$$y' \ln x + \frac{y}{x} = \ln y + \frac{x}{y} y',$$

从而

$$y' = \frac{\ln y - \dfrac{y}{x}}{\ln x - \dfrac{x}{y}} = \frac{y(x \ln y - y)}{x(y \ln x - x)}.$$

例 3.12　设 $y = x^x e^{-x}$ $(x > 0)$，求 y''.

解　两边取对数, 得 $\ln y = x \ln x - x$. 两边对 x 求导, 得

$$\frac{1}{y} y' = \ln x + 1 - 1 = \ln x,$$

从而 $y' = y \ln x$, 进而可得

$$y'' = y' \ln x + \frac{y}{x} = y \ln^2 x + \frac{y}{x} = x^x e^{-x}\left(\ln^2 x + \frac{1}{x}\right).$$

对数求导法也可用于对由多个因子构成的函数求导.

例 3.13　求 $y = \sqrt{\dfrac{(x-1)(x-2)}{x-3}}$ $(y > 0)$的导数.

解　当 $x > 3$ 时, 对原式两边取对数, 得

$$\ln y = \frac{1}{2}[\ln(x-1) + \ln(x-2) - \ln(x-3)].$$

两边对 x 求导, 得

$$\frac{1}{y}y' = \frac{1}{2}\left(\frac{1}{x-1} + \frac{1}{x-2} - \frac{1}{x-3}\right),$$

从而

$$y' = \frac{1}{2}y\left(\frac{1}{x-1} + \frac{1}{x-2} - \frac{1}{x-3}\right)$$

$$= \frac{1}{2}\sqrt{\frac{(x-1)(x-2)}{x-3}}\left(\frac{1}{x-1} + \frac{1}{x-2} - \frac{1}{x-3}\right).$$

当 $1 < x < 2$ 时，$y = \sqrt{\dfrac{(x-1)(2-x)}{3-x}}$，用对数求导法可得相同的结果.

2.3.4　由参数方程所确定的函数的求导法

在平面解析几何中，常用参数方程来表示某些曲线. 例如，椭圆 $\dfrac{x^2}{a^2} + \dfrac{y^2}{b^2} = 1$ 的参数方程

$$\begin{cases} x = a\cos t, \\ y = b\sin t, \end{cases} 0 \leqslant t \leqslant 2\pi,$$

其中 t 为参数(图 2.2).

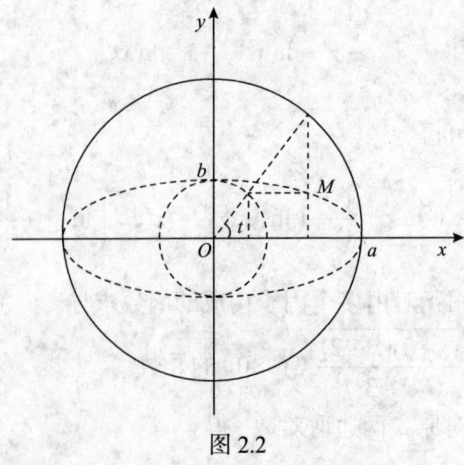

图 2.2

一般地，设参数方程

$$\begin{cases} x = x(t), \\ y = y(t) \end{cases}$$

确定了 y 是 x 的函数, 其中 $x(t)$, $y(t)$ 可导, 且 $x'(t) \neq 0$, 因此 $x = x(t)$ 有反函数, 设反函数为 $t = \varphi^{-1}(x)$, 于是把 t 看成中间变量, 由复合函数和反函数的求导法则, 可得

$$\frac{\mathrm{d}y}{\mathrm{d}x} = \frac{\mathrm{d}y}{\mathrm{d}t} \cdot \frac{\mathrm{d}t}{\mathrm{d}x} = \frac{\mathrm{d}y}{\mathrm{d}t} \cdot \frac{1}{\dfrac{\mathrm{d}x}{\mathrm{d}t}} = \frac{y'(t)}{x'(t)}.$$

这就是由参数方程所确定的函数的求导公式. 进一步, 当 $x(t), y(t)$ 二阶可导时, 有

$$\frac{\mathrm{d}^2 y}{\mathrm{d}x^2} = \frac{\mathrm{d}}{\mathrm{d}x}\left(\frac{y'(t)}{x'(t)}\right) = \frac{\mathrm{d}}{\mathrm{d}t}\left(\frac{y'(t)}{x'(t)}\right)\frac{\mathrm{d}t}{\mathrm{d}x} = \frac{\mathrm{d}}{\mathrm{d}t}\left(\frac{y'(t)}{x'(t)}\right) \cdot \frac{1}{x'(t)}.$$

例 3.14　设曲线的参数方程为

$$\begin{cases} x = 1 + t^3, \\ y = t + \ln(2 + t), \end{cases}$$

求曲线在点 $(0, -1)$ 处的切线方程.

解　点 $(0, -1)$ 对应的参数 $t = -1$, 有

$$x'(t) = 3t^2, \quad y'(t) = 1 + \frac{1}{2 + t}, \quad \frac{\mathrm{d}y}{\mathrm{d}x} = \frac{1 + \dfrac{1}{2 + t}}{3t^2}.$$

从而

$$\left.\frac{\mathrm{d}y}{\mathrm{d}x}\right|_{x=0} = \left.\frac{1 + \dfrac{1}{2 + t}}{3t^2}\right|_{t=-1} = \frac{2}{3}.$$

所求切线方程为

$$y + 1 = \frac{2}{3}(x - 0), \quad \text{即 } y = \frac{2}{3}x - 1.$$

例 3.15　已知摆线 (图 2.3) 的参数方程为

$$\begin{cases} x = a(t - \sin t), \\ y = a(1 - \cos t) \end{cases} \quad (a > 0),$$

求 $\dfrac{\mathrm{d}^2 y}{\mathrm{d}x^2}$.

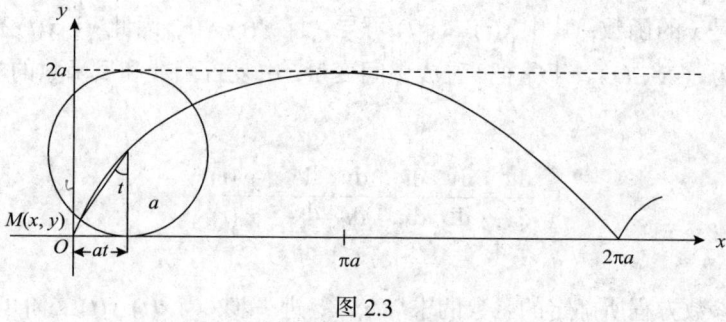

图 2.3

解　$x'(t) = a(1 - \cos t), \quad y'(t) = a\sin t$. 从而

$$\frac{\mathrm{d}y}{\mathrm{d}x} = \frac{a\sin t}{a(1 - \cos t)} = \frac{\sin t}{1 - \cos t},$$

$$\frac{\mathrm{d}^2 y}{\mathrm{d}x^2} = \frac{\mathrm{d}}{\mathrm{d}t}\left(\frac{\sin t}{1 - \cos t}\right) \cdot \frac{\mathrm{d}t}{\mathrm{d}x} = \frac{\cos t(1 - \cos t) - \sin t \cdot \sin t}{(1 - \cos t)^2} \cdot \frac{1}{a(1 - \cos t)}$$

$$= \frac{\cos t - 1}{(1 - \cos t)^2} \cdot \frac{1}{a(1 - \cos t)} = -\frac{1}{a(1 - \cos t)^2}.$$

习题 2.3

(A)

1. 求下列函数的二阶导数：

(1) $y = 2x^2 + \ln x$;

(2) $y = x\sin x$;

(3) $y = \sqrt{a^2 - x^2}$;

(4) $y = \dfrac{\mathrm{e}^x}{x}$;

(5) $y = x\mathrm{e}^{-x^2}$;

(6) $y = \ln(x + \sqrt{1 + x^2})$;

(7) $y = \cos^2 x$;

(8) $y = \dfrac{1 - x}{1 + x}$;

(9) $y = x\cos^2 x$;

(10) $y = \dfrac{\ln x}{x}$.

习题 2.3 解答

2. 验证函数 $y = \mathrm{e}^x \sin x$ 满足关系式 $y'' - 2y' + 2y = 0$.

3. 求下列函数的 n 阶导数：

(1) $y = x\mathrm{e}^x$;

(2) $y = \dfrac{1}{x + a}$.

4. 求由下列方程所确定的隐函数的导数 $\dfrac{\mathrm{d}y}{\mathrm{d}x}$:

(1) $y^2 - xy + x^2 = 1$;

(2) $xy = \mathrm{e}^{x+y}$;

(3) $y = 1 + x\mathrm{e}^y$;

(4) $x^3 + y^3 = 3xy$.

5. 求由下列方程所确定的隐函数的二阶导数 $\dfrac{\mathrm{d}^2 y}{\mathrm{d}x^2}$:

(1) $x^2 - y^2 = 1$；

(2) $\dfrac{x^2}{a^2} + \dfrac{y^2}{b^2} = 1$；

(3) $\ln\sqrt{x^2 + y^2} = \arctan\dfrac{y}{x}$．

6. 用对数求导法求下列函数的导数：

(1) $y = \left(1 + \dfrac{1}{x}\right)^x$；

(2) $y = \left(\dfrac{\sin x}{x}\right)^x$；

(3) $y = \sqrt{x\sqrt{e^x - 1}}$　$(x > 0)$；

(4) $y = \dfrac{\sqrt{x+2}(3-x)^4}{(x+1)^3}$．

7. 求由下列参数方程所确定函数的导数 $\dfrac{\mathrm{d}y}{\mathrm{d}x}$：

(1) $\begin{cases} x = \sin t, \\ y = \cos 2t; \end{cases}$

(2) $\begin{cases} x = e^t \cos t, \\ y = e^t \sin t. \end{cases}$

8. 求曲线 $\begin{cases} x = 2e^t, \\ y = e^{-t} \end{cases}$ 在参数 $t = 0$ 的对应点处的切线方程和法线方程．

9. 求由下列参数方程所确定函数的二阶导数 $\dfrac{\mathrm{d}^2 y}{\mathrm{d}x^2}$：

(1) $\begin{cases} x = a\cos t, \\ y = b\sin t; \end{cases}$

(2) $\begin{cases} x = \ln\sqrt{1 + t^2}, \\ y = \arctan t; \end{cases}$

(3) $\begin{cases} x = f'(t), \\ y = tf'(t) - f(t) \, (\text{设}\, f''(t)\,\text{存在且不为零}). \end{cases}$

(B)

1. 设 $f(x) = \begin{cases} 2x - 1, & x \leqslant 1, \\ x^2, & x > 1, \end{cases}$　求 $f''(x)$．

2. 设 $f(x)$ 具有二阶导数，$y = f(\ln^2 x + e^{-2x})$，求 $\dfrac{\mathrm{d}^2 y}{\mathrm{d}x^2}$．

3. 设 $y = y(x)$ 具有二阶导数，且 $y'(x) \neq 0$，证明

$$\dfrac{\mathrm{d}^2 x}{\mathrm{d}y^2} = -\dfrac{y''}{(y')^3}.$$

4. 求下列函数的 n 阶导数：

(1) $y = \dfrac{1}{x^2 + 3x + 2}$；

(2) $y = \cos^2 x$．

5. 证明曲线

$$\begin{cases} x = a\cos^3 t, \\ y = a\sin^3 t \end{cases} \quad (a > 0)$$

上任一点处的切线被坐标轴所截的线段为定长．

2.4　函数的微分

2.4.1　微分的概念

微分是微分学中的一个基本概念，它和导数有着极其密切的关系。微分概念来自于估算函数增量的问题。在定义函数 $y = f(x)$ 的导数时，讨论了函数增量与自变量增量之比的极限 $\lim\limits_{\Delta x \to 0} \dfrac{\Delta y}{\Delta x}$，即函数对自变量的变化率。在实际问题中，常需要计算函数增量 Δy，特别是当 $|\Delta x|$ 很小时的 Δy，即当自变量发生微小变化时函数的增量。微分可以作为估计函数增量的一个工具。

1. 引例

设有边长为 x_0 的正方形金属薄片，受外界环境影响边长改变了 Δx，讨论薄片面积的改变量（图 2.4）。

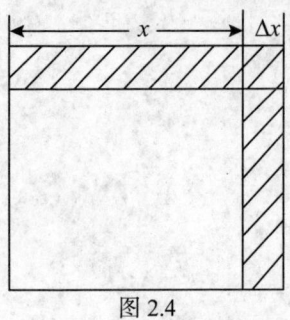

图 2.4

薄片的面积 $A = x^2$，当边长从 x_0 变到 $x_0 + \Delta x$ 时，面积的改变量

$$\Delta A = (x_0 + \Delta x)^2 - x_0^2 = 2x_0 \Delta x + (\Delta x)^2.$$

这里 ΔA 由两部分组成：第一部分 $2x_0 \Delta x$ 是 Δx 的线性函数，第二部分 $(\Delta x)^2$，当 $\Delta x \to 0$ 时，$(\Delta x)^2$ 是 Δx 的高阶无穷小，即 $(\Delta x)^2 = o(\Delta x)$，有

$$\Delta A = 2x_0 \Delta x + o(\Delta x).$$

当 $|\Delta x|$ 很小时，$\Delta A \approx 2x_0 \Delta x$。

如果函数 $y = f(x)$ 的增量 Δy 可以表示成 Δx 的线性函数加上 Δx 的高阶无穷小，就得到下面的定义。

2. 微分的定义

定义 4.1　设函数 $y = f(x)$ 在 x_0 点的某邻域内有定义，当自变量取得增量 Δx 时，如果函数的增量 $\Delta y = f(x_0 + \Delta x) - f(x_0)$ 可以表示成

$$\Delta y = A\Delta x + o(\Delta x) \quad (\Delta x \to 0),$$

其中 A 与 Δx 无关，则称函数 $y = f(x)$ 在点 x_0 处**可微**，称 $A\Delta x$ 为函数 $y = f(x)$ 在点

x_0（相应于自变量增量 Δx）的**微分**，记作 $\mathrm{d}y$，即

$$\mathrm{d}y = A\Delta x.$$

3. 微分与导数的关系

定理 4.1　函数 $y = f(x)$ 在点 x_0 处可微 $\Leftrightarrow$ $y = f(x)$ 在点 x_0 处可导.

证明　（$\Rightarrow$）设函数 $y = f(x)$ 在点 x_0 处可微，则有 $\Delta y = A\Delta x + o(\Delta x)$（$\Delta x \to 0$），从而

$$\lim_{\Delta x \to 0} \frac{\Delta y}{\Delta x} = \lim_{\Delta x \to 0}\left(A + \frac{o(\Delta x)}{\Delta x} \right) = A.$$

即 $y = f(x)$ 在点 x_0 处可导，且 $f'(x_0) = A$.

（$\Leftarrow$）设 $y = f(x)$ 在点 x_0 处可导，则有 $\lim\limits_{\Delta x \to 0} \dfrac{\Delta y}{\Delta x} = f'(x)$. 由极限与无穷小的关系（第 1 章定理 2.2），上式可写成

$$\frac{\Delta y}{\Delta x} = f'(x_0) + \alpha,$$

即

$$\Delta y = f'(x_0)\Delta x + \alpha\Delta x,$$

其中 $\alpha \to 0$（当 $\Delta x \to 0$），因为 $\alpha\Delta x = o(\Delta x)$，所以

$$\Delta y = f'(x_0)\Delta x + o(\Delta x).$$

由于 $f'(x)$ 与 Δx 无关，根据微分定义，$y = f(x)$ 在点 x_0 处可微.　　　　$\square$

定理 4.1 不但说明函数 $y = f(x)$ 在点 x 处可微与可导等价，而且表明

$$\mathrm{d}y = f'(x_0)\Delta x.$$

我们约定，自变量的微分 $\mathrm{d}x$ 是函数 $y = x$ 的微分. 有 $\mathrm{d}x = (x)'\Delta x = \Delta x$，从而得微分公式

$$\mathrm{d}y = f'(x)\mathrm{d}x.$$

从上式看出，导数 $f'(x)$ 是函数的微分 $\mathrm{d}y$ 与自变量的微分 $\mathrm{d}x$ 的商，即

$$f'(x) = \frac{\mathrm{d}y}{\mathrm{d}x},$$

因此, 导数又叫做**微商**.

4. 微分的几何意义

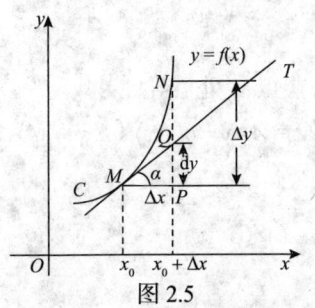

图 2.5

设函数 $y = f(x)$ 的图形是曲线 C, $M(x_0, y_0)$ 和 $N(x_0 + \Delta x, y_0 + \Delta y)$ 是 C 上两点, MT 是曲线 C 在点 M 处的切线, 它的倾角为 α. 如图 2.5 所示, $MP = \Delta x$, $PN = \Delta y$, $PQ = MP \cdot \tan \alpha = \Delta x \cdot f'(x_0) = \mathrm{d}y$.

由此可见, 当 $y = f(x)$ 在点 x_0 处可微时, Δy 是曲线 $y = f(x)$ 上相应点的纵坐标的增量, $\mathrm{d}y\big|_{x=x_0}$ 是曲线的切线上相应点的纵坐标的增量.

当 $|\Delta x|$ 很小时, $|\Delta y - \mathrm{d}y|$ 比 $|\Delta x|$ 小得多. 在点 M 的附近, 可以用切线近似代替曲线.

2.4.2　微分的运算法则

求函数的微分并不需要新的方法, 只要先求出函数的导数, 再乘以自变量的微分, 就得到函数的微分. 求微分有如下运算法则.

1. 函数四则运算的微分

法则 1　设函数 $u = u(x)$, $v = v(x)$ 可微, 则有

(1) $\mathrm{d}(u \pm v) = \mathrm{d}u \pm \mathrm{d}v$;　　　　(2) $\mathrm{d}(Cu) = C\mathrm{d}u$（$C$ 为常数）;

(3) $\mathrm{d}(uv) = v\mathrm{d}u + u\mathrm{d}v$;　　　　(4) $\mathrm{d}\left(\dfrac{u}{v}\right) = \dfrac{v\mathrm{d}u - u\mathrm{d}v}{v^2}$（$v \neq 0$）.

以 (3) 为例加以证明:

$$\mathrm{d}(uv) = (uv)'\mathrm{d}x = (u'v + uv')\mathrm{d}x = u'v\mathrm{d}x + uv'\mathrm{d}x,$$

由于 $u'\mathrm{d}x = \mathrm{d}u$, $v'\mathrm{d}x = \mathrm{d}v$, 所以

$$\mathrm{d}(uv) = v\mathrm{d}u + u\mathrm{d}v.$$

应该注意到, 微分公式与导数公式联系相当紧密, 可以说, 由基本初等函数的导数公式, 我们可以直接写出基本初等函数的微分公式, 所以, 学习微分公式的时候, 要和导数公式对照记忆为佳.

2. 复合函数的微分

法则 2　设函数 $y = f(u), u = \varphi(x)$ 可微, 则复合函数 $y = f[\varphi(x)]$ 可微, 并且

$$dy = f'(u)du.$$

证明 由复合函数求导的链式法则, 有 $dy = f'(u)\varphi'(x)dx$. 其中 $\varphi'(x)dx = du$, 所以 $dy = f'(u)du$. □

由此可见, 无论 u 是自变量还是中间变量, 总有 $dy = f'(u)du$, 这一性质称为微分的**形式不变性**. 利用微分的形式不变性求复合函数的微分是很方便的.

例 4.1 设 $y = \dfrac{\arctan x}{1 + x^2}$, 求 dy.

解
$$dy = \frac{(1 + x^2)d\arctan x - \arctan x d(1 + x^2)}{(1 + x^2)^2}$$

$$= \frac{(1 + x^2)\dfrac{1}{1 + x^2}dx - \arctan x \cdot 2xdx}{(1 + x^2)^2}$$

$$= \frac{1 - 2x\arctan x}{(1 + x^2)^2}dx.$$

例 4.2 设 $y = \dfrac{1}{2a}\left(\ln\dfrac{x - a}{x + a}\right)$, 求 dy.

解
$$dy = \frac{1}{2a}d\left(\ln\frac{x - a}{x + a}\right) = \frac{1}{2a}\frac{1}{\dfrac{x - a}{x + a}}d\left(\frac{x - a}{x + a}\right)$$

$$= \frac{1}{2a}\frac{x + a}{x - a}\frac{(x + a)d(x - a) - (x - a)d(x + a)}{(x + a)^2}$$

$$= \frac{1}{2a}\frac{1}{x^2 - a^2} \cdot 2adx = \frac{1}{x^2 - a^2}dx.$$

利用微分与导数的关系, 可以通过微分求函数的导数.

例 4.3 设有方程 $e^y = xy$, 求 $\dfrac{dy}{dx}$.

解 方程两端求微分, 有

$$e^y dy = ydx + xdy,$$

所以

$$\frac{dy}{dx} = \frac{y}{e^y - x} = \frac{y}{x(y - 1)}.$$

例 4.4 设参数方程 $\begin{cases} x = a\cos t, \\ y = b\sin t \end{cases} (a > 0, b > 0)$, 求 $\dfrac{dy}{dx}$.

解 $dx = -a\sin t dt, dy = b\cos t dt, \dfrac{dy}{dx} = \dfrac{b\cos t dt}{-a\sin t dt} = -\dfrac{b}{a}\cot t.$

例 4.5 某工厂的日产量为 $Q(L) = 900L^{\frac{1}{3}}$，其中 L 是工人的数量，现有 1000 个工人，若想使日产量增加 15 单位，应增加多少工人？

解 $dQ = 900 \times \dfrac{1}{3}L^{-\frac{2}{3}}dL = 300L^{-\frac{2}{3}}dL$，由于 $dQ = 15$，故

$$dL = \frac{L^{\frac{2}{3}}}{300}dQ = \frac{1}{300} \times (1000)^{\frac{2}{3}} \times 15 = 5.$$

我们的结论是：增加 5 名工人.

2.4.3 微分在近似计算中的应用

设函数 $y = f(x)$ 在点 x_0 可微，则有

$$\Delta y = f(x_0 + \Delta x) - f(x_0) = f'(x_0)\Delta x + o(\Delta x).$$

当 $|\Delta x|$ 很小时，有近似计算公式

$$\Delta y \approx dy = f'(x_0)\Delta x, \tag{1}$$

或

$$f(x_0 + \Delta x) \approx f(x_0) + f'(x_0)\Delta x. \tag{2}$$

若记 $x = x_0 + \Delta x$，则 $\Delta x = x - x_0$，当 $|x - x_0|$ 很小时，上式即为

$$f(x) \approx f(x_0) + f'(x_0)(x - x_0). \tag{3}$$

如果 $f(x_0)$ 与 $f'(x_0)$ 都容易计算，我们则可以利用这些公式近似计算当自变量发生微小变化时函数的改变量，或者变化后的函数值.

例 4.6 有一个半径 $R = 10\,\text{cm}$ 的球，当半径增加 0.02cm 时，体积近似增加了多少？

解 球的体积

$$V = \frac{4}{3}\pi R^3, \quad dV = 4\pi R^2 \Delta R$$

取 $R_0 = 10, \Delta R = 0.02$，则

$$\Delta V \approx 4\pi R_0^2 \Delta R = 4\pi \times 10^2 \times 0.02 \approx 4 \times 3.14 \times 100 \times 0.02 = 25.12 (\text{cm}^3).$$

例 4.7 求 $\sqrt[3]{1001}$ 的近似值.

解 设 $f(x) = \sqrt[3]{x}$ ，则 $f'(x) = \dfrac{1}{3\sqrt[3]{x^2}}$. 取 $x_0 = 1000, \Delta x = 1$ ，则有

$$\sqrt[3]{1001} = f(x_0 + \Delta x) \approx f(x_0) + f'(x_0)\Delta x$$
$$= 10 + \frac{1}{3 \times 100} \times 1 \approx 10.0033.$$

Δx 的取值有两种情况，若 x_0 本身很大，则取的 $|\Delta x|$ 远小于 x_0 即可，如例 4.6 的取法；若 x_0 本身很小，甚至 $x_0 = 0$ ，那我们只要把 $|\Delta x|$ 取成远小于 1 的数即可，例如，求 $\sqrt{0.001}$ 的近似值，可以取 $x_0 = 0$ ， $\Delta x = 0.001$.

例 4.8 求 $y = \sin 30°30'$ 的近似值.

解 把 $30°30'$ 化为弧度，得

$$30°30' = \frac{\pi}{6} + \frac{\pi}{360},$$

设 $f(x) = \sin x$ ，则 $f'(x) = \cos x$ ，取 $x_0 = \dfrac{\pi}{6}, \Delta x = \dfrac{\pi}{360}$ ，则有

$$\sin 30°30' = \sin\left(\frac{\pi}{6} + \frac{\pi}{360}\right) \approx \sin\frac{\pi}{6} + \cos\frac{\pi}{6} \cdot \frac{\pi}{360}$$
$$= \frac{1}{2} + \frac{\sqrt{3}}{2} \cdot \frac{\pi}{360} \approx 0.5000 + 0.0076 = 0.5076.$$

在 (3) 式中，取 $x_0 = 0$ ，当 $|x|$ 很小时，

$$f(x) \approx f(0) + f'(0)x.$$

由此可得到以下几个近似公式：

$$\sin x \approx x, \quad \tan x \approx x, \quad e^x \approx 1 + x,$$
$$\ln(1 + x) \approx x, \quad \sqrt[n]{1 + x} \approx 1 + \frac{1}{n}x.$$

2.4.4 用微分求方程根的近似值

我们先来直观描述如何用线性化的思想求方程根.

求方程 $f(x)=0$ 的根实际上是求曲线 $y=f(x)$ 与 x 轴交点的横坐标.

设方程 $f(x)=0$ 有一个根 α（未知），取 α 的一个初始近似值 x_0，为了得到一个比 x_0 更接近 α 的根，根据"以直代曲"的思想，即线性逼近的思想，过曲线 $y=f(x)$ 上的点 $(x_0, f(x_0))$ 作切线，令其与 x 轴相交得 x_1（图 2.6），这个 x_1 比 x_0 更逼近 α. 为了改进 x_1，同样地，过曲线 $y=f(x)$ 上的点 $(x_1, f(x_1))$ 作切线，令其与 x 轴相交得 x_2，这个 x_2 比 x_1 更逼近 α. 这种方法从本质上讲是通过曲线的一系列切线与曲线交点的横坐标来逼近曲线与 x 轴交点的横坐标，即用切线方程的根来逐步逼近曲线方程的根，故称此方法为**切线法**或**牛顿方法**. 图 2.6 非常直观地表现了线性逼近的思想.

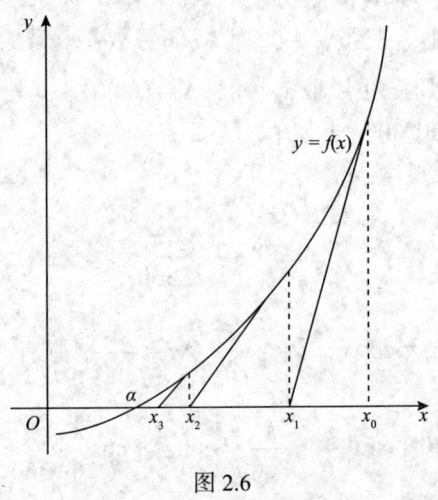

图 2.6

在实际应用中求方程的根可以按照以下步骤实现以上直观描述：设 $f(x)=0$ 有一个根 α，假定已知这个根 α 的一个近似值 x_0，过点 $(x_0, f(x_0))$ 处的切线方程为 $y-f(x_0)=f'(x_0)(x-x_0)$，令 $y=0$ 得

$$x_1 = x_0 - \frac{f(x_0)}{f'(x_0)}.$$

即 x_1 为过点 $(x_0, f(x_0))$ 处的切线与 x 轴交点的横坐标，比 x_0 更加逼近 α 的近似值. 对 x_1 作同样的改进，过点 $(x_1, f(x_1))$ 处的切线与 x 轴交点的横坐标为

$$x_2 = x_1 - \frac{f(x_1)}{f'(x_1)}.$$

这里 x_2 是比 x_1 更加逼近 α 的近似值. 这种方法一直可以继续下去，一般地，当 x_n 求出以后，则有

$$x_{n+1} = x_n - \frac{f(x_n)}{f'(x_n)}.$$

这是著名的牛顿迭代公式. 只要初始值 x_0 取得足够好, 就可以很快逼近方程的根 α.

下面讨论初始近似值 x_0 的求法,初始近似值 x_0 可以根据函数的图形观察出来, 也可以根据下面的方法得到.

设 $f(x)$ 在某个区间 $[a,b]$ 上连续, 且端点值异号, 即 $f(a) \cdot f(b) < 0$, 则根据闭区间上连续函数的性质可知, 方程 $f(x) = 0$ 在 (a,b) 内必有根. 不难求出, 连接 $(a, f(a))$, $(b, f(b))$ 两点的直线段与 x 轴交点的横坐标为

$$x_0 = \frac{af(b) - bf(a)}{f(b) - f(a)},$$

可以作为根 α 的初始近似值.

例 4.9 求方程 $x^3 - 3x - 1 = 0$ 在 $[1,2]$ 上的实根(2 次近似).

解 令 $f(x) = x^3 - 3x - 1$, 由于 $f(1) = -3 < 0, f(2) = 1 > 0$, 故在 1 与 2 之间一定有方程的根, 取

$$x_0 = \frac{f(2) - 2f(1)}{f(2) - f(1)} = \frac{7}{4} = 1.75,$$

而 $f'(x) = 3x^2 - 3$, 故

$$x_1 = 1.75 - \frac{f(1.75)}{f'(1.75)} \approx 1.8939,$$

第二次近似值为

$$x_2 = 1.8939 - \frac{f(1.8939)}{f'(1.8939)} \approx 1.8795.$$

例 4.10 用牛顿法求 $\sqrt{2}$ 的近似值.

解 将问题转化为用牛顿法求方程 $x^2 - 2 = 0$ 的根.

设 $f(x) = x^2 - 2$, 以 $x = 0,1,2,3,\cdots$ 代入 $f(x)$, 不难看到, $f(1) = -1 < 0$, $f(2) = 2 > 0$, 所以方程 $x^2 - 2 = 0$ 在 $(1,2)$ 内有根. 由牛顿法

$$x_{n+1} = x_n - \frac{f(x_n)}{f'(x_n)} = x_n - \frac{x_n^2 - 2}{2x_n},$$

化简后, 得

$$x_{n+1} = x_n - \frac{x_n}{2} + \frac{1}{x_n} = \frac{x_n}{2} + \frac{1}{x_n}.$$

取

$$x_0 = \frac{af(b) - bf(a)}{f(b) - f(a)} = \frac{f(2) - 2f(1)}{f(2) - f(1)} = \frac{4}{3} \approx 1.3333.$$

代入化简后的迭代公式,得

$$x_1 = \frac{x_0}{2} + \frac{1}{x_0} = \frac{1}{2} \cdot \frac{4}{3} + \frac{3}{4} = \frac{17}{12} \approx 1.4167,$$

$$x_2 = \frac{x_1}{2} + \frac{1}{x_1} = \frac{1}{2} \cdot \frac{17}{12} + \frac{12}{17} = \frac{577}{408} \approx 1.4142,$$

$$x_3 = \frac{x_2}{2} + \frac{1}{x_2} = \frac{1}{2} \cdot \frac{577}{408} + \frac{408}{577} = \frac{665857}{470832} \approx 1.4142,$$

至此, 我们已得到 $x_2 = x_3$,不需要继续计算了, 这与我们经常使用的 $\sqrt{2} \approx 1.4142$ 是一致的.

习题 2.4

(A)

习题 2.4 解答

1. 在下列各题的括号内填入一个适当的函数:

(1) $d(\quad) = \sin x dx$;

(2) $d(\quad) = e^{-x} dx$;

(3) $d(\quad) = \dfrac{1}{\sqrt{x}} dx$;

(4) $d(\quad) = \dfrac{1}{\sqrt{1 - x^2}} dx$;

(5) $d(\quad) = \dfrac{1}{1 + x} dx$;

(6) $d(\quad) = \sec^2 x dx$.

2. 求下列函数的微分:

(1) $y = \dfrac{x^2 + \sqrt{x} + 1}{x}$;

(2) $y = \cos x - x \sin x$;

(3) $y = \dfrac{x}{\sqrt{x^2 + 1}}$;

(4) $y = \arcsin \dfrac{1}{\sqrt{x}}$;

(5) $y = \dfrac{1}{2} \ln \dfrac{x - 1}{x + 1}$;

(6) $y = \arctan \dfrac{1 - x^2}{1 + x^2}$;

(7) $y = e^{-x} \cos x$;

(8) $y = \ln(x + \sqrt{1 + x^2}) + \arctan \dfrac{x}{2}$.

3. 证明当 $|x|$ 很小时, 有下列近似计算公式:

(1) $\ln(1 + x) \approx x$;

(2) $\dfrac{1}{1 + x} \approx 1 - x$.

4. 求下列各式的近似值:

(1) $\cos 29°$; (2) $\sqrt[3]{998}$;

(3) $\arcsin 0.5002$.

5. 扩音器插头为圆柱形, 截面半径 r 为 0.15cm, 长度 l 为 4cm, 为了提高它的导电性能, 要在该圆柱的侧面上镀一层厚度为 0.001cm 的纯铜, 问每个插头约需多少克纯铜(铜密度为 8.9g/cm^3).

6. 试用牛顿法求 $\sqrt[3]{2}$ 的近似值.

7. 用牛顿法求下列方程的根:

$$x^3 + 3x^2 - 2x - 2 = 0, \quad x \in [-1, 0].$$

2.5 数学实验: 方程根的近似计算

实验目的 理解介值定理和根的存在定理的应用方法, 了解二分法求方程根的方法和牛顿切线法求方程根的方法, 了解用微分法作近似计算的 "以直代曲" 的基本原理. 初步了解 MATLAB 编程方法, 了解 M 函数的编写方法.

基本原理 设函数 $f(x)$ 在闭区间 $[a,b]$ 上连续, 且 $f(a) \cdot f(b) < 0$, 则方程 $f(x) = 0$ 在 (a,b) 内至少有一个根.

方法一(二分法) 不妨设 $f(a) < 0, f(b) > 0$, 令 $c = \dfrac{a+b}{2}$.

(1) 如果 $f(c) < 0$, 则 $f(c) \cdot f(b) < 0$, 方程 $f(x) = 0$ 在 (c,b) 内至少有一个根;

(2) 如果 $f(c) > 0$, 则 $f(a) \cdot f(c) < 0$, 方程 $f(x) = 0$ 在 (a,c) 内至少有一个根;

(3) 如果 $f(c) = 0$, 则 $x = c$ 是方程 $f(x) = 0$ 的根.

每进行上述过程(迭代)一次, 区间的长度将缩小为原来的 0.5 倍, 当区间的长度缩小到指定的精度 ε 时, 终止计算, 其迭代步数小于

$$\frac{\ln(|b-a| / \varepsilon)}{\ln 2}.$$

方法二(牛顿切线法) 牛顿切线法的迭代公式如下:

$$x_{n+1} = x_n - \frac{f(x_n)}{f'(x_n)}.$$

初始近似值一般选取为

$$x_0 = \frac{af(b) - bf(a)}{f(b) - f(a)}.$$

当 $x_{n+1} \approx x_n$ 时, 终止计算. 牛顿切线法一般要求 $f(x)$ 在 (a,b) 内的导数存在, 且恒为正或者恒为负, $f'(x_n)$ 可用差商

$$f'(x_n) \approx \frac{f(x_n + 0.0001) - f(x_n)}{0.0001}$$

近似替代.

例 5.1　应用二分法求方程 $\sin x - x = 1$ 在 $(-2, 2)$ 内的根的近似值.

解　启动 MATLAB 软件后，输入以下 M 代码：

```
function x0=sy101(f,a,b,epsilon)%定义函数
%二分法求方程 f(x)=0 在(a,b)内的根的近似值 x0
x=a;fa=eval(f);%计算 f(a)
x=b;fb=eval(f);%计算 f(b)
if(fa*fb>=0)x0=[];
    fprintf('方程不满足条件: f(a)f(b)<0 \n\n');return
elseif(fa>0)x0=a;a=b;b=x0;end
x1=fzero(f,[a,b]);%MATLAB 库函数计算的根 x1
if(epsilon<0.1e-16|epsilon>0.0001)epsilon=0.0001;end
n=floor(log(abs(b-a)/epsilon)/log(2));%计算迭代步数
for(i=1:n)x0=(a+b)/2;
    x=x0;fx=eval(f);%计算 f(x0)
    if(fx>0)b=x0;
    elseif(fx<0)a=x0;
    else break;end
    fprintf('%4d%24.16f\n',i,x0);%格式化输出函数
end
x=a;fa=eval(f);%计算 f(a)
x=b;fb=eval(f);%计算 f(b)
if(abs(fb-fa)<0.01)x0=(a+b)/2;
    fprintf('%4d%24.16f\n%28.16f\n',i+1,x0,x1);
else fprintf('\n f(x)在[a,b]上不连续! \n\n');end
```

然后，单击 Save 图标，按照默认的文件名保存，这就是 M 函数的编写方法，在 MATLAB 工作空间中输入

>> x0=sy101('sin(x)-x-1',-2,2,0.1e-12)

然后按回车键，得到以下运行结果：

```
   1        0.0000000000000000
   2       -1.0000000000000000
   3       -1.5000000000000000
```

4	-1.7500000000000000
5	-1.8750000000000000
6	-1.9375000000000000
7	-1.9062500000000000
8	-1.9218750000000000
9	-1.9296875000000000
10	-1.9335937500000000
11	-1.9355468750000000
12	-1.9345703125000000
13	-1.9340820312500000
14	-1.9343261718750000
15	-1.9344482421875000
16	-1.9345092773437500
17	-1.9345397949218750
18	-1.9345550537109375
19	-1.9345626831054687
20	-1.9345664978027344
21	-1.9345645904541016
22	-1.9345636367797852
23	-1.9345631599426270
24	-1.9345633983612061
25	-1.9345632791519165
26	-1.9345632195472717
27	-1.9345631897449493
28	-1.9345632046461105
29	-1.9345632120966911
30	-1.9345632083714008
31	-1.9345632102340460
32	-1.9345632111653686
33	-1.9345632106997073
34	-1.9345632109325379
35	-1.9345632108161226
36	-1.9345632107579149
37	-1.9345632107288111
38	-1.9345632107433630

```
39      -1.9345632107506390
40      -1.9345632107542770
41      -1.9345632107524580
42      -1.9345632107515485
43      -1.9345632107520032
44      -1.9345632107522306
45      -1.9345632107521169
46      -1.9345632107520601
        -1.9345632107520243
x0 =
  -1.9346
```

例 5.2 应用牛顿切线法求方程 $x^3-3x=1$ 在 $(1,2)$ 内的根的近似值，编写如下 M 函数：

```
function x0=sy102(f,a,b,epsilon)%定义函数
%牛顿切线法求方程 f(x)=0 在(a,b)内的根的近似值 x0
x=a;fa=eval(f);%计算 f(a)
x=b;fb=eval(f);%计算 f(b)
if(fa*fb>=0)x0=[];
    fprintf('方程不满足条件：f(a)f(b)<0 \n\n');return
end
x2=fzero(f,[a,b]);%MATLAB 库函数求根 x2
if(epsilon<0.1e-16|epsilon>0.0001)epsilon=0.0001;end
x0=(a*fb-b*fa)/(fb-fa),%初始近似值
i=0;%记录迭代步数
while(1)i=i+1;x=x0;f0=eval(f);
    x=x0+0.0001;fh=eval(f);
    f1=(fh-f0)/0.0001;
    x1=x0-f0/f1;
    if(abs(x1-x0)>=epsilon)x0=x1;
        fprintf('%4d%24.16f\n',i,x0);%格式化输出函数
    else break;end
end
fprintf('%4d%24.16f\n%28.16f\n',i,x0,x2);
```

在 MATLAB 工作空间中键入

```
    x0=sy102('x^3-3*x-1',1,2,0.1e-12)
```

按回车键后观察运行结果如下:

```
x0 =
  1.7500
   1      1.8939271817036707
   2      1.8795407154477923
   3      1.8793852710458785
   4      1.8793852415740049
   5      1.8793852415718169
   6      1.8793852415718169
          1.8793852415718169
x0 =
1.8794
```

对同样的问题, 用两种方法分别求根的近似值, 观察运行结果, 谈谈自己的看法.

第3章 微分中值定理与导数的应用

导数刻画了函数在一点处的变化率, 反映了函数在一点处的局部变化性态. 但是在实际应用中, 常常需要把握函数在某区间的整体性质与该区间内某点处导数的关系, 这样的关系被统称为微分中值定理. 微分中值定理包括罗尔定理、拉格朗日中值定理、柯西中值定理及泰勒定理. 这些定理对微积分的发展有着重要的意义, 对进一步研究函数及其图形的性态起着重要的作用, 是导数应用的理论基础.

3.1 微分中值定理

3.1.1 罗尔(Rolle)定理

如图 3.1 所示, 设 $y = f(x)$ 是闭区间 $[a,b]$ 上的连续曲线, 曲线上除端点外处处有不垂直于 x 轴的切线, 并且两端点 $A(a, f(a))$ 与 $B(b, f(b))$ 的纵坐标相等. 可以发现, 曲线上至少有一点 C, 使过点 C 的切线平行于弦 AB. 设 C 点的横坐标为 ξ, 由导数的几何意义知 $f'(\xi) = 0$.

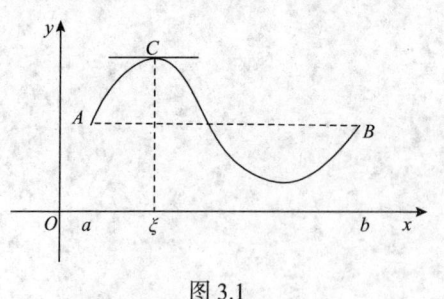

图 3.1

可以叙述为以下定理:

定理 1.1(罗尔定理) 如果函数 $f(x)$ 满足

(1) 在闭区间 $[a,b]$ 上连续;

(2) 在开区间 (a,b) 内可导;

(3) $f(a) = f(b)$.

则至少存在一点 $\xi \in (a,b)$, 使得 $f'(\xi) = 0$.

证明 $f(x)$ 在闭区间 $[a,b]$ 上连续, 由最值定理, $f(x)$ 在 $[a,b]$ 上必有最大值 M 和最小值 m.

(1) 如果 $M = m$, 则在 $[a,b]$ 上恒有 $f(x) = M$. 从而 $\forall \xi \in (a,b)$, $f'(\xi) = 0$.

(2) 如果 $M > m$, M 和 m 中至少有一个不等于 $f(a)$. 不妨设 $M \neq f(a)$, 由于 $f(a) = f(b)$, 也有 $M \neq f(b)$. 于是 $\exists \xi \in (a,b)$, 使 $f(\xi) = M$. 下面证明 $f'(\xi) = 0$. 由于在 ξ 点处函数 $f(x)$ 取得最大值, 且 $f(x)$ 在点 ξ 可导及极限的局部保号性, 有

$$f'(\xi) = f'_-(\xi) = \lim_{x \to \xi^-} \frac{f(x) - f(\xi)}{x - \xi} \geqslant 0,$$

$$f'(\xi) = f'_+(\xi) = \lim_{x \to \xi^+} \frac{f(x) - f(\xi)}{x - \xi} \leqslant 0 ,$$

所以 $f'(\xi) = 0$.

例 1.1 设函数 $f(x)$ 在 $[0,1]$ 上连续, 在 $(0,1)$ 内可导, 且 $f(1) = 0$, 证明至少存在一点 $\xi \in (0,1)$, 使得 $f(\xi) + \xi f'(\xi) = 0$.

证明 设 $F(x) = xf(x)$. 则 $F(x)$ 在 $[0,1]$ 上连续, 在 $(0,1)$ 内可导, 且

$$F(0) = 0, \quad F(1) = f(1) = 0,$$

由罗尔定理可知, $\exists \xi \in (0,1)$, 使得

$$F'(\xi) = f(\xi) + \xi f'(\xi) = 0 .$$

3.1.2 拉格朗日 (Lagrange) 中值定理

如果保留罗尔定理中前两个条件: $f(x)$ 在 $[a,b]$ 上连续, 在 (a,b) 内可导, 而去掉第三个条件: $f(a) = f(b)$, 那么图 3.1 就成为图 3.2 的情形. 可以发现, 曲线上仍然至少有一点 C, 曲线在 C 点的切线平行于弦 AB.

设 C 点的横坐标为 ξ, 则切线的斜率 $f'(\xi)$ 与弦 AB 的斜率相等. 即

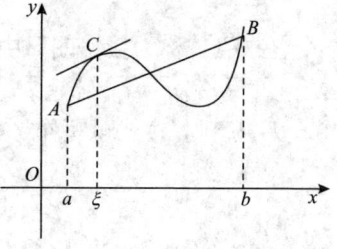

图 3.2

$$f'(\xi) = \frac{f(b) - f(a)}{b - a} .$$

下面推导这个结论, 如图 3.2 所示, 已知曲线 $y = f(x)$, 弦 AB 所在直线方程为

$$y = f(a) + \frac{f(b) - f(a)}{b - a}(x - a) ,$$

在 $[a,b]$ 上每一点 x, 把弧 $\overparen{AB}$ 与弦 AB 的纵坐标作差, 即构造函数

$$F(x) = f(x) - \left[f(a) + \frac{f(b) - f(a)}{b - a}(x - a) \right] ,$$

则 $F(x)$ 在 $[a,b]$ 上连续, 在 (a,b) 内可导, 且

$$F(a) = F(b) = 0 .$$

由罗尔定理, 至少存在一点 $\xi \in (a,b)$, 使得

$$F'(\xi) = f'(\xi) - \frac{f(b) - f(a)}{b - a} = 0,$$

即

$$f'(\xi) = \frac{f(b) - f(a)}{b - a}.$$

推导中的 $F(x)$ 称为**辅助函数**. 以上结论可以叙述为如下定理:

定理 1.2（拉格朗日中值定理）　　如果函数 $f(x)$ 满足:

(1) 在闭区间 $[a,b]$ 上连续;

(2) 在开区间 (a,b) 内可导.

则至少存在一点 $\xi \in (a,b)$, 使得

$$f'(\xi) = \frac{f(b) - f(a)}{b - a}. \tag{1}$$

公式 (1) 称为**拉格朗日中值公式**. 它对于 $a > b$ 情形仍然成立.

如果令 $a = x$, $b = x + \Delta x$ ($\Delta x > 0$ 或 $\Delta x < 0$), 并且记 $\xi = x + \theta \Delta x$, 其中 $0 < \theta < 1$, 则 (1) 式可写作

$$\Delta y = f(x + \Delta x) - f(x) = f'(x + \theta \Delta x)\Delta x. \tag{2}$$

我们知道, 当 $|\Delta x|$ 很小时, $\Delta y \approx f'(x_0)\Delta x$. (2) 式给出了 Δy 的准确表达式 ($|\Delta x|$ 不一定很小), 称之为**有限增量公式**.

推论 1　　如果函数 $f(x)$ 在 $[a,b]$ 上连续, 在 (a,b) 内可导, 且 $f'(x) = 0$, 那么 $f(x)$ 在 $[a,b]$ 上是一个常数.

证明　　$\forall x_1, x_2 \in [a,b]$, 不妨设 $x_1 < x_2$, 则 $f(x)$ 在 $[x_1, x_2]$ 上连续, 在 (x_1, x_2) 内可导, 由拉格朗日中值定理, $\exists \xi \in (x_1, x_2)$, 使得

$$f(x_2) - f(x_1) = f'(\xi)(x_2 - x_1) = 0,$$

即 $f(x_1) = f(x_2)$, 再由 x_1, x_2 的任意性可知, $f(x)$ 在区间 $[a,b]$ 上等于一个常数. □

推论 2　　如果函数 $f(x)$, $g(x)$ 都在 $[a,b]$ 上连续, 在 (a,b) 内可导, 且 $f'(x) = g'(x)$, 那么在 $[a,b]$ 上, $f(x) = g(x) + C$ (C 为常数).

证明　　设 $F(x) = f(x) - g(x)$, 则在区间 (a,b) 内, $F'(x) = f'(x) - g'(x) = 0$. 由推论 1, 在区间 $[a,b]$ 上, $F(x) = C$, 即 $f(x) = g(x) + C$. □

这两个推论对其他类型的区间仍然成立.

例 1.2　证明恒等式：$\arctan x + \text{arccot} x = \dfrac{\pi}{2}$，$x \in (-\infty, +\infty)$.

证明　设 $f(x) = \arctan x + \text{arccot} x$，则 $f(x)$ 在 $(-\infty, +\infty)$ 内可导，且

$$f'(x) = \frac{1}{1+x^2} - \frac{1}{1+x^2} = 0.$$

由拉格朗日中值定理的推论，在 $(-\infty, +\infty)$ 内，$f(x) = C$，又因为

$$f(0) = \arctan 0 + \text{arccot} 0 = \frac{\pi}{2},$$

所以 $C = \dfrac{\pi}{2}$，在 $(-\infty, +\infty)$ 内 $\arctan x + \text{arccot} x = \dfrac{\pi}{2}$.　□

例 1.3　设 n 为正整数，证明：$\dfrac{1}{n+1} < \ln\left(1 + \dfrac{1}{n}\right) < \dfrac{1}{n}$.

证明　设 $f(x) = \ln x$，则 $f(x)$ 在 $[n, n+1]$ 上连续，在 $(n, n+1)$ 内可导，且 $f'(x) = \dfrac{1}{x}$，由拉格朗日中值定理，有

$$\ln\left(1 + \frac{1}{n}\right) = \ln(n+1) - \ln n = \frac{1}{\xi},$$

其中 $n < \xi < n+1$，从而有 $\dfrac{1}{n+1} < \dfrac{1}{\xi} < \dfrac{1}{n}$，所以

$$\frac{1}{n+1} < \ln\left(1 + \frac{1}{n}\right) < \frac{1}{n}.$$　□

3.1.3　柯西(Cauchy)中值定理

把罗尔定理加以推广，得到拉格朗日中值定理，再进一步推广，就得到下面的柯西中值定理.

定理 1.3(柯西中值定理)　如果函数 $f(x)$ 和 $g(x)$ 满足：

(1) 在闭区间 $[a,b]$ 上连续；

(2) 在开区间 (a,b) 内可导，且 $g'(x) \neq 0$.

则至少存在一点 $\xi \in (a,b)$，使得

$$\frac{f(b) - f(a)}{g(b) - g(a)} = \frac{f'(\xi)}{g'(\xi)}.$$

证明 先证 $g(a) \neq g(b)$，由拉格朗日中值定理，$\exists \eta \in (a,b)$，使

$$g(b) - g(a) = g'(\eta)(b-a) \neq 0,$$

即 $g(a) \neq g(b)$. 设辅助函数

$$F(x) = f(x) - f(a) - \frac{f(b) - f(a)}{g(b) - g(a)}[g(x) - g(a)],$$

则 $F(x)$ 在 $[a,b]$ 上连续，在 (a,b) 内可导，且 $F(a) = F(b) = 0$，由罗尔定理，$\exists \xi \in (a,b)$，使得

$$F'(\xi) = f'(\xi) - \frac{f(b) - f(a)}{g(b) - g(a)} g'(\xi) = 0,$$

即

$$\frac{f(b) - f(a)}{g(b) - g(a)} = \frac{f'(\xi)}{g'(\xi)}. \qquad \square$$

如果在定理 1.3 中取 $g(x) = x$，那么 $g(b) - g(a) = b - a$，$g'(\xi) = 1$，公式

$$\frac{f(b) - f(a)}{g(b) - g(a)} = \frac{f'(\xi)}{g'(\xi)},$$

就成为

$$\frac{f(b) - f(a)}{b - a} = f'(\xi),$$

这正是拉格朗日中值公式.

习题 3.1

习题 3.1 解答

（A）

1. 验证罗尔定理对函数 $y = \ln\cos x$ 在区间 $\left[-\dfrac{\pi}{4}, \dfrac{\pi}{4}\right]$ 上的正确性，并求出定理中的 ξ.

2. 验证拉格朗日中值定理对函数 $y = x^2$ 在区间 $[0,1]$ 上的正确性，并求出定理中的 ξ.

3. 不用求函数 $f(x) = (x-1)(x-2)(x-3)$ 的导数，说明方程 $f'(x) = 0$ 有几个实根，并指出它们所在的区间.

4. 证明恒等式：$\arcsin x + \arccos x = \dfrac{\pi}{2}$，$x \in [-1,1]$.

5. 证明下列不等式：

(1) 当 $x > 0$ 时, $\dfrac{x}{1+x} < \ln(1+x) < x$;　　　　　(2) 当 $x > 1$ 时, $e^x > ex$;

(3) $|\arctan b - \arctan a| \leqslant |b - a|$.

6. 设函数 $f(x)$ 在 $[a,b]$ 上有二阶导数, $a < x_1 < x_2 < x_3 < b$, $f(x_1) = f(x_2) = f(x_3)$, 证明在 (a,b) 内至少存在一点 ξ, 使得 $f''(\xi) = 0$.

7. 设函数 $f(x)$ 在 $[a,b]$ 上连续, 在 (a,b) 内可导, 证明在 (a,b) 内至少存在一点 ξ, 使得

$$\frac{f^2(b) - f^2(a)}{b - a} = 2f(\xi)f'(\xi).$$

8. 证明方程 $x^5 + x - 1 = 0$ 只有一个正根.

9. 利用拉格朗日中值定理证明单位圆 $x^2 + y^2 = 1$ 在第一象限内有与过点 $A(0,1)$ 和点 $B(1,0)$ 的直线平行的切线, 并求出此切线方程.

(B)

1. 设常数 $a_0, a_1, a_2, \cdots, a_n$ 满足 $a_0 + \dfrac{a_1}{2} + \dfrac{a_2}{3} + \cdots + \dfrac{a_n}{n+1} = 0$, 证明方程 $a_0 + a_1 x + a_2 x^2 + \cdots + a_n x^n = 0$ 在 $(0,1)$ 内至少有一个实根.

2. 设函数 $f(x)$ 在 $[0,1]$ 上连续, 在 $(0,1)$ 内可导, 且 $f(0) = f(1) = 0$, $f\left(\dfrac{1}{2}\right) = 1$. 证明在 $(0,1)$ 内至少存在一点 ξ, 使 $f'(\xi) = 1$.

3. 设函数 $f(x)$ 在 $(-\infty, +\infty)$ 内可导, $f'(x) = f(x)$, 且 $f(0) = 1$, 证明在 $(-\infty, +\infty)$ 内 $f(x) = e^x$.

4. 设函数 $f(x)$ 在 $[a,b](a > 0)$ 上连续, 在 (a,b) 内可导, 且 $f(a) = f(b) = 0$, 证明在 (a,b) 内至少存在一点 ξ, 使得 $\xi f'(\xi) + 2f(\xi) = 0$.

5. 设 $0 \leqslant a < b \leqslant a + b \leqslant c$, 函数 $f(x)$ 在 $[0,c]$ 上连续, 在 $(0,c)$ 内可导且 $f(0) = 0, f'(x)$ 单调减少, 证明 $f(a+b) \leqslant f(a) + f(b)$.

6. 设函数 $f(x)$ 在 $[a,b]$ 上具有二阶导数, 且 $f''(x) \geqslant 0$, $f(0) = 0$, 证明对任意 $x_1, x_2 \in [a,b]$, 都有 $f\left(\dfrac{x_1 + x_2}{2}\right) \leqslant \dfrac{1}{2}[f(x_1) + f(x_2)]$.

7. 设 $0 < a < b$, 证明在 (a,b) 内至少存在一点 ξ, 使得 $\dfrac{b \ln a - a \ln b}{b - a} = \ln \xi - 1$.

8. 设函数 $f(x)$ 在 $[a,b]$ 上连续, 在 (a,b) 内可导, $a > 0$, 证明在 (a,b) 内至少存在一点 ξ, 使得 $2\xi[f(b) - f(a)] = (b^2 - a^2)f'(\xi)$.

3.2　洛必达法则

求函数极限时, 以下类型的极限常常不容易计算:

一种是当 $x \to x_0$ (或 $x \to \infty$) 时, $f(x)$ 和 $g(x)$ 都是无穷小, $\lim\limits_{x \to x_0} \dfrac{f(x)}{g(x)}$

$\left(\text{或} \lim\limits_{x \to \infty} \dfrac{f(x)}{g(x)}\right)$ 可能存在，也可能不存在，称此极限为 $\dfrac{0}{0}$ **型未定式**；

另一种是当 $x \to x_0$（或 $x \to \infty$）时，$f(x)$ 和 $g(x)$ 都是无穷大，$\lim\limits_{x \to x_0} \dfrac{f(x)}{g(x)}$

$\left(\text{或} \lim\limits_{x \to \infty} \dfrac{f(x)}{g(x)}\right)$ 可能存在，也可能不存在，称此极限为 $\dfrac{\infty}{\infty}$ **型未定式**.

这两种未定式的极限都不能直接用极限的四则运算法则求得，本节利用微分中值定理推导出一种求未定式极限的有效方法.

3.2.1　$\dfrac{0}{0}$ 型及 $\dfrac{\infty}{\infty}$ 型未定式

对于 $\dfrac{0}{0}$ 型未定式有如下定理：

定理 2.1　设函数 $f(x)$ 和 $g(x)$ 在点 x_0 的某去心邻域内有定义（在点 x_0 处可能无定义），且满足

(1) $\lim\limits_{x \to x_0} f(x) = \lim\limits_{x \to x_0} g(x) = 0$；

(2) 在该去心邻域内 $f(x)$ 和 $g(x)$ 都可导，且 $g'(x) \neq 0$；

(3) $\lim\limits_{x \to x_0} \dfrac{f'(x)}{g'(x)}$ 存在（或为无穷大）.

则

$$\lim\limits_{x \to x_0} \frac{f(x)}{g(x)} = \lim\limits_{x \to x_0} \frac{f'(x)}{g'(x)}.$$

证明　由于极限 $\lim\limits_{x \to x_0} \dfrac{f(x)}{g(x)}$ 与 $f(x_0)$ 和 $g(x_0)$ 的值无关，则可以假设 $f(x_0) = g(x_0) = 0$. 于是，根据条件 (1)、(2) 可得，$f(x)$，$g(x)$ 在点 x_0 的某个邻域内连续，且在对应的去心邻域内可导，$g'(x) \neq 0$. 设 x 是该邻域内一点，由条件 (1) 和 (2)，$f(x)$ 和 $g(x)$ 在以 x_0 和 x 为端点的区间上满足柯西中值定理的条件，从而有

$$\frac{f(x)}{g(x)} = \frac{f(x) - f(x_0)}{g(x) - g(x_0)} = \frac{f'(\xi)}{g'(\xi)},$$

其中 ξ 介于 x_0 与 x 之间. 令 $x \to x_0$，有 $\xi \to x_0$，有

$$\lim\limits_{x \to x_0} \frac{f(x)}{g(x)} = \lim\limits_{\xi \to x_0} \frac{f'(\xi)}{g'(\xi)}.$$

再由条件(3)可知

$$\lim_{\xi \to x_0} \frac{f'(\xi)}{g'(\xi)} = \lim_{x \to x_0} \frac{f'(x)}{g'(x)},$$

从而

$$\lim_{x \to x_0} \frac{f(x)}{g(x)} = \lim_{x \to x_0} \frac{f'(x)}{g'(x)}. \qquad \square$$

对 $\dfrac{\infty}{\infty}$ 型未定式, 可以证明有如下定理:

定理 2.2　设函数 $f(x)$ 和 $g(x)$ 在点 x_0 的某去心邻域内有定义(在点 x_0 处可能无定义), 且满足

(1) $\lim\limits_{x \to x_0} f(x) = \lim\limits_{x \to x_0} g(x) = \infty$;

(2) 在该去心邻域内 $f(x)$ 和 $g(x)$ 都可导, 且 $g'(x) \neq 0$;

(3) $\lim\limits_{x \to x_0} \dfrac{f'(x)}{g'(x)}$ 存在(或为无穷大),

则

$$\lim_{x \to x_0} \frac{f(x)}{g(x)} = \lim_{x \to x_0} \frac{f'(x)}{g'(x)}.$$

定理 2.1 和定理 2.2 所给出的计算未定式极限的方法, 称为**洛必达(L'Hospital)法则**. 将定理中 $x \to x_0$ 改为 $x \to \infty$, 洛必达法则仍成立.

例 2.1　求 $\lim\limits_{x \to 0} \dfrac{\ln(1+x)}{x}$.

解　这是 $\dfrac{0}{0}$ 型未定式, 由洛必达法则, 有

$$\lim_{x \to 0} \frac{\ln(1+x)}{x} = \lim_{x \to 0} \frac{\dfrac{1}{1+x}}{1} = 1.$$

例 2.2　求 $\lim\limits_{x \to 1} \dfrac{2x^3 - 3x^2 + 1}{x^3 - 3x + 2}$.

解　这是 $\dfrac{0}{0}$ 型未定式, 由洛必达法则, 有

$$\lim_{x \to 1} \frac{2x^3 - 3x^2 + 1}{x^3 - 3x + 2} = \lim_{x \to 1} \frac{6x^2 - 6x}{3x^2 - 3}.$$

上式右端仍然是 $\dfrac{0}{0}$ 型未定式，再由洛必达法则，有

$$\lim_{x \to 1} \frac{6x^2 - 6x}{3x^2 - 3} = \lim_{x \to 1} \frac{12x - 6}{6x} = 1.$$

如果 $\lim\limits_{x \to x_0} \dfrac{f'(x)}{g'(x)}$ 仍然是 $\dfrac{0}{0}$ 型未定式，且 $f'(x)$ 和 $g'(x)$ 满足洛必达法则，可以再一次应用洛必达法则，有

$$\lim_{x \to x_0} \frac{f(x)}{g(x)} = \lim_{x \to x_0} \frac{f'(x)}{g'(x)} = \lim_{x \to x_0} \frac{f''(x)}{g''(x)},$$

依此下去，可以多次应用洛必达法则. 但应注意，如果在某一步所得到的极限不再是未定式，就绝不能再用洛必达法则，否则将得到错误的结果. 比如例 2.2，如果使用洛必达法则，则有

$$\lim_{x \to 1} \frac{12x - 6}{6x} = \lim_{x \to 1} \frac{12}{6} = 2,$$

这样做是错误的，原因是上式左端不是 $\dfrac{0}{0}$ 型未定式，不能应用洛必达法则.

例 2.3　求 $\lim\limits_{x \to 0} \dfrac{\tan x - x}{x - \sin x}$.

解　这是 $\dfrac{0}{0}$ 型未定式，由洛必达法则，有

$$\lim_{x \to 0} \frac{\tan x - x}{x - \sin x} = \lim_{x \to 0} \frac{\sec^2 x - 1}{1 - \cos x} = \lim_{x \to 0} \frac{\tan^2 x}{1 - \cos x},$$

上式右端仍是 $\dfrac{0}{0}$ 型未定式，可以再应用洛必达法则，但是使用等价无穷小代换，计算会更简捷.

$$\lim_{x \to 0} \frac{\tan^2 x}{1 - \cos x} = \lim_{x \to 0} \frac{x^2}{\dfrac{1}{2}x^2} = 2.$$

例 2.4　求 $\lim\limits_{x \to 0} \dfrac{\sin^2 x - x \sin x \cos x}{x^4}$.

解　这是 $\dfrac{0}{0}$ 型未定式，为了简化计算，先将其变形，再用洛必达法则，有

$$\lim_{x\to 0}\frac{\sin^2 x - x\sin x\cos x}{x^4} = \lim_{x\to 0}\frac{\sin x}{x}\cdot\lim_{x\to 0}\frac{\sin x - x\cos x}{x^3}$$

$$= \lim_{x\to 0}\frac{\sin x - x\cos x}{x^3}$$

$$= \lim_{x\to 0}\frac{\cos x - \cos x + x\sin x}{3x^2}$$

$$= \lim_{x\to 0}\frac{\sin x}{3x} = \frac{1}{3}.$$

例 2.5　求 $\displaystyle\lim_{x\to +\infty}\frac{\pi - 2\arctan x}{\ln\left(1+\dfrac{1}{x}\right)}$.

解　这是 $\dfrac{0}{0}$ 型未定式, 先用等价无穷小代换, 再用洛必达法则, 有

$$\lim_{x\to +\infty}\frac{\pi - 2\arctan x}{\ln\left(1+\dfrac{1}{x}\right)} = \lim_{x\to +\infty}\frac{\pi - 2\arctan x}{\dfrac{1}{x}} = \lim_{x\to +\infty}\frac{-\dfrac{2}{1+x^2}}{-\dfrac{1}{x^2}}$$

$$= 2\lim_{x\to +\infty}\frac{x^2}{1+x^2} = 2.$$

例 2.6　求 $\displaystyle\lim_{x\to 1^-}\frac{\ln\tan\dfrac{\pi}{2}x}{\ln(1-x)}$.

解　这是 $\dfrac{\infty}{\infty}$ 型未定式, 由洛必达法则, 有

$$\lim_{x\to 1^-}\frac{\ln\tan\dfrac{\pi}{2}x}{\ln(1-x)} = \lim_{x\to 1^-}\frac{\dfrac{1}{\tan\dfrac{\pi}{2}x}\cdot\sec^2\dfrac{\pi}{2}x\cdot\dfrac{\pi}{2}}{\dfrac{1}{1-x}(-1)} = \lim_{x\to 1^-}\frac{\pi(x-1)}{2\sin\dfrac{\pi}{2}x\cdot\cos\dfrac{\pi}{2}x} = \lim_{x\to 1^-}\frac{\pi(x-1)}{\sin\pi x},$$

这是 $\dfrac{0}{0}$ 型未定式, 由洛必达法则可知 $\displaystyle\lim_{x\to 1^-}\frac{\pi(x-1)}{\sin\pi x} = \lim_{x\to 1^-}\frac{\pi}{\pi\cos\pi x} = -1$.

例 2.7　求 $\displaystyle\lim_{x\to +\infty}\frac{\ln x}{x^\mu}$（ $\mu > 0$ ）.

解　这是 $\dfrac{\infty}{\infty}$ 型未定式, 由洛必达法则可知

$$\lim_{x\to+\infty}\frac{\ln x}{x^{\mu}}=\lim_{x\to+\infty}\frac{\dfrac{1}{x}}{\mu x^{\mu-1}}=\lim_{x\to+\infty}\frac{1}{\mu x^{\mu}}=0.$$

例 2.8 　求 $\lim\limits_{x\to+\infty}\dfrac{x^{n}}{e^{x}}$（$n$ 为正整数）.

解 　这是 $\dfrac{\infty}{\infty}$ 型未定式, 多次应用洛必达法则可知

$$\lim_{x\to+\infty}\frac{x^{n}}{e^{x}}=\lim_{x\to+\infty}\frac{nx^{n-1}}{e^{x}}=\lim_{x\to+\infty}\frac{n(n-1)x^{n-2}}{e^{x}}=\cdots=\lim_{x\to+\infty}\frac{n!}{e^{x}}=0.$$

例 2.9 　求 $\lim\limits_{x\to\infty}\dfrac{x+\sin x}{x}$.

解 　这是 $\dfrac{\infty}{\infty}$ 型未定式, 如果使用洛必达法则可得

$$\lim_{x\to\infty}\frac{x+\sin x}{x}=\lim_{x\to\infty}\frac{(x+\sin x)'}{x'}=\lim_{x\to\infty}(1+\cos x),$$

而 $\lim\limits_{x\to\infty}(1+\cos x)$ 不存在, 也不是 ∞, 因此, 该极限不能使用洛必达法则求出. 改用其他办法, 可得

$$\lim_{x\to\infty}\frac{x+\sin x}{x}=\lim_{x\to\infty}\left(1+\frac{\sin x}{x}\right)=1.$$

本例再一次说明必须逐一验证定理 2.1 或定理 2.2 的条件成立后, 才能使用洛必达法则.

3.2.2　其他未定式

除了 $\dfrac{0}{0}$ 型及 $\dfrac{\infty}{\infty}$ 型未定式, 还有一些其他类型的未定式, 它们是

$$0\cdot\infty,\ \infty-\infty,\ 1^{\infty},\ 0^{0},\ \infty^{0}.$$

解决这些类型未定式极限的方法, 是先将它们化为 $\dfrac{0}{0}$ 型或 $\dfrac{\infty}{\infty}$ 型未定式, 然后用洛必达法则求解.

下面举例说明这些类型未定式极限的求法.

例 2.10 　求 $\lim\limits_{x\to0^{+}}x^{\alpha}\ln x(\alpha>0)$.

解　这是 $0 \cdot \infty$ 型未定式, 因为

$$\lim_{x \to 0^+} x^{\alpha} \ln x = \lim_{x \to 0^+} \frac{\ln x}{x^{-\alpha}},$$

上式右端是 $\dfrac{\infty}{\infty}$ 型未定式, 由洛必达法则, 有

$$\lim_{x \to 0^+} \frac{\ln x}{x^{-\alpha}} = \lim_{x \to 0^+} \frac{\dfrac{1}{x}}{-\alpha x^{-\alpha-1}} = \lim_{x \to 0^+} \frac{x^{\alpha}}{-\alpha} = 0.$$

例 2.11　求 $\lim\limits_{x \to 1}\left(\dfrac{x}{x-1} - \dfrac{1}{\ln x} \right)$.

解　这是 $\infty - \infty$ 型未定式, 因为

$$\lim_{x \to 1}\left(\frac{x}{x-1} - \frac{1}{\ln x} \right) = \lim_{x \to 1} \frac{x \ln x - x + 1}{(x-1) \ln x},$$

上式右端是 $\dfrac{0}{0}$ 型未定式, 由洛必达法则, 有

$$\lim_{x \to 1} \frac{x \ln x - x + 1}{(x-1) \ln x} = \lim_{x \to 1} \frac{1 + \ln x - 1}{\ln x + \dfrac{x-1}{x}} = \lim_{x \to 1} \frac{x \ln x}{x \ln x + x - 1}$$

$$= \lim_{x \to 1} \frac{1 + \ln x}{1 + \ln x + 1} = \frac{1}{2}.$$

例 2.12　求 $\lim\limits_{x \to 0^+} x^{\sin x}$.

解　这是 0^0 型未定式. 设 $y = x^{\sin x}$, 取对数, 有 $\ln y = \sin x \ln x$, 而 $\lim\limits_{x \to 0^+} \sin x \ln x$ 是 $0 \cdot \infty$ 型未定式, 按照例 2.10 的解法, 有

$$\lim_{x \to 0^+} \sin x \ln x = \lim_{x \to 0^+} \frac{\ln x}{\csc x} = \lim_{x \to 0^+} \frac{\dfrac{1}{x}}{-\csc x \cdot \cot x} = \lim_{x \to 0^+} \frac{-\sin^2 x}{x \cos x} = 0,$$

或者

$$\lim_{x \to 0^+} \sin x \ln x = \lim_{x \to 0^+} \frac{\sin x}{\dfrac{1}{\ln x}} = \lim_{x \to 0^+} \frac{x}{\dfrac{1}{\ln x}} = \lim_{x \to 0^+} x \ln x = 0.$$

所以 $\lim\limits_{x \to 0^+} x^{\sin x} = \lim\limits_{x \to 0^+} e^{\sin x \ln x} = e^0 = 1$.

由此例可见, $0 \cdot \infty$ 型未定式也可先进行等价无穷小的代换, 然后再进行计算.

例 2.13　求 $\lim\limits_{x\to 0}(\cos x + x\sin x)^{\frac{1}{x^2}}$.

解　这是 1^∞ 型未定式，由于 $\ln(\cos x + x\sin x)^{\frac{1}{x^2}} = \dfrac{\ln(\cos x + x\sin x)}{x^2}$，而

$$\lim_{x\to 0}\frac{\ln(\cos x + x\sin x)}{x^2} = \lim_{x\to 0}\frac{\dfrac{1}{\cos x + x\sin x}(-\sin x + \sin x + x\cos x)}{2x}$$

$$= \lim_{x\to 0}\frac{\cos x}{2(\cos x + x\sin x)} = \frac{1}{2}.$$

所以

$$\lim_{x\to 0}(\cos x + x\sin x)^{\frac{1}{x^2}} = \lim_{x\to 0}\mathrm{e}^{\frac{\ln(\cos x + x\sin x)}{x^2}} = \mathrm{e}^{\frac{1}{2}}.$$

例 2.14　求 $\lim\limits_{x\to 0^+}\left(\dfrac{1}{x}\right)^{2x}$.

解　这是 ∞^0 型未定式，由于

$$\ln\left(\frac{1}{x}\right)^{2x} = 2x\cdot\ln\frac{1}{x} = -2x\ln x,$$

由例 2.10，有 $\lim\limits_{x\to 0^+}(-2x\ln x) = 0$，所以 $\lim\limits_{x\to 0^+}\left(\dfrac{1}{x}\right)^{2x} = \lim\limits_{x\to 0^+}\mathrm{e}^{-2x\ln x} = \mathrm{e}^0 = 1$.

习题 3.2

(A)

习题 3.2 解答

1. 用洛必达法则求下列极限：

(1) $\lim\limits_{x\to 0}\dfrac{1-\cos x}{x^2}$;

(2) $\lim\limits_{x\to 0}\dfrac{\sin 4x}{\tan 8x}$;

(3) $\lim\limits_{x\to 0}\dfrac{x-\sin x}{x^3}$;

(4) $\lim\limits_{x\to +\infty}\dfrac{\dfrac{\pi}{2} - \arctan x}{\sin\dfrac{1}{x}}$;

(5) $\lim\limits_{x\to +\infty}\dfrac{\mathrm{e}^x}{x^3 + x^2 + 1}$;

(6) $\lim\limits_{x\to +\infty}\dfrac{\ln(x + \sqrt{x^2+1})}{x}$;

(7) $\lim\limits_{x\to +\infty}x\cdot\sin\dfrac{2}{x}$;

(8) $\lim\limits_{x\to 0}x^2\mathrm{e}^{\frac{1}{x^2}}$;

(9) $\lim\limits_{x\to 0}\left(\dfrac{1}{\sin x} - \dfrac{1}{x}\right)$;

(10) $\lim\limits_{x\to 0}\left(\dfrac{1}{x} - \dfrac{1}{\mathrm{e}^x - 1}\right)$;

(11) $\lim\limits_{x\to 0^{+}} x^{x}$;

(12) $\lim\limits_{x\to 0}(\cos x)^{\frac{1}{x^{2}}}$;

(13) $\lim\limits_{x\to 0^{+}}\left(\ln\dfrac{1}{x}\right)^{x}$.

2. 验证极限 $\lim\limits_{x\to 0}\dfrac{x^{2}\cos\left(\dfrac{1}{x}\right)}{\sin x}$ 存在, 但不能用洛必达法则得出.

(B)

1. 求下列极限:

(1) $\lim\limits_{x\to 0}\dfrac{\tan x-\sin x}{x\sin^{2} x}$;

(2) $\lim\limits_{x\to 0}\dfrac{x-\arcsin x}{\sin^{3} x}$;

(3) $\lim\limits_{x\to 0}\dfrac{(1+x)^{\frac{1}{x}}-\mathrm{e}}{x}$;

(4) $\lim\limits_{x\to 1}\dfrac{x-x^{x}}{x-1}$;

(5) $\lim\limits_{x\to\frac{\pi}{2}}\dfrac{\tan x}{\tan 3x}$;

(6) $\lim\limits_{x\to 0}\left(\dfrac{1}{x^{2}}-\cot^{2} x\right)$;

(7) $\lim\limits_{x\to 0}\left(\dfrac{\sin x}{x}\right)^{\frac{1}{1-\cos x}}$;

(8) $\lim\limits_{x\to 0}\left(\dfrac{a^{x}+b^{x}+c^{x}}{3}\right)^{\frac{1}{x}}$ (a,b,c 都大于 0).

2. 设 $f(x)$ 在点 $x=0$ 的邻域内有一阶连续导数, 且 $f(x)>0$, $f(0)=1$, 求 $\lim\limits_{x\to 0}[f(x)]^{\frac{1}{x}}$.

3. 设 $f(x)$ 在点 $x=0$ 处有二阶导数, 且 $f''(0)=4$, $\lim\limits_{x\to 0}\dfrac{f(x)}{x}=0$, 求 $\lim\limits_{x\to 0}\left[1+\dfrac{f(x)}{x}\right]^{\frac{1}{x}}$.

4. 讨论函数

$$f(x)=\begin{cases}\left[\dfrac{(1+x)^{\frac{1}{x}}}{\mathrm{e}}\right]^{\frac{1}{x}}, & x>0,\\[4mm] \mathrm{e}^{-\frac{1}{2}}, & x\leqslant 0\end{cases}$$

在点 $x=0$ 处的连续性.

3.3　泰　勒　公　式

本节介绍微分学的另一个基本定理——泰勒(Taylor)公式.

由微分学可知, 如果 $f(x)$ 在点 x_{0} 处可导, 当 $|x-x_{0}|$ 很小时, 有

$$f(x)\approx f(x_{0})+f'(x_{0})(x-x_{0})\quad\text{(见第 2 章 2.4 节)}.$$

这里是用一次多项式

$$P_1(x) = f(x_0) + f'(x_0)(x - x_0)$$

来近似表示 $f(x)$, 即在点 x_0 附近 $f(x) \approx P_1(x)$, 并且在点 x_0 满足条件

$$P_1(x_0) = f(x_0), \quad P_1'(x_0) = f'(x_0).$$

用结构简单、计算方便的多项式来近似表示函数具有重要的理论价值和实际意义. 为了提高精确度, 考虑用高次多项式来近似表示函数.

设 $f(x)$ 在点 x_0 有 n 阶导数, 称 n 次多项式

$$P_n(x) = f(x_0) + f'(x_0)(x - x_0) + \frac{1}{2!}f''(x_0)(x - x_0)^2 + \cdots + \frac{1}{n!}f^{(n)}(x_0)(x - x_0)^n$$

为 $f(x)$ 在点 x_0 的 n 次**泰勒多项式**. 对 n 次多项式 $P_n(x)$, 容易验证

$$P_n(x_0) = f(x_0), \ P_n'(x_0) = f'(x_0), \ P_n''(x_0) = f''(x_0), \ \cdots, \ P_n^{(n)}(x_0) = f^{(n)}(x_0).$$

下面讨论 $f(x)$ 与 $P_n(x)$ 的差.

定理 3.1(泰勒公式) 设函数 $f(x)$ 在含有点 x_0 的开区间 (a,b) 内具有 $n+1$ 阶导数, 则对于任何一点 $x \in (a,b)$, 有

$$f(x) = f(x_0) + f'(x_0)(x - x_0) + \frac{1}{2!}f''(x_0)(x - x_0)^2$$
$$+ \cdots + \frac{1}{n!}f^{(n)}(x_0)(x - x_0)^n + R_n(x), \tag{1}$$

其中

$$R_n(x) = \frac{f^{(n+1)}(\xi)}{(n+1)!}(x - x_0)^{n+1}, \tag{2}$$

这里 ξ 是介于 x_0 与 x 之间的某个值.

式 (1) 称为 $f(x)$ 在点 x_0 的 n 阶**泰勒公式**, $R_n(x)$ 的表达式 (2) 称为**拉格朗日型余项**.

证明 函数

$$R_n(x) = f(x) - P_n(x) \quad 和 \quad g(x) = (x - x_0)^{n+1}$$

在 (a,b) 内有 $n+1$ 阶导数, 并且

$$R_n(x_0) = R_n'(x_0) = R_n''(x_0) = \cdots = R_n^{(n)}(x_0) = 0 ,$$

$$g(x_0) = g'(x_0) = g''(x_0) = \cdots = g^{(n)}(x_0) = 0 .$$

$R_n(x)$ 和 $g(x)$ 在以 x_0 和 x 为端点的区间上满足柯西中值定理的条件, 所以有

$$\frac{R_n(x)}{g(x)} = \frac{R_n(x) - R_n(x_0)}{g(x) - g(x_0)} = \frac{R_n'(\xi_1)}{g'(\xi_1)},$$

其中 ξ_1 介于 x_0 与 x 之间, 再对函数 $R_n'(x)$ 和 $g'(x)$ 在以 x_0 及 ξ_1 为端点的区间上应用柯西中值定理, 有

$$\frac{R_n'(\xi_1)}{g'(\xi_1)} = \frac{R_n'(\xi_1) - R_n'(x_0)}{g'(\xi_1) - g'(x_0)} = \frac{R_n''(\xi_2)}{g''(\xi_2)},$$

依此继续下去, 经过 $n+1$ 次后, 得

$$\frac{R_n(x)}{g(x)} = \frac{R^{(n+1)}(\xi)}{g^{(n+1)}(\xi)},$$

其中 ξ 在 x_0 与 ξ_n 之间, 因此也在 x_0 与 x 之间.

注意到 $R_n^{(n+1)}(x) = f^{(n+1)}(x)$, $g^{(n+1)}(x) = (n+1)!$, 所以有

$$\frac{R_n(x)}{(x-x_0)^{n+1}} = \frac{f^{(n+1)}(\xi)}{(n+1)!},$$

即

$$R_n(x) = \frac{f^{(n+1)}(\xi)}{(n+1)!}(x-x_0)^{n+1} \quad (\xi \text{ 在 } x_0 \text{ 与 } x \text{ 之间}). \qquad \square$$

当 $n = 0$ 时, 泰勒公式成为 $f(x) = f(x_0) + f'(\xi)(x - x_0)$, 其中 ξ 介于 x_0 与 x 之间. 这正是拉格朗日中值公式, 所以泰勒公式是拉格朗日中值定理的推广.

在定理 3.1 的条件下, 如果 $f^{(n+1)}(x)$ 在 (a,b) 内有界, 即存在正数 M 使得 $\left| f^{(n+1)}(x) \right| \leqslant M$, 则有

$$\left| R_n(x) \right| \leqslant \frac{M}{(n+1)!} \left| x - x_0 \right|^{n+1},$$

可以用来估计用泰勒多项式近似代替函数时产生的误差.

同时, 我们看到, 当 $x \to x_0$ 时, 有

$$R_n(x) = o[(x-x_0)^n] ,$$

即 $R_n(x)$ 是比 $(x-x_0)^n$ 高阶的无穷小，用上式表示的余项称为**佩亚诺（Peano）型余项**.

当 $x_0 = 0$ 时，泰勒公式成为

$$f(x) = f(0) + f'(0)x + \cdots + \frac{f^{(n)}(0)}{n!}x^n + R_n(x) ,$$

此公式又称为**麦克劳林（Maclaurin）公式**，佩亚诺型余项为

$$R_n(x) = o(x^n) ,$$

拉格朗日型余项为

$$R_n(x) = \frac{f^{(n+1)}(\xi)}{(n+1)!}x^{n+1} \quad （\xi 在 0 与 x 之间）.$$

例 3.1　求 $f(x) = e^x$ 的 n 阶麦克劳林公式.

解　因为

$$f(x) = f'(x) = f''(x) = \cdots = e^x ,$$

所以

$$f(0) = f'(0) = f''(0) = \cdots = 1 ,$$

于是 $f(x) = e^x$ 的 n 阶麦克劳林公式为

$$e^x = 1 + x + \frac{x^2}{2!} + \cdots + \frac{x^n}{n!} + R_n(x) .$$

佩亚诺型余项为

$$R_n(x) = o(x^n) ,$$

拉格朗日型余项为

$$R_n(x) = \frac{e^\xi}{(n+1)!}x^{n+1} \quad （\xi 在 0 与 x 之间）.$$

$f(x) = e^x$ 可用它的 n 阶泰勒多项式近似表示为

$$e^x \approx 1 + x + \frac{x^2}{2!} + \cdots + \frac{x^n}{n!} ,$$

如果取 $x=1$, 则得到无理数 e 的近似式

$$e \approx 1+1+\frac{1^2}{2!}+\cdots+\frac{1^n}{n!},$$

其误差

$$|R_n| < \frac{e}{(n+1)!} < \frac{3}{(n+1)!}.$$

例如, 当 $n=10$ 时, 可算出 $e \approx 2.718282$, 误差不超过 10^{-6}.

例 3.2　求 $f(x) = \sin x$ 的 n 阶麦克劳林公式.

解　因为

$$f^{(k)}(x) = \sin\left(x+\frac{k}{2}\pi\right), \quad k=0,1,2,\cdots,$$

所以

$$f^{(k)}(0) = \begin{cases} 0, & k=2m(m=0,1,2,\cdots), \\ (-1)^{m-1}, & k=2m-1(m=1,2,\cdots). \end{cases}$$

于是 $f(x) = \sin x$ 的 n 阶麦克劳林公式为

$$\sin x = x - \frac{x^3}{3!} + \frac{x^5}{5!} - \cdots + (-1)^{m-1}\frac{x^{2m-1}}{(2m-1)!} + R_{2m}(x).$$

佩亚诺型余项为

$$R_{2m}(x) = o(x^{2m}),$$

拉格朗日型余项为

$$R_{2m} = \frac{\sin\left(\xi+\frac{2m+1}{2}\pi\right)}{(2m+1)!}x^{2m+1} \quad (\xi \text{ 在 } 0 \text{ 与 } x \text{ 之间}).$$

类似地, 还可以得到下面带有佩亚诺型余项的麦克劳林公式

$$\cos x = 1 - \frac{x^2}{2!} + \frac{x^4}{4!} - \cdots + (-1)^m\frac{x^{2m}}{(2m)!} + o(x^{2m+1}),$$

$$\ln(1+x) = x - \frac{x^2}{2} + \frac{x^3}{3} - \cdots + (-1)^{n-1}\frac{x^n}{n} + o(x^n),$$

$$(1+x)^{\alpha} = 1 + \alpha x + \frac{\alpha(\alpha-1)}{2!}x^2 + \cdots + \frac{\alpha(\alpha-1)\cdots(\alpha-n+1)}{n!}x^n + o(x^n).$$

泰勒公式具有多方面的应用, 除了用于计算函数的近似值以外, 还可以用于计算某些未定式的极限, 研究函数的性质, 等等. 它也是研究泰勒级数(下册)的基础.

例 3.3　求 $\lim\limits_{x\to 0} \dfrac{x(\mathrm{e}^x + \mathrm{e}^{-x} - 2)}{x - \sin x}$.

解　这是 $\dfrac{0}{0}$ 型未定式, 由函数 $\mathrm{e}^x, \mathrm{e}^{-x}, \sin x$ 的麦克劳林公式, 有

$$\mathrm{e}^x = 1 + x + \frac{x^2}{2!} + o(x^2), \quad \mathrm{e}^{-x} = 1 - x + \frac{x^2}{2!} + o(x^2), \quad \sin x = x - \frac{x^3}{3!} + o(x^4),$$

因此

$$\lim_{x\to 0} \frac{x(\mathrm{e}^x + \mathrm{e}^{-x} - 2)}{x - \sin x} = \lim_{x\to 0} \frac{x\left[1 + x + \dfrac{x^2}{2!} + o(x^2) + 1 - x + \dfrac{x^2}{2!} + o(x^2) - 2\right]}{x - \left[x - \dfrac{x^3}{3!} + o(x^4)\right]}$$

$$= \lim_{x\to 0} \frac{x^3 + o(x^3)}{\dfrac{x^3}{3!} + o(x^4)} = \lim_{x\to 0} \frac{1 + \dfrac{o(x^3)}{x^3}}{\dfrac{1}{6} + \dfrac{o(x^4)}{x^3}} = 6.$$

这里用到了

$$o(x^2) + o(x^2) = o(x^2), \quad x \cdot o(x^2) = o(x^3),$$

$$\lim_{x\to 0} \frac{o(x^3)}{x^3} = 0, \quad \lim_{x\to 0} \frac{o(x^4)}{x^3} = 0,$$

这是因为

$$\lim_{x\to 0} \frac{o(x^2) + o(x^2)}{x^2} = 0, \quad \lim_{x\to 0} \frac{x \cdot o(x^2)}{x^3} = 0, \quad \lim_{x\to 0} \frac{o(x^4)}{x^4} \cdot x = 0.$$

习题 3.3

(A)

1. 写出 $f(x) = \mathrm{e}^{-\frac{x^2}{2}}$ 的带有佩亚诺型余项的 6 阶麦克劳林公式.

习题 3.3 解答

2. 写出 $f(x) = \ln(1 + x^2)$ 的带有佩亚诺型余项的 6 阶麦克劳林公式.

3. 按公式 $e^x \approx 1 + x + \dfrac{x^2}{2!} + \cdots + \dfrac{x^n}{n!}$ 分别计算 $n = 3$ 和 $n = 7$ 时 e 的近似值.

4. 求 $f(x) = x e^x$ 的带有拉格朗日型余项的 n 阶麦克劳林公式.

5. 利用泰勒公式求极限:

(1) $\lim\limits_{x \to 0} \dfrac{e^x - 1 - x - \dfrac{x^2}{2} - \dfrac{x^3}{6}}{x^4}$;　　　　　　　　(2) $\lim\limits_{x \to 0} \dfrac{\cos x - e^{-\frac{x^2}{2}}}{x^4}$.

(B)

1. 求 $f(x) = \dfrac{1}{x}$ 在点 $x_0 = -1$ 的 n 阶泰勒公式.

2. 利用泰勒公式求极限 $\lim\limits_{x \to 0} \dfrac{e^x \sin x - x(1 + x)}{x^2 \sin x}$.

3. 设 $f(x)$ 在 $(-\infty, +\infty)$ 内具有二阶导数, 且 $f''(x) > 0$, 又已知 $\lim\limits_{x \to 0} \dfrac{f(x)}{x^2}$ 存在, 证明当 $x \neq 0$ 时, $f(x) > 0$.

3.4　函数的单调性和极值

3.4.1　函数单调性的判别法

在第 1 章中已介绍过函数在某区间上单调增加或单调减少的定义, 但是直接利用定义来判断函数的单调性往往不容易. 下面我们利用微分中值定理建立一种根据导数的符号来判断函数单调性的方法, 此方法相当有效而又简便.

定理 4.1　设函数 $f(x)$ 在闭区间 $[a,b]$ 上连续, 在开区间 (a,b) 内可导.

(1) 如果在 (a,b) 内 $f'(x) > 0$, 则函数 $f(x)$ 在 $[a,b]$ 上是单调增加的;

(2) 如果在 (a,b) 内 $f'(x) < 0$, 则函数 $f(x)$ 在 $[a,b]$ 上是单调减少的.

证明　$\forall x_1, x_2 \in [a,b]$, 设 $x_1 < x_2$, 在区间 $[x_1, x_2]$ 上函数 $f(x)$ 满足拉格朗日中值定理的条件, 从而有

$$f(x_2) - f(x_1) = f'(\xi)(x_2 - x_1) \quad (x_1 < \xi < x_2).$$

由于 $x_2 - x_1 > 0$, 如果在 (a,b) 内 $f'(x) > 0$, 则 $f'(\xi) > 0$, 于是有

$$f(x_2) - f(x_1) > 0, \ \text{即} \ f(x_1) < f(x_2).$$

说明函数 $f(x)$ 在 $[a,b]$ 上是单调增加的.

同样道理, 若在 (a,b) 内 $f'(x) < 0$, 则函数 $f(x)$ 在 $[a,b]$ 上是单调减少的.　□

从定理的证明可以看出，把定理中的闭区间改成其他类型的区间，定理的结论仍然成立.

例 4.1　讨论函数 $f(x) = x - \sin x$ 在 $[0, 2\pi]$ 上的单调性.

解　因为在 $(0, 2\pi)$ 内，$f'(x) = 1 - \cos x > 0$，所以函数 $f(x) = x - \sin x$ 在 $[0, 2\pi]$ 上是单调增加的.

例 4.2　讨论函数 $f(x) = e^x - x$ 的单调性.

解　函数 $f(x)$ 的定义域 $D = (-\infty, +\infty)$. 因为 $f'(x) = e^x - 1$，当 $x \in (-\infty, 0)$ 时，$f'(x) < 0$，所以 $f(x) = e^x - x$ 在 $(-\infty, 0]$ 上是单调减少的；当 $x \in (0, +\infty)$ 时，$f'(x) > 0$，所以 $f(x) = e^x - x$ 在 $[0, +\infty)$ 上是单调增加的.

这里，函数 $f(x) = e^x - x$ 的定义区间为 $(-\infty, +\infty)$，它的导数 $f'(x)$ 在 $(-\infty, +\infty)$ 内部不保持固定的符号. 在点 $x = 0$ 处 $f'(x) = 0$，这个导数等于零的点将定义区间划分成两个部分区间，$f'(x)$ 在每个部分区间内都保持固定的符号，因而 $f(x)$ 在每个部分区间上是单调的.

一般地，将函数的定义区间划分成部分区间而分别讨论函数在各部分区间的单调性时，除了要考虑使得 $f'(x) = 0$ 的点以外，还要考虑 $f'(x)$ 不存在的点. 设函数 $f(x)$ 在定义区间上连续，并且只在个别点处 $f'(x) = 0$ 或者 $f'(x)$ 不存在. 用这些点将 $f(x)$ 的定义区间划分成部分区间，可根据 $f'(x)$ 在各部分区间内的符号，来确定 $f(x)$ 在各部分区间上的单调性.

例 4.3　确定函数 $f(x) = x^3 - 3x$ 的单调区间.

解　函数 $f(x)$ 的定义域 $D = (-\infty, +\infty)$. 因为

$$f'(x) = 3x^2 - 3 = 3(x+1)(x-1).$$

令 $f'(x) = 0$，解得 $x_1 = -1, x_2 = 1$. 用这两个点将 $(-\infty, +\infty)$ 划分成三个部分区间，将在各部分区间内导数的符号与函数的单调性列表讨论如表 3.1.

表 3.1

x	$(-\infty, -1)$	-1	$(-1, 1)$	1	$(1, +\infty)$
$f'(x)$	$+$	0	$-$	0	$+$
$f(x)$	递增		递减		递增

所以 $f(x) = x^3 - 3x$ 的单调增加区间为 $(-\infty, -1]$ 和 $[1, +\infty)$；单调减少区间为 $[-1, 1]$.

例 4.4　讨论函数 $f(x) = \sqrt[3]{x}$ 的单调性.

解　函数 $f(x)$ 的定义域 $D = (-\infty, +\infty)$. 因为

$$f'(x) = \frac{1}{3\sqrt[3]{x^2}}, \ x \neq 0,$$

除了在点 $x=0$ 处 $f'(x)$ 不存在外, 在其余各点均有 $f'(x)>0$, 所以 $f(x)$ 在 $(-\infty,0]$ 及 $[0,+\infty)$ 上都是单调增加的, 从而在整个定义域 $D=(-\infty,+\infty)$ 上是单调增加的.

一般地, 设函数 $f(x)$ 在某区间上连续, 并且只在个别点处 $f'(x)=0$ 或者 $f'(x)$ 不存在, 而在其余各点均有 $f'(x)>0$ (或 $f'(x)<0$), 则函数 $f(x)$ 在该区间上是单调增加(或单调减少)的.

利用函数的单调性可以证明一些不等式.

例 4.5　证明不等式 $x > \ln(1+x)$ $(x>0)$.

证明　设 $f(x) = x - \ln(1+x)$, 则 $f(x)$ 在 $[0,+\infty)$ 上连续, 且 $f'(x) = 1 - \dfrac{1}{1+x}$. 当 $x>0$ 时, $f'(x)>0$, 所以 $f(x)$ 在 $[0,+\infty)$ 上是单调增加的, 又 $f(0)=0$, 从而, 当 $x>0$ 时, 有 $f(x)>f(0)$, 即 $x>\ln(1+x),x>0$. □

利用函数的单调性还可以判定方程在某区间内根的个数.

例 4.6　证明方程 $x^3+x^2+2x-1=0$ 在开区间 $(0,1)$ 内有且仅有一个实根.

证明　设 $f(x)=x^3+x^2+2x-1$, 由于 $f(x)$ 在 $[0,1]$ 上连续, 且 $f(0)=-1<0$, $f(1)=3>0$, 根据闭区间上连续函数的零点定理可知, 在开区间 $(0,1)$ 内至少存在一点 ξ, 使得 $f(\xi)=0$, 即方程 $f(x)=0$ 在 $(0,1)$ 内至少有一个实根.

由于当 $x \in (0,1)$ 时, $f'(x)=3x^2+2x+2>0$, 所以 $f(x)$ 在 $[0,1]$ 上是单调增加的, 从而在开区间 $(0,1)$ 内至多有一个令 $f(x)=0$ 的点.

综上所述, 方程 $f(x)=0$ 在开区间 $(0,1)$ 内有且仅有一个实根. □

3.4.2　函数的极值及其求法

如果连续函数 $f(x)$ 在点 x_0 的左侧邻域和右侧邻域的单调性不同, 那么曲线 $y=f(x)$ 在点 $(x_0,f(x_0))$ 处就出现 "峰" 或 "谷", 这种点在应用上具有重要的意义.

定义 4.1　设函数 $f(x)$ 在点 x_0 的某邻域内有定义, 如果对该邻域内任何 $x \neq x_0$, 有

$$f(x) < f(x_0) \quad (\text{或 } f(x) > f(x_0)),$$

则称 $f(x_0)$ 是 $f(x)$ 的一个**极大值**(或**极小值**), 点 x_0 是 $f(x)$ 的一个**极大值点**(或**极小值点**).

极大值和极小值统称为**极值**, 极大值点和极小值点统称为**极值点**.

因为函数的极值只是函数在一点的某邻域这样一个局部范围内的最大值或最小值, 所以函数的极大值未必是函数在整个定义域的最大值, 函数的极小值也未

必是函数在整个定义域的最小值(图 3.3).

下面讨论函数取得极值的必要条件和充分条件.

从图 3.3 可以看出，若函数 $f(x)$ 在点 x_0 取得极值，且曲线 $y=f(x)$ 在相应点 $(x_0,f(x_0))$ 处有不垂直于 x 轴的切线，则此切线一定平行于 x 轴.

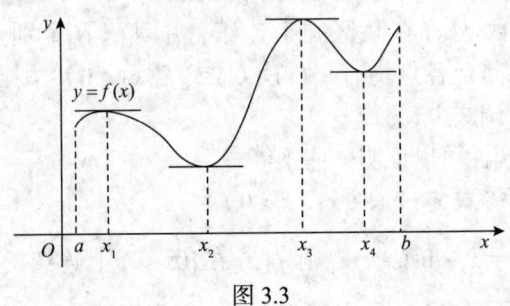

图 3.3

定理 4.2(必要条件)　　设函数 $f(x)$ 在点 x_0 处可导，且 x_0 是 $f(x)$ 的极值点，则有 $f'(x_0)=0$.

证明　不妨设 x_0 是 $f(x)$ 的极大值点，则在 x_0 的某去心邻域内有 $f(x)<f(x_0)$. 由于 $f'(x_0)$ 存在，则 $f'(x_0)=f'_-(x_0)=f'_+(x_0)$. 根据左、右导数的定义及极限的保号性，有

$$f'(x_0)=f'_-(x_0)=\lim_{x\to x_0^-}\frac{f(x)-f(x_0)}{x-x_0}\geqslant 0,$$

$$f'(x_0)=f'_+(x_0)=\lim_{x\to x_0^+}\frac{f(x)-f(x_0)}{x-x_0}\leqslant 0,$$

所以 $f'(x_0)=0$.　　　　　　　　　　　　　　　　　　　　　　　□

使 $f'(x_0)=0$ 的点，称为 $f(x)$ 的**驻点**.

定理 4.2 指出，可导函数的极值点一定是它的驻点. 但是反过来，函数的驻点却不一定是极值点. 例如 $f(x)=x^3$，有 $f'(0)=0$，即 $x=0$ 是函数的驻点，但 $x=0$ 却不是函数的极值点.

另外要注意，若 $f(x)$ 在点 x_0 处不可导，x_0 有可能是 $f(x)$ 的极值点. 例如，$f(x)=|x|$ 在 $x=0$ 处不可导，但 $x=0$ 是函数的极小值点. 当然函数 $f(x)$ 的不可导点也可能不是 $f(x)$ 的极值点. 例如 $f(x)=\sqrt[3]{x}$ 在 $x=0$ 处不可导，且 $x=0$ 不是函数的极值点.

由上述讨论可知，$f(x)$ 的极值点只能是 $f(x)$ 的驻点或导数不存在的点，称这两种点为 $f(x)$ 的**可能极值点**. 求得 $f(x)$ 的可能极值点后，如何判别它们究竟是不是极值点呢？下面给出判别函数极值点的两个充分条件.

定理 4.3（第一充分条件）　设函数 $f(x)$ 在点 x_0 处连续并且在点 x_0 的某去心邻域内可导，如果在该邻域内：

(1) 当 $x < x_0$ 时，$f'(x) > 0$；当 $x > x_0$ 时，$f'(x) < 0$；则 $f(x_0)$ 是 $f(x)$ 的极大值；

(2) 当 $x < x_0$ 时，$f'(x) < 0$；当 $x > x_0$ 时，$f'(x) > 0$；则 $f(x_0)$ 是 $f(x)$ 的极小值；

(3) 当 $x < x_0$ 和 $x > x_0$ 时，$f'(x)$ 不变号，则 $f(x_0)$ 不是 $f(x)$ 的极值.

证明　(1) 根据函数单调性的判别法，函数 $f(x)$ 在点 x_0 的左侧邻域是单调增加的，在点 x_0 的右侧邻域是单调减少的，因此 $f(x_0)$ 是 $f(x)$ 的一个极大值.

类似地可以证明 (2) 和 (3).　　　　　　　　　　　　　　　　　　　□

根据上述定理，求函数 $f(x)$ 的极值可以按下列步骤进行

(1) 求出 $f(x)$ 在定义区间内的所有可能极值点；

(2) 确定 $f'(x)$ 在上述各点两侧的符号，按定理 4.3 判断上述各点是否为 $f(x)$ 的极大值点和极小值点；

(3) 计算各极值点的函数值，就得到 $f(x)$ 的极值.

例 4.7　求函数 $f(x) = (x^2 - 1)^{\frac{2}{3}}$ 的极值.

解　$f(x)$ 的定义域 $D = (-\infty, +\infty)$. 可求得 $f'(x) = \dfrac{4}{3} \cdot \dfrac{x}{\sqrt[3]{x^2 - 1}}$，可知 $f'(0) = 0$，$f'(\pm 1)$ 不存在. 因此 $f(x)$ 的可能极值点为 $x = 0$ 和 $x = \pm 1$. 列表讨论如表 3.2. 所以，函数 $f(x)$ 的极大值为 $f(0) = 1$，极小值为 $f(\pm 1) = 0$.

表 3.2

x	$(-\infty, -1)$	-1	$(-1, 0)$	0	$(0, 1)$	1	$(1, +\infty)$
$f'(x)$	$-$	不存在	$+$	0	$-$	不存在	$+$
$f(x)$	递减	极小值	递增	极大值	递减	极小值	递增

如果 $f(x)$ 在驻点 x_0 处有二阶导数，并且 $f''(x_0) \neq 0$，可以用 $f''(x_0)$ 的符号来判断 $f(x_0)$ 是极大值还是极小值.

定理 4.4（第二充分条件）　设函数 $f(x)$ 在点 x_0 处有二阶导数，且 $f'(x_0) = 0$，那么

(1) 如果 $f''(x_0) > 0$，则 $f(x_0)$ 是 $f(x)$ 的极小值；

(2) 如果 $f''(x_0) < 0$，则 $f(x_0)$ 是 $f(x)$ 的极大值.

证明　(1) 由二阶导数的定义，且注意到 $f'(x_0) = 0$，有

$$f''(x_0) = \lim_{x \to x_0} \frac{f'(x) - f'(x_0)}{x - x_0} = \lim_{x \to x_0} \frac{f'(x)}{x - x_0} > 0.$$

由极限的局部保号性知, 存在点 x_0 的某个去心邻域, 在该去心邻域内, $\dfrac{f'(x)}{x-x_0}>0$.

因此, 在该去心邻域内, 当 $x<x_0$ 时, $f'(x)<0$; 当 $x>x_0$ 时, $f'(x)>0$. 根据极限的第一充分条件, $f(x_0)$ 是 $f(x)$ 的极小值.

同理可证得(2).　　　　　　　　　　　　　　　　　　　　　　　　　　□

如果 $f'(x_0)=f''(x_0)=0$, 不能用第二充分条件来判别极值点. 例如对

$$f_1(x)=x^3, \quad f_2(x)=x^4,$$

有 $f_1'(0)=f_1''(0)=0$, 而 $x=0$ 不是 $f_1(x)$ 的极值点; $f_2'(0)=f_2''(0)=0$, 而 $x=0$ 是 $f_2(x)$ 的极小值点.

例 4.8　求函数 $f(x)=x^3-3x^2-9x$ 的极值.

解　$f(x)$ 的定义域为 $D=(-\infty,+\infty)$. 可求得

$$f'(x)=3x^2-6x-9=3(x+1)(x-3), \quad f''(x)=6x-6.$$

令 $f'(x)=0$, 得驻点 $x_1=-1, x_2=3$, 因为 $f''(-1)=-12<0, f''(3)=12>0$, 所以 $f(-1)=5$ 是 $f(x)$ 的极大值, $f(3)=-27$ 是 $f(x)$ 的极小值.

3.4.3　函数的最值

根据闭区间上的连续函数的最值定理可知, 若函数 $f(x)$ 在闭区间 $[a,b]$ 上连续, 则 $f(x)$ 在 $[a,b]$ 上必有最大值和最小值. 为了能够运用微分学的方法求得函数 $f(x)$ 的最值, 可假设所讨论的函数 $f(x)$ 在 (a,b) 内可导或者除去个别点外可导.

若使 $f(x)$ 取得最值的点在开区间 (a,b) 的内部, 则这样的点是 $f(x)$ 的极值点, 然而 $f(x)$ 的最值也可能在区间 $[a,b]$ 的端点 a 或 b 上取得, 于是根据前述求极值的方法, 我们可用以下方法求 $f(x)$ 在闭区间 $[a,b]$ 上的最值:

(1)求出 $f'(x)$ 在 (a,b) 内的零点和导数不存在的点, 即可能极值点, 设为 $x_1,x_2,\cdots,x_n$;

(2)计算函数值 $f(x_1),f(x_2),\cdots,f(x_n)$ 和 $f(a),f(b)$;

(3)比较(2)中所有函数值的大小, 其中最大者即为 $f(x)$ 在 $[a,b]$ 上的最大值, 最小者即为 $f(x)$ 在 $[a,b]$ 上的最小值.

这里不必再讨论 $x_1,x_2,\cdots,x_n$ 是否为极值点.

例 4.9　求函数 $f(x)=2x^3-3x^2$ 在闭区间 $[-1,2]$ 上的最大值和最小值.

解　由于 $f(x)$ 在 $[-1,2]$ 上连续, 在 $(-1,2)$ 内可导, 且 $f'(x)=6x^2-6x$, 令 $f'(x)=0$, 得驻点 $x_1=0, x_2=1$.

由于 $f(0)=0$，$f(1)=-1$，$f(-1)=-5$，$f(2)=4$，所以 $f(x)$ 在 $[-1,2]$ 上的最大值为 $f(2)=4$，最小值为 $f(-1)=-5$.

在实际问题中，设 $f(x)$ 在定义区间 I（开区间或闭区间，有限区间或无限区间）内可导，并且根据问题的性质可以断定 $f(x)$ 一定在区间 I 的内部取得最大值或最小值，而 $f(x)$ 在 I 内只有唯一的驻点 x_0，那么可以断言 $f(x_0)$ 一定是 $f(x)$ 的最大值或最小值，不再需要另行判定.

例 4.10 设有一块边长为 a 的正方形铁皮，从其四角各截去同样的小正方形做成一个无盖的方盒. 问截去的小正方形边长为多大时，所得方盒的容积最大？

解 如图 3.4，设截去的小正方形边长为 x，则方盒的容积为

$$V = x(a-2x)^2, \quad x \in \left(0, \frac{a}{2}\right).$$

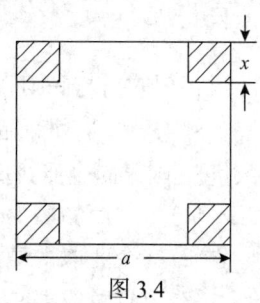

图 3.4

问题转变为求函数 V 在区间 $\left(0, \frac{a}{2}\right)$ 内的最大值点. 因为

$$V' = (a-2x)^2 - 4x(a-2x) = (a-2x)(a-6x).$$

令 $V'=0$，得函数 V 在 $\left(0, \frac{a}{2}\right)$ 内的驻点 $x = \frac{a}{6}$.

由问题的实际意义知 $V\left(\frac{a}{6}\right)$ 为 V 的最大值，即截去的小正方形边长为 $\frac{a}{6}$ 时，所做成的方盒容积最大.

例 4.11 做一个容积为 V 的有盖圆柱形容器，问当容器的半径和高为何值时，用料最省？

解 用料最省即指容器的表面积最小. 设底半径为 r，高为 h，则表面积

$$S = 2\pi r^2 + 2\pi rh,$$

又因为容积 V 是给定的，有

$$V = \pi r^2 h \quad \text{或} \quad h = \frac{V}{\pi r^2},$$

代入 S 中，得

$$S = 2\pi r^2 + \frac{2V}{r}, \quad r \in (0, +\infty).$$

问题即为, 求 r 取何值时, S 的值最小. 由于

$$S' = 4\pi r - \frac{2V}{r^2} = \frac{2(2\pi r^3 - V)}{r^2},$$

令 $S' = 0$, 解得唯一驻点 $r = \sqrt[3]{\dfrac{V}{2\pi}}$.

由问题的实际意义可知, 当 $r = \sqrt[3]{\dfrac{V}{2\pi}}$ 时, 表面积 S 最小. 此时

$$h = \frac{V}{\pi r^2} = \frac{2\pi r^3}{\pi r^2} = 2r,$$

即当容积的高与底圆直径相等时, 用料最省.

例 4.12 某种商品的平均成本 $\bar{C}(x) = 2$, 价格函数为 $P(x) = 20 - 4x$ (x 为商品数量), 国家向企业每件商品征税为 t.

(1) 生产商品多少时, 利润最大?

(2) 在企业取得最大利润的情况下, t 为何值时才能使总税收最大?

解 (1) 总成本 $C(x) = x\bar{C}(x) = 2x$,

总收益 $R(x) = xP(x) = 20x - 4x^2$;

总税收 $T(x) = tx$;

总利润 $L(x) = R(x) - C(x) - T(x) = (18 - t)x - 4x^2$.

令 $L'(x) = 18 - t - 8x = 0$, 得唯一驻点 $x = \dfrac{18 - t}{8}$. 由问题实际意义可知, 当商品数量 $x = \dfrac{18 - t}{8}$ 时, 利润最大. 其最大利润为 $L\left(\dfrac{18 - t}{8}\right) = \dfrac{(18 - t)^2}{16}$.

(2) 取得最大利润时的税收为

$$T = tx = \frac{t(18 - t)}{8} = \frac{18t - t^2}{8}, \quad t > 0,$$

令 $T' = \dfrac{9 - t}{4} = 0$, 得唯一驻点 $t = 9$, 所以当 $t = 9$ 时, 总税收取得最大值

$$T(9) = \frac{9(18 - 9)}{8} = \frac{81}{8},$$

此时的总利润为

$$L = \frac{(18 - 9)^2}{16} = \frac{81}{16}.$$

习题 3.4

（A）

习题 3.4 解答

1. 确定下列函数的单调性：

(1) $y = 2x^2 - \ln x$；

(2) $y = 2x^3 - 9x^2 + 12x$；

(3) $y = \dfrac{x}{1+x^2}$；

(4) $y = xe^{-x}$.

2. 证明下列不等式：

(1) 当 $x > 1$ 时，$2\sqrt{x} > 3 - \dfrac{1}{x}$；

(2) 当 $0 < x < \dfrac{\pi}{2}$ 时，$\tan x > x + \dfrac{1}{3}x^3$；

(3) 当 $x > 0$ 时，$(1+x)\ln(1+x) > \arctan x$；

(4) 当 $x > 0$ 时，$\dfrac{1}{2}x > \sqrt{1+x} - 1$；

(5) 当 $x > 4$ 时，$2^x > x^2$.

3. 证明方程 $\sin x = x$ 有且仅有一个实根.

4. 证明方程 $xe^x = 2$ 在区间 $(0,1)$ 内有且仅有一个实根.

5. 求下列函数的极值：

(1) $f(x) = 2x^3 - 6x^2 - 18x + 7$；

(2) $f(x) = \dfrac{1}{3}x^3 - \ln(2 + x^3)$；

(3) $f(x) = 2 - (x-1)^{\frac{2}{3}}$；

(4) $y = \dfrac{1}{2}(e^x + e^{-x})$.

6. 问 a 为何值时，函数 $f(x) = a\sin x + \dfrac{1}{3}\sin 3x$ 在 $x = \dfrac{\pi}{3}$ 处取得极值？它是极大值还是极小值？并求此极值.

7. 求下列函数在指定区间上的最大值和最小值：

(1) $f(x) = x^3 - 2x^2 + 1$, $x \in [-1,1]$；

(2) $f(x) = \sqrt{5 - 4x}$, $x \in [-1,1]$；

(3) $f(x) = \left| x^2 - 3x + 2 \right|$, $x \in [-10,10]$；

(4) $f(x) = |x|e^x$, $x \in [-2,1]$.

8. 某车间要靠墙壁盖一间长方形小屋，现有的砖只够砌 20m 长的墙，问应围成怎样的长方形才能使这间小屋的面积最大？

9. 如图 3.5 所示，问点 M 应在何处才能使线段 AM 和 BM 长度之和最小？

10. 由例 4.11 可知，要做成一个容积一定的圆柱形有盖容器，应当使圆柱的直径和高之比为 1：1 时，用料最省。但实际中一些销量极大的饮料罐（易拉罐）顶盖的直径和从顶盖到底部的高之比为多少呢？实际测量数据与例 4.11 的结果一样吗？怎么解释呢？请用数学的方法说明易拉罐的形状为什么是这样的？（提示：实际易拉罐的形状设计要考虑不同部位（顶盖与顶盖之外）材料的厚度不同，最优设计是使每个易拉罐用料最省，即制罐用材料体积最小）.

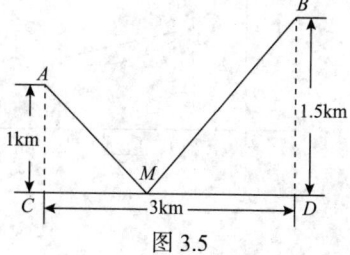

图 3.5

(B)

1. 证明下列不等式：

(1) $x > 0$ 时，$(x-1)^2 \leqslant (x^2-1)\ln x$；　(2) $0 < x < \dfrac{\pi}{2}$ 时，$\sin x + \tan x > 2x$.

2. 讨论方程 $\ln x = ax(a > 0)$ 有几个实根.

3. 设 $f(x)$ 在 $[0,+\infty)$ 上连续，在 $(0,+\infty)$ 内可导，且 $f(0) = 0$，$f'(x)$ 在 $(0,+\infty)$ 内单调减少，证明 $\varphi(x) = \dfrac{f(x)}{x}$ 在 $(0,+\infty)$ 内单调减少.

4. 设 $f(x)$ 具有二阶连续的导数，$f'(x_0) = 0$，且 $\lim\limits_{x \to x_0} \dfrac{f''(x)}{(x-x_0)^2} = 1$. 证明 $f(x_0)$ 是 $f(x)$ 的极小值.

5. 设函数 $f(x)$ 在点 $x = x_0$ 的某邻域内有连续的四阶导数，且 $f'(x_0) = f''(x_0) = f'''(x_0) = 0$，$f^{(4)}(x_0) > 0$，证明 $f(x_0)$ 为 $f(x)$ 的极小值.

3.5　曲线的凹凸性、函数图形的描绘

3.5.1　曲线的凹凸性与拐点

具有单调性的函数的曲线是上升或下降的，这是函数曲线的一个重要特征. 除此之外，弯曲方向是函数曲线的另一个重要特征. 本节介绍关于函数曲线弯曲方向的概念——凹凸性以及凹凸性与导数之间的关系.

在图 3.6(a) 中，连续曲线 $y = f(x)$ 上任意两点 $A(x_1, f(x_1))$ 和 $B(x_2, f(x_2))$ 的弦 AB 在曲线弧段 $\overset{\frown}{AB}$ 的上方，称这种曲线是凹的.

在图 3.6(b) 中，连接曲线 $y = f(x)$ 上任意两点 A, B 的弦 AB 在曲线弧段 $\overset{\frown}{AB}$ 的下方，称这种曲线是凸的.

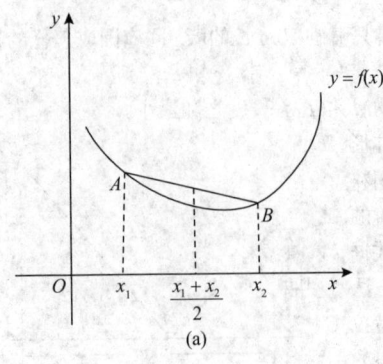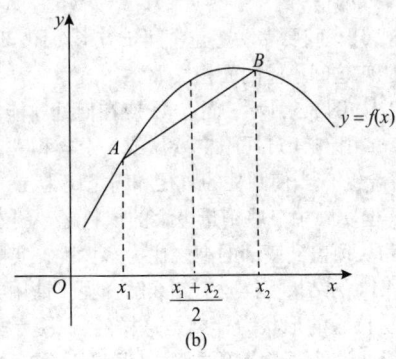

图 3.6

下面给出曲线的凹凸性的定义.

定义 5.1　设函数 $f(x)$ 在区间 I 上连续. 如果 $\forall x_1, x_2 \in I, x_1 \neq x_2$，恒有

$$f\left(\frac{x_1 + x_2}{2}\right) < \frac{1}{2}[f(x_1) + f(x_2)],$$

则称函数 $f(x)$ 在区间 I 上的图形是**凹的**（或**凹弧**）.

如果恒有

$$f\left(\frac{x_1 + x_2}{2}\right) > \frac{1}{2}[f(x_1) + f(x_2)],$$

则称函数 $f(x)$ 在区间 I 上的图形是**凸的**（或**凸弧**）.

由定义判定曲线凹凸性往往是困难的, 下面给出利用二阶导数来判断曲线凹凸性的方法.

定理 5.1　设函数 $f(x)$ 在区间 $[a,b]$ 上连续, 在 (a,b) 内有二阶导数,

(1) 如果在 (a,b) 内 $f''(x) > 0$，则 $f(x)$ 在 $[a,b]$ 上的图形是凹的;

(2) 如果在 (a,b) 内 $f''(x) < 0$，则 $f(x)$ 在 $[a,b]$ 上的图形是凸的.

证明　(1) $\forall x_1, x_2 \in [a,b]$，设 $x_1 < x_2$，取 $x_0 = \dfrac{x_1 + x_2}{2}$，由拉格朗日中值定理, 有

$$f(x_0) - f(x_1) = f'(\xi_1)(x_0 - x_1) = \frac{1}{2}f'(\xi_1)(x_2 - x_1), \quad \xi_1 \in (x_1, x_0),$$

$$f(x_2) - f(x_0) = f'(\xi_2)(x_2 - x_0) = \frac{1}{2}f'(\xi_2)(x_2 - x_1), \quad \xi_2 \in (x_0, x_2).$$

由于在 (a,b) 内 $f''(x) > 0$，知 $f'(x)$ 在 (a,b) 内单调增加, 而 $\xi_1 < \xi_2$，故 $f'(\xi_1) < f'(\xi_2)$，所以有

$$f(x_0) - f(x_1) < f(x_2) - f(x_0),$$

即

$$f(x_0) = f\left(\frac{x_1 + x_2}{2}\right) < \frac{1}{2}[f(x_1) + f(x_2)].$$

由定义 5.1 知 $f(x)$ 在 $[a,b]$ 上的图形是凹的.

同理可证 (2).　　　　　　　　　　　　　　　　　　　　$\square$

从定理的证明可以看出, 把定理中的闭区间改为其他各类型的区间, 定理的

结论成立.

例 5.1　判断曲线 $y = \sin x$ 在 $[0, 2\pi]$ 上的凹凸性.

解　因为 $y' = \cos x, y'' = -\sin x$，在 $(0, \pi)$ 内 $y'' < 0$，所以曲线 $y = \sin x$ 在 $[0, \pi]$ 上是凸的；在 $(\pi, 2\pi)$ 内 $y'' > 0$，所以曲线 $y = \sin x$ 在 $[\pi, 2\pi]$ 上是凹的.

这里，点 $(\pi, 0)$ 是曲线 $y = \sin x$ 在区间 $[0, 2\pi]$ 上的凹凸部分的分界点.

定义 5.2　设 $y = f(x)$ 是连续曲线，如果在点 $(x_0, f(x_0))$ 的两侧，曲线的凹凸性相反，则称 $(x_0, f(x_0))$ 是曲线 $y = f(x)$ 的**拐点**.

设点 $(x_0, f(x_0))$ 为连续曲线 $y = f(x)$ 的拐点，可以证明，若 $f''(x_0)$ 存在，则 $f''(x_0) = 0$．此外，拐点也可能出现在二阶导数不存在的点处.

据此，可按如下步骤来确定连续曲线的凹凸性和拐点：

(1) 求出 $f''(x)$ 在定义区间内所有的零点和 $f''(x)$ 不存在的点；

(2) 确定 $f''(x)$ 在上述各点两侧的符号；

(3) 根据定理 5.1 判断在上述各点两侧邻域曲线 $y = f(x)$ 的凹凸性，进而确定曲线的拐点.

例 5.2　求曲线 $y = (x-5)\sqrt[3]{x^2}$ 的凹凸区间和拐点.

解　函数的定义域为 $(-\infty, +\infty)$，当 $x \neq 0$ 时，

$$y' = \frac{5}{3}x^{\frac{2}{3}} - \frac{10}{3}x^{-\frac{1}{3}}, \quad y'' = \frac{10}{9}x^{-\frac{1}{3}} + \frac{10}{9}x^{-\frac{4}{3}} = \frac{10}{9} \cdot \frac{x+1}{\sqrt[3]{x^4}}.$$

$x = 0$ 时，y'' 不存在，$x = -1$ 时，$y'' = 0$，列表讨论如表 3.3. 所以曲线 $y = (x-5)\sqrt[3]{x^2}$ 在 $(-\infty, -1]$ 是凸的，在 $[-1, +\infty)$ 是凹的，曲线的拐点为 $(-1, -6)$.

表 3.3

x	$(-\infty, -1)$	-1	$(-1, 0)$	0	$(0, +\infty)$
y''	$-$	0	$+$	不存在	$+$
$y = f(x)$	凸	$(-1, -6)$ 为拐点	凹	$(0, 0)$ 不是拐点	凹

例 5.3　证明不等式

$$x\ln x + y\ln y > (x+y)\ln\frac{x+y}{2} \quad (x > 0, y > 0, x \neq y).$$

证明　令 $f(t) = t\ln t$，当 $t > 0$ 时，有

$$f'(t) = 1 + \ln t, \quad f''(t) = \frac{1}{t} > 0,$$

所以曲线 $f(t)$ 在 $(0, +\infty)$ 上是凹的, 于是当 $x > 0$, $y > 0$, $x \neq y$ 时, 有

$$f\left(\frac{x+y}{2}\right) < \frac{1}{2}[f(x) + f(y)],$$

即

$$\frac{x+y}{2}\ln\frac{x+y}{2} < \frac{1}{2}(x\ln x + y\ln y),$$

因此

$$x\ln x + y\ln y > (x+y)\ln\frac{x+y}{2}. \qquad \square$$

3.5.2　函数图形的描绘

函数的单调性和曲线凹凸性的讨论有助于描绘函数的曲线. 为了更准确地描绘函数曲线, 还应当了解函数在间断点附近及在无穷远处的变化趋势.

1. 曲线的渐近线

如果曲线 $y = f(x)$ 上的点 M 沿着曲线无限远离坐标原点 O 时, 它与直线 L 无限接近, 则称直线 L 为曲线 $y = f(x)$ 的**渐近线**.

(1)**水平渐近线**　对曲线 $y = f(x)$, 若

$$\lim_{x \to +\infty} f(x) = A \quad \text{或} \quad \lim_{x \to -\infty} f(x) = A,$$

则曲线 $y = f(x)$ 有水平渐近线 $y = A$.

例如, 曲线 $y = \arctan x$, 由于

$$\lim_{x \to +\infty} \arctan x = \frac{\pi}{2}, \quad \lim_{x \to -\infty} \arctan x = -\frac{\pi}{2},$$

所以曲线 $y = \arctan x$ 有两条水平渐近线 $y = \frac{\pi}{2}$

和 $y = -\frac{\pi}{2}$ (图 3.7).

(2)**垂直渐近线**　对曲线 $y = f(x)$ 如果

$$\lim_{x \to x_0^+} f(x) = \infty \quad \text{或} \quad \lim_{x \to x_0^-} f(x) = \infty,$$

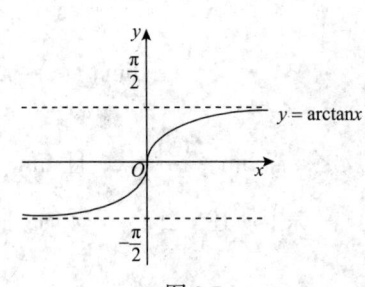

图 3.7

则曲线 $y = f(x)$ 有垂直渐近线 $x = x_0$.

例如，曲线 $y = \dfrac{1}{x-1}$，由于

$$\lim_{x \to 1} \frac{1}{x-1} = \infty,$$

所以 $x = 1$ 是曲线 $y = \dfrac{1}{x-1}$ 的垂直渐近线（图 3.8）.

(3) **斜渐近线**　对曲线 $y = f(x)$ 及直线 $y = kx + b(k \neq 0)$，如果

$$\lim_{x \to +\infty}(f(x) - kx - b) = 0 \quad \text{或} \quad \lim_{x \to -\infty}(f(x) - kx - b) = 0,$$

则曲线 $y = f(x)$ 有斜渐近线 $y = kx + b$（图 3.9）.

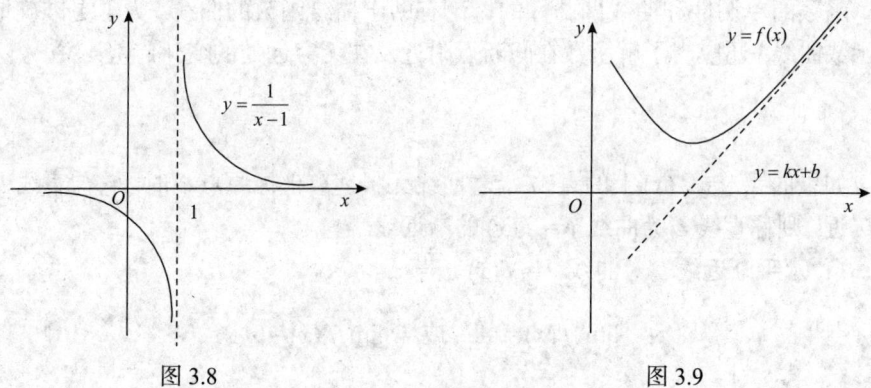

图 3.8　　　　　　　　　　　　　　　　图 3.9

下面就 $x \to +\infty$ 的情况来讨论曲线存在斜渐近线的条件.

设 $\lim\limits_{x \to +\infty}(f(x) - kx - b) = 0$，则

$$\lim_{x \to +\infty} \frac{f(x)}{x} = \lim_{x \to +\infty}\left(\frac{f(x) - kx - b}{x} + k + \frac{b}{x}\right) = k,$$

$$\lim_{x \to +\infty}(f(x) - kx) = \lim_{x \to +\infty}[(f(x) - kx - b) + b] = b.$$

反之，若 $\lim\limits_{x \to +\infty}\dfrac{f(x)}{x} = k$，且 $\lim\limits_{x \to +\infty}(f(x) - kx) = b$，即 $\lim\limits_{x \to +\infty}(f(x) - kx - b) = 0$.

综上所述，当 $x \to +\infty$ 时，曲线 $y = f(x)$ 有斜渐近线

$$y = kx + b(k \neq 0) \Leftrightarrow \lim_{x \to +\infty} \frac{f(x)}{x} = k, \text{ 且} \lim_{x \to +\infty}(f(x) - kx) = b.$$

同理可讨论 $x \to -\infty$ 的情形.

例 5.4　讨论曲线 $y = \dfrac{(x-1)^2}{x}$ 的渐近线.

解　因为 $\lim\limits_{x \to 0} \dfrac{(x-1)^2}{x} = \infty$，所以该曲线有垂直渐近线 $x = 0$. 由于

$$\lim_{x \to \infty} \frac{y}{x} = \lim_{x \to \infty} \frac{(x-1)^2}{x^2} = 1,$$

$$\lim_{x \to \infty}(y - x) = \lim_{x \to \infty}\left[\frac{(x-1)^2}{x} - x\right] = \lim_{x \to \infty}\frac{-2x+1}{x} = -2,$$

所以曲线有斜渐近线 $y = x - 2$.

2. 函数图形的描绘

描绘函数 $y = f(x)$ 的图形可按下述步骤进行:

(1) 确定函数 $f(x)$ 的定义域, 讨论 $f(x)$ 的奇偶性、周期性等;

(2) 求出 $f(x)$ 的间断点, $f'(x)$ 的零点和 $f'(x)$ 不存在的点以及 $f''(x)$ 的零点和 $f''(x)$ 不存在的点;

(3) 用上述点把 $f(x)$ 的定义域划分成部分区间, 确定在部分区间内 $f'(x)$ 和 $f''(x)$ 的符号, 从而确定函数图形的升降和凹凸、极值点和拐点;

(4) 求出曲线的渐近线;

(5) 在 xOy 平面上描出上述各点, 必要时再补充曲线上其他一些点, 根据所讨论的结果, 描绘函数的图形.

例 5.5　描绘函数 $y = \dfrac{4(x+1)}{x^2}$ 的图形.

解　函数 $y = \dfrac{4(x+1)}{x^2}$ 的定义域为 $D = (-\infty, 0) \bigcup (0, +\infty)$. 该函数不具有奇偶性和周期性. 当 $x \neq 0$ 时, $y' = -\dfrac{4(x+2)}{x^3}$, $y'' = \dfrac{8(x+3)}{x^4}$.

令 $y' = 0$, 得 $x = -2$; 令 $y'' = 0$, 得 $x = -3$. 列表讨论如表 3.4.

表 3.4

x	$(-\infty, -3)$	-3	$(-3, -2)$	-2	$(-2, 0)$	$(0, +\infty)$
y'	$-$		$-$	0	$+$	$-$
y''	$-$	0	$+$		$+$	$+$
y	递减、凸	拐点	递减、凹	极小值	递增、凹	递减、凹

极小值为 $y(-2)=-1$，拐点为 $\left(-3,-\dfrac{8}{9}\right)$.

因为

$$\lim_{x\to\infty}\frac{4(x+1)}{x^2}=0,\quad \lim_{x\to 0}\frac{4(x+1)}{x^2}=+\infty,$$

所以曲线 $y=\dfrac{4(x+1)}{x^2}$ 有水平渐近线 $y=0$ 和垂直渐近线 $x=0$.

在 xOy 平面上描出点

$$A\left(-3,-\frac{8}{9}\right),\ B(-2,-1),\ C(-1,0),\ D(1,8),\ E(2,3),\ F\left(3,\frac{16}{9}\right),$$

连线（根据表 3.4），得到函数 $y=\dfrac{4(x+1)}{x^2}$ 的图形（图 3.10）.

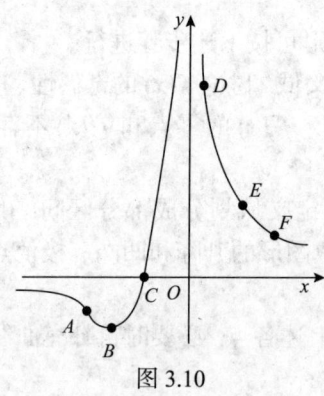

图 3.10

习题 3.5

（A）

习题 3.5 解答

1. 证明曲线 $y=x\arctan x$ 在 $(-\infty,+\infty)$ 内是凹的.

2. 确定下列曲线的凹凸区间及拐点：

(1) $y=x^3-5x^2+3x+5$；　　　　　　　　　(2) $y=xe^{-x}$；

(3) $y=\ln(1+x^2)$；　　　　　　　　　　　(4) $y=\dfrac{x^2}{x+1}$；

(5) $y=\arcsin x,\ x\in[-1,1]$；　　　　　　(6) $y=\dfrac{e^x-e^{-x}}{2}$.

3. 求下列曲线的渐近线：

(1) $y=\dfrac{1}{x^2-4x-5}$；　　　　　　　　(2) $y=\dfrac{(x-2)^2}{x-1}$.

4. 试确定常数 $a,\ b$ 的值，使点 $(1,3)$ 为曲线 $y=ax^3+bx^2$ 的拐点.

(B)

1. 设函数 $f(x)$ 在闭区间 $[a,b]$ 上连续，在开区间 (a,b) 内可导，且在 (a,b) 内 $f'(x)$ 单调增加．证明 $f(x)$ 在 $[a,b]$ 上的图形是凹的．

2. 试确定常数 k 的值，使曲线 $y = k(x^2-3)^2$ 在拐点处的法线通过坐标原点．

3. 设函数 $f(x)$ 在点 x_0 处具有三阶连续导数，且 $f''(x_0)=0$，$f'''(x_0)\neq 0$．证明 $(x_0, f(x_0))$ 是曲线 $y = f(x)$ 的拐点．

4. 利用函数图形的凹凸性证明下列不等式：

(1) $\dfrac{1}{2}(x^n+y^n) > \left(\dfrac{x+y}{2}\right)^n$ （$x>0, y>0, x\neq y, n>1$）；

(2) $\dfrac{1}{2}(e^x+e^y) > e^{\frac{x+y}{2}}$ （$x\neq y$）．

5. 描绘下列函数的图形：

(1) $y = x + \arctan x$；　　　　　　　　(2) $y = e^{-(x-1)^2}$；

(3) $y = \dfrac{x}{1+x^2}$；　　　　　　　　(4) $y = x^3 + 3x^2 - 9x + 5$．

*3.6　微分学在经济学中的应用

随着现代科学技术的发展和管理水平的提高，管理定量分析越来越广泛地被应用，从而使微积分在经济领域中的作用越来越重要．著名的边际分析、弹性分析等等都是应用数学知识解决经济相关问题的成功范例．

用数学方法解决问题，首先要找出问题中各种变量之间的函数关系，然后利用数学工具来处理相应的函数问题．为了简便起见，这里我们假定所讨论的某一变量仅与另一变量相关．

3.6.1　需求、供给、成本、收益和利润函数

1. 需求函数

假定某种商品的市场需求量只与该商品的市场价格有关，即 $Q = f(P)$，我们称它为**需求函数**，其中 Q 是商品的需求量，P 是该商品的市场价格．一般来说，如果商品的价格上升，会抑制需求，需求量将减少；反之，如果价格下降，会刺激需求，需求量将上升．因此，需求函数是单调减少函数，有 $f'(P)<0$．

2. 供给函数

假定某种商品的供给量只与该商品的市场价格有关，即 $Q = \varphi(P)$，我们称它

为**供给函数**，其中 Q 是商品的供给量，P 是该商品的市场价格. 由于生产者向市场提供商品的目的是赚取利润，一般说来与需求函数的情况相反，商品的市场价格上涨会刺激生产，所以供给量是市场价格单调增加函数，有 $\varphi'(P) > 0$.

3. 成本函数

成本指商品的生产成本，由两个部分组成：第一部分是厂房、设备等固定资产的折旧，管理者的固定工资等方面的费用，这一部分的费用短时间内不随商品产量的变化而变化，称为**固定成本**，用 C_0 来表示；第二部分是能源、原材料、劳动者的工资等方面的费用，称为**变动成本**，用 $C_1(Q)$ 表示，这里 Q 表示产量，这两部分的总和就是生产者投入的总成本，用 C 来表示，即

$$C = C(Q) = C_0 + C_1(Q),$$

称为**总成本函数**. 一般情况下，成本函数是随着产量的增加而增加，即单调增加函数. 单位产品的成本称为**平均成本**，记作 $\bar{C}$，即

$$\bar{C} = \bar{C}(Q) = \frac{C(Q)}{Q}.$$

4. 收益函数

总收益指商品的销售收入，用 R 表示，取决于该商品的价格 P 和销售量 Q，即 $R = R(Q) = Q \cdot P(Q)$. 平均收益是销售单位商品的收益，用 $\bar{R}$ 表示，即

$$\bar{R} = \bar{R}(Q) = \frac{R(Q)}{Q} = P(Q).$$

5. 利润函数

利润是指销售收入扣除生产成本后的盈余，用 L 表示. 如果产量与销售量相同，记为 Q，则收益 R 与成本 C 都是 Q 的函数，那么利润函数可写作

$$L = L(Q) = R(Q) - C(Q).$$

单位商品所获得的利润称为**平均利润**，用 $\bar{L}$ 表示，即

$$\bar{L} = \bar{L}(Q) = \frac{L(Q)}{Q}.$$

例 6.1　已知生产某种商品 Q 件时的总成本为 $C(Q) = 10 + 5Q + 0.2Q^2$（单位：

万元), 假设产量与销量相等, 如果每出售一件该商品的收益为 9 万元, 求(1)该商品的利润函数;(2)生产多少件商品时利润最大及利润的最大值为多少?

解　(1)由题意可知, 该商品的收益函数是 $R(Q) = 9Q$ (万元), 而利润函数为

$$L(Q) = R(Q) - C(Q) = 9Q - (10 + 5Q + 0.2Q^2) = 4Q - 10 - 0.2Q^2.$$

(2)根据求极值以及最值的方法可知, 先求 $L'(Q) = 4 - 0.4Q$, 令 $L'(Q) = 0$,得 $Q = 10$. 且由 $L''(Q) = -0.4 < 0$ 可知, 该点为利润函数的极大值点, 进而可推知该点也是最大值点, 最大利润是 $L(10) = 10$ (万元).

3.6.2　边际分析

在经济学中, 习惯上用"平均"和"边际"这两个概念来描述一个经济变量 y 对另一个经济变量 x 的变化情况. "平均"概念表示因变量 y 在自变量 x 处有改变量 Δx , y 有相应的改变量 Δy 时的平均值(即平均变化率) $\dfrac{\Delta y}{\Delta x}$. 而"边际"概念表示在自变量 x 处因变量 y 的变化情况, 即当 $\Delta x \to 0$ 时, 平均值 $\dfrac{\Delta y}{\Delta x}$ 的极限, 由导数的定义可知, 这正是 y 关于 x 的导数.

定义 6.1　设函数 $y = f(x)$ 可导, 称导函数 $f'(x)$ 为 $f(x)$ 的**边际函数**.

这不过是经济学中对导数的另一种称谓. 所以对于经济函数而言, 因变量对自变量的导数统称为"边际函数". 例如边际成本和边际利润.

1. 边际成本

成本函数 $C(Q)$ 对产量 Q 的变化率 $C'(Q)$ 称为**边际成本**. 由微分可知, 当 ΔQ 很小时, 有

$$C(Q + \Delta Q) - C(Q) \approx C'(Q)\Delta Q,$$

令 $\Delta Q = 1$, 得 $C(Q+1) - C(Q) \approx C'(Q)$ (在经济上相对大量产品而言, 可以将 $\Delta Q = 1$ 认为很小). 这说明, 产量为 Q 时的边际成本 $C'(Q)$ 近似等于产量从 Q 再增加一个产品所增加的成本, 即可以近似地将生产第 $Q+1$ 个产品的成本表示为 $C(Q) + C'(Q)$. 若边际成本 $C'(Q)$ 较大, 则在 Q 水平上增产所需要的增加的成本也较大, 表明增产潜力较小; 若边际成本 $C'(Q)$ 较小, 则在 Q 水平上增产所需要的增加的成本也较小, 表明增产潜力较大.

2. 边际收益

收益函数 $R(Q)$ 对产量 Q 的变化率 $R'(Q)$ 称为**边际收益**. 同理可得, 边际收益

表示当产量为 Q 时，再多生产一个单位产品时的收益的改变量．

3. 边际利润

利润函数 $L(Q)$ 对产量 Q 的变化率 $L'(Q)$ 称为**边际利润**．类似地，边际利润表示当产量为 Q 时，再多生产一个单位产品时利润的改变量．

例 6.2　设生产某商品的固定成本为 20000 元，每生产一个单位产品，成本增加 100 元，总收益函数为 $R(Q) = 400Q - \dfrac{1}{2}Q^2$（设产销平衡），试求边际成本、边际收益及边际利润．

解　由题意可知，

总成本函数 $C(Q) = 20000 + 100Q$，

边际成本 $C'(Q) = 100$，

边际收益 $R'(Q) = 400 - Q$，

总利润函数 $L(Q) = R(Q) - C(Q) = 300Q - \dfrac{1}{2}Q^2 - 2000$，

边际利润 $L'(Q) = 300 - Q$．

例 6.3　已知某产品的售价为 200 元/件，总成本函数为

$$C(Q) = 50000 - 60Q + \frac{1}{20}Q^2,$$

求 (1) 总利润函数；(2) 边际利润；(3) 边际利润为零时的产量．

解　(1) 设总利润函数为 $L(Q)$，收益函数为 $R(Q)$，则

$$L(Q) = R(Q) - C(Q) = 200Q - \left(50000 - 60Q + \frac{1}{20}Q^2\right) = -50000 + 260Q - \frac{1}{20}Q^2.$$

(2) 边际利润 $L'(Q) = 260 - \dfrac{1}{10}Q$．

(3) 令 $L'(Q) = 0$，得 $Q = 2600$，即边际利润为零时，产量为 2600 件．

这说明在生产 2600 件产品的基础上再生产一个产品时，将不带来利润，即 2600 件就是实现最大利润的产量．这从一定意义上也说明，盲目扩大生产规模，企业不一定增加经济效益．

3.6.3　弹性分析

在边际分析中所讨论的函数改变量与函数的变化率是绝对改变量与绝对变化率．在经济问题中，仅用绝对改变量及绝对变化率还不能足以深入地分析问题．

例如, 鱼肉的单价由每 500 克由 6 元涨到 16 元; 而微波炉的单价为 500 元, 也涨价 10 元. 这两种商品的单价的绝对改变量相同(都涨了 10 元), 但各自与其原价相比, 这两种商品的涨价幅度(百分比)大不相同. 鱼肉单价涨了 166.7%, 而微波炉单价涨了仅 2%. 因此, 非常有必要研究函数的相对改变量与相对变化率的问题. 这在经济学中就称为弹性问题.

定义 6.2　设函数 $y = f(x)$ 在点 x 处可导, 函数的相对改变量

$$\frac{\Delta y}{y} = \frac{f(x + \Delta x) - f(x)}{f(x)}$$

与自变量的相对改变量 $\frac{\Delta x}{x}$ 之比 $\dfrac{\dfrac{\Delta y}{y}}{\dfrac{\Delta x}{x}}$ 称为函数 $f(x)$ 从 x 与 $x + \Delta x$ 两点间的相对变

化率, 或称为**两点间的弹性**, 令 $\Delta x \to 0$, $\dfrac{\dfrac{\Delta y}{y}}{\dfrac{\Delta x}{x}}$ 的极限称为函数 $f(x)$ 在点 x 处的相

对**变化率**, 或称为**弹性**, 记作 $\dfrac{Ey}{Ex}$ 或 $\dfrac{Ef(x)}{Ex}$, 即

$$\frac{Ey}{Ex} = \lim_{\Delta x \to 0} \frac{\dfrac{\Delta y}{y}}{\dfrac{\Delta x}{x}} = \frac{x}{f(x)} \cdot f'(x).$$

弹性 $\dfrac{Ey}{Ex}$ 表示函数 $y = f(x)$ 在点 x 的相对变化率, 它反映了随 x 的变化, $f(x)$ 变化幅度的大小, 也就是 $f(x)$ 对 x 变化反映的强烈程度和灵敏度, 与任何度量单位无关. 按弹性定义, $\dfrac{Ey}{Ex} = \lim\limits_{\Delta x \to 0} \dfrac{\dfrac{\Delta y}{y}}{\dfrac{\Delta x}{x}}$, 从而当 Δx 较小时, $\dfrac{Ey}{Ex} \approx \dfrac{\dfrac{\Delta y}{y}}{\dfrac{\Delta x}{x}}$, 即

$$\frac{\Delta y}{y} \approx \frac{Ey}{Ex} \cdot \frac{\Delta x}{x}.$$

由于 $\dfrac{\Delta x}{x}$ 表示当自变量从 x 变化到 $x + \Delta x$ 时, x 变化的百分比, $\dfrac{\Delta y}{y}$ 表示因变量 y 相应变化的百分比, 所以函数 $f(x)$ 的弹性的实际意义就是: 当自变量在 x 处

产生 1% 的变化时，函数 $f(x)$ 近似地改变 $\dfrac{Ey}{Ex}$%．在应用问题中解释弹性的具体意义时，我们常常略去"近似"二字．由于 $\dfrac{Ey}{Ex} = \dfrac{x}{f(x)} \cdot f'(x)$ 仍是 x 的函数，所以又称其为**弹性函数**．

弹性在经济分析中有着重要的实际意义，经济领域中的任何函数都可以定义弹性，并作出经济分析．下面我们着重以需求弹性为例说明弹性分析在经济学中的应用．

设需求函数为 $Q = f(P)$ 可导，则需求量 Q 对价格 P 的弹性称为**需求弹性**，记作

$$\eta(P) = \frac{EQ}{EP} = \frac{P}{Q} \cdot f'(P).$$

因为 $P > 0, Q > 0$，并且在一般情况下，需求函数为关于价格的单调递减函数，即 $f'(P) < 0$，所以需求弹性的经济含义为：当某种商品的价格为 P 时，若价格下降（或上升）1%，其需求量将增加（或减少）$|\eta(P)|$%．

当我们比较商品需求弹性的大小时，通常是比较其弹性的绝对值 $|\eta(P)|$ 的大小；当我们说某种商品的需求弹性大时，通常是指其绝对值大．注意，弹性值符号的正（或负）仅仅表明自变量的变动方向与因变量的变动方向是相同（或相反）．例如，需求弹性总是负的，这意味着当我们假设商品的价格涨价（或降价）时，需求量的变动方向与价格变动方向相反，即需求量将减少（或增加）．

下面给出边际收益 $R'(P)$ 与需求弹性 $\eta(P)$ 之间的关系．由于收益函数 $R = PQ = Pf(P)$（以价格 P 为自变量），可得

$$R'(P) = f(P) + Pf'(P) = f(P)\left[1 + \frac{P}{f(P)} f'(P)\right] = Q[1 + \eta(P)]. \tag{1}$$

可得以下结论：

(1) 当 $|\eta(P)| > 1$ 时，即 $\eta(P) < -1$，需求变动的幅度大于价格变动的幅度，此时称**需求富有弹性**．根据 (1) 式可知，$R'(P) < 0$，说明这时价格小幅上升会使销售收入减少，或者价格小幅下降会使销售收入增加．

(2) 当 $|\eta(P)| < 1$ 时，即 $-1 < \eta(P) < 0$，需求变动的幅度小于价格变动的幅度，此时称**需求缺乏弹性**．根据 (1) 式可知，$R'(P) > 0$，说明这时价格小幅上升会使销售收入增加，或者价格小幅下降会使销售收入减少．

(3) 当 $|\eta(P)| = 1$ 时，即 $\eta(P) = -1$，需求变动的幅度等于价格变动的幅度，此时称**需求有单位弹性**．根据 (1) 式可知，$R'(P) = 0$，说明这时价格变化对销售收入没有影响．

例 6.4　设 $y = 10000\mathrm{e}^{-0.001x}$，求弹性函数 $\dfrac{Ey}{Ex}$ 和 $\dfrac{Ey}{Ex}\Big|_{x=2000}$．

解　可求得 $y' = -10\mathrm{e}^{-0.001x}$，从而

$$\frac{Ey}{Ex} = \frac{x}{y}y' = -0.001x，\quad \frac{Ey}{Ex}\Big|_{x=2000} = -2．$$

上例表示在点 $x = 2000$ 处，x 增加 1% 时，y 下降 2%；反之 x 下降 1% 时，y 增加 2%．

例 6.5　已知某公司生产经营的某种电器的需求弹性为 $1.5 \sim 3.5$，如果该公司计划在下一年度内将价格降低 10%，试问这种电器的销售量将会增加多少？总收益将会增加多少？

解　按需求弹性的经济含义，某种电器的需求弹性为 $1.5 \sim 3.5$ 的意思是当该电器的价格下降 1%，销售量将增加 $1.5\% \sim 3.5\%$．那么当价格降低 10% 时，销售量将增加 $1.5\% \sim 3.5\%$．

研究总收益增加多少，也就是收益对于价格的弹性问题．因为

$$\frac{ER(P)}{EP} = \frac{P}{R(P)}R'(P)，$$

结合 (1) 式并注意到 $R(P) = PQ$，因此有

$$\frac{ER(P)}{EP} = \frac{P}{R(P)}R'(P) = \frac{P}{PQ}Q[1 + \eta(P)] = 1 + \eta(P)．$$

由题意以及需求弹性总是负的可知，$-1.5 > \eta(P) > -3.5$，可得

$$-0.5 > \frac{ER(P)}{EP} > -2.5，$$

即收益弹性为 $0.5 \sim 2.5$．这表明当该电器的价格下降 1%，总收益将增加 $0.5\% \sim 2.5\%$．那么，当价格降低 10% 时，总收益将增加 $5\% \sim 25\%$．

例 6.6　设从甲地到乙地的飞机票的需求函数为

$$Q = 5000\sqrt{900 - P}\quad (0 < P < 900)，$$

其中 P 是票价 (单位：元)．

(1) 求需求弹性；

(2) 问在什么样的票价情况下，需求分别是缺乏弹性、单位弹性和富有弹性的？

解　(1)需求弹性 $\eta(P) = \dfrac{P}{Q}Q'(P) = \dfrac{P}{5000\sqrt{900-P}}\dfrac{-2500}{\sqrt{900-P}} = \dfrac{-P}{2(900-P)}$.

(2)令 $|\eta(P)| = 1$，得 $P = 600$（元）.

当 $0 < P < 600$ 时，$|\eta(P)| < 1$，需求是缺乏弹性的；当 $P = 600$ 时，$|\eta(P)| = 1$，需求是单位弹性的；当 $600 < P < 900$ 时，有 $|\eta(P)| > 1$，需求是富有弹性的.

例6.6说明：当票价低于600元时，只要票价提高一个百分点，乘客需求的减少将不到一个百分点，因此航空公司的收益增加；当票价高于600元时，只要票价降低一个百分点，需求将增加不止一个百分点，因此航空公司小幅降价会增加收益，所以合理的票价是600元.

在市场经济中，企业经营者关心的是商品涨价或降价对总收入的影响程度. 借助弹性理论可以知道涨价未必增加收益，降价未必减少收益. 如果价格处在富有弹性阶段，小幅降价会使收入增加；如果价格处于缺乏弹性阶段，小幅涨价会使收入增加.

习题 3.6

1. 某产品生产 Q 单位的总成本为 $C(Q) = 1100 + \dfrac{Q^2}{1200}$，求产量 Q 为多少时，平均成本最小？

2. 某商品的价格与需求量 Q 的关系为 $P = 10 - \dfrac{Q}{5}$，求 Q 为多少时总收益最大？又若成本函数为 $C(Q) = 50 + 2Q$，求 Q 为多少时总利润最大？

3. 某商品平均成本函数为 $\bar{C}(Q) = \dfrac{100}{Q} + 2$（元/千克），每千克售价 P 元，需求函数为 $Q = 800 - 100P$，求：

(1)总成本，总收益，总利润；

(2)边际成本，边际收益，边际利润；

(3)产量分别为 100，300，500 千克时的边际利润，并从经济的角度说明.

4. 已知某产品的需求函数为 $Q(P) = 2000\mathrm{e}^{-0.004P}$（这里 P 是价格），求：需求量 Q 对价格 P 的弹性及 $P = 20$ 的需求弹性.

5. 设某产品的需求函数为 $Q(P) = 400 - 100P$，分别求 $P = 0.8$，$P = 2$，$P = 3$ 时的需求弹性？

6. 设商品的需求函数为 $Q(P) = 75 - P^2$，求：

(1)当 $P = 4$ 时，若价格 P 上涨1%时，总收益是增加还是减少？将变化百分之几？

(2)当 $P = 6$ 时，若价格 P 上涨1%时，总收益是增加还是减少？将变化百分之几？

(3) P 为多少时，总收益最大？

第4章 不定积分

第2章引入了函数的导数和微分的概念, 讨论了求函数导数和微分的方法. 如同加法有逆运算减法和乘法有逆运算除法一样, 本章将讨论导数的逆运算, 即给定一已知函数, 求一个可导函数, 使其导数等于已知函数. 这是积分学的基本问题之一.

4.1 不定积分的概念与性质

4.1.1 原函数和不定积分

定义 1.1 设函数 $f(x)$ 在区间 I 内有定义, 如果存在函数 $f(x)$, 使得在 I 内

$$F'(x) = f(x) \quad 或 \quad \mathrm{d}F(x) = f(x)\mathrm{d}x,$$

则称 $F(x)$ 为 $f(x)$ 在区间 I 内的一个**原函数**.

例如, 在区间 $(-\infty, +\infty)$ 内, 因为 $\left(\dfrac{1}{2}x^2\right)' = x$, 所以 $\dfrac{1}{2}x^2$ 是 x 一个原函数; 因为 $(\sin x)' = \cos x$, 所以 $\sin x$ 是 $\cos x$ 的一个原函数.

设 $F(x)$ 是 $f(x)$ 的一个原函数, 即 $F'(x) = f(x)$, 则对任何常数 C, 都有

$$(F(x) + C)' = F'(x) = f(x),$$

即 $F(x) + C$ 也是 $f(x)$ 的原函数. 因此, 若函数 $f(x)$ 有原函数, 则它就有无穷多个原函数.

在讨论原函数时, 首先提出两个问题:

(1) 当 $f(x)$ 满足何条件时, $f(x)$ 必有原函数?

(2) 若 $f(x)$ 有原函数, $f(x)$ 的无穷多个原函数之间有何关系?

对于问题 (1), 有如下结论:

定理 1.1(原函数存在定理) 若函数 $f(x)$ 在区间 I 内连续, 则该函数在 I 内必有原函数.

该定理的证明将在第5章中给出, 在本章讨论 $f(x)$ 的原函数时, 都是在 $f(x)$ 的连续区间内进行的.

对于问题 (2), 设 $\Phi(x)$ 和 $F(x)$ 是 $f(x)$ 在区间 I 内的两个原函数, 则在 I 内有

$$\left[\Phi(x) - F(x)\right]' = \Phi'(x) - F'(x) = f(x) - f(x) = 0,$$

根据拉格朗日中值定理的推论可知

$$\Phi(x) - F(x) = C \quad 或 \quad \Phi(x) = F(x) + C \quad （其中 C 为常数）.$$

由此可见，若 $F(x)$ 是 $f(x)$ 的一个原函数，则 $F(x) + C$（C 为任意常数）就是 $f(x)$ 的原函数的一般表达式.

定义 1.2　设 $F(x)$ 是 $f(x)$ 的一个原函数，则 $f(x)$ 的原函数的一般表达式 $F(x) + C$（C 为任意常数）称为 $f(x)$ 的**不定积分**，记作 $\int f(x)\mathrm{d}x$，即

$$\int f(x)\mathrm{d}x = F(x) + C.$$

其中 $\int$ 称为**积分号**，$f(x)$ 称为**被积函数**，$f(x)\mathrm{d}x$ 称为**被积表达式**，x 称为**积分变量**.

例如，$\int x\mathrm{d}x = \dfrac{1}{2}x^2 + C$，$\int \cos x\mathrm{d}x = \sin x + C$.

通常把求函数不定积分的运算称为积分运算，从不定积分的定义可知，积分运算是微分运算的逆运算.这两种运算有下列关系：

(1) $\left(\int f(x)\mathrm{d}x\right)' = f(x)$ 或 $\mathrm{d}\left(\int f(x)\mathrm{d}x\right) = f(x)\mathrm{d}x$；

(2) $\int f'(x)\mathrm{d}x = f(x) + C$ 或 $\int \mathrm{d}f(x) = f(x) + C$.

即对一个函数先积分后求导，结果为原来的函数；先微分后积分，结果为原来的函数加一个任意常数.

4.1.2　基本积分公式

根据不定积分的定义和基本导数公式，可得出相应的积分公式，称为基本积分公式.

(1) $\int k\mathrm{d}x = kx + C$（$k$ 为常数）;　　　(2) $\int x^{\mu}\mathrm{d}x = \dfrac{x^{\mu+1}}{\mu+1} + C$（$\mu \neq -1$）;

(3) $\int \dfrac{1}{x}\mathrm{d}x = \ln|x| + C$（$x \neq 0$）;　　(4) $\int \mathrm{e}^x\mathrm{d}x = \mathrm{e}^x + C$;

(5) $\int a^x\mathrm{d}x = \dfrac{a^x}{\ln a} + C$（$a > 0, a \neq 1$）;　(6) $\int \cos x\mathrm{d}x = \sin x + C$;

(7) $\int \sin x\mathrm{d}x = -\cos x + C$;　　　　(8) $\int \sec^2 x\mathrm{d}x = \tan x + C$;

(9) $\int \csc^2 x\mathrm{d}x = -\cot x + C$;　　　(10) $\int \sec x \tan x\mathrm{d}x = \sec x + C$;

(11) $\int \csc x \cot x\mathrm{d}x = -\csc x + C$;　　(12) $\int \dfrac{\mathrm{d}x}{1+x^2} = \arctan x + C$;

(13) $\int \dfrac{\mathrm{d}x}{\sqrt{1-x^2}} = \arcsin x + C.$

例 1.1　求 $\int x^2 \sqrt{x}\mathrm{d}x$.

解　$\int x^2 \sqrt{x}\mathrm{d}x = \int x^{\frac{5}{2}}\mathrm{d}x = \dfrac{2}{7}x^{\frac{7}{2}} + C = \dfrac{2}{7}x^3 \sqrt{x} + C$.

4.1.3　不定积分的性质

根据不定积分的概念及导数的运算法则, 可以得到不定积分的两个基本性质.

性质 1　$\int kf(x)\mathrm{d}x = k\int f(x)\mathrm{d}x$ 　（k 为非零常数）. 　　　　　　　(1)

即被积函数中的非零常数因子可以提到积分号前面去.

性质 2　$\int [f(x) + g(x)]\mathrm{d}x = \int f(x)\mathrm{d}x + \int g(x)\mathrm{d}x$. 　　　　　　　(2)

即函数和的不定积分等于各个函数的不定积分的和.

现在来证明性质 1, 由导数运算法则, (1)式右端的导数

$$\left(k\int f(x)\mathrm{d}x\right)' = k\left(\int f(x)\mathrm{d}x\right)' = kf(x),$$

即 (1) 式的右端是 $kf(x)$ 的原函数, 而 $k\int f(x)\mathrm{d}x$ 中包含了任意常数, 所以

$$\int kf(x)\mathrm{d}x = k\int f(x)\mathrm{d}x .$$

同理可以证明性质 2. 性质 1 和性质 2 称为不定积分的线性性质.

性质 2 可以推广到有限个函数的代数和的情形, 例如

$$\int [f_1(x) + f_2(x) - f_3(x)]\mathrm{d}x = \int f_1(x)\mathrm{d}x + \int f_2(x)\mathrm{d}x - \int f_3(x)\mathrm{d}x .$$

利用基本积分公式和不定积分的性质, 可以求出一些简单函数的不定积分.

例 1.2　求 $\int \left(\dfrac{1}{x^2} - 3\cos x + \dfrac{2}{x}\right)\mathrm{d}x$.

解　$\int \left(\dfrac{1}{x^2} - 3\cos x + \dfrac{2}{x}\right)\mathrm{d}x = \int \dfrac{1}{x^2}\mathrm{d}x - 3\int \cos x\mathrm{d}x + 2\int \dfrac{1}{x}\mathrm{d}x$

$$= -\dfrac{1}{x} - 3\sin x + 2\ln|x| + C.$$

例 1.3　求 $\int \dfrac{(x - \sqrt{x})(1 + \sqrt{x})}{\sqrt[3]{x}}\mathrm{d}x$.

解　$\int \dfrac{(x - \sqrt{x})(1 + \sqrt{x})}{\sqrt[3]{x}}\mathrm{d}x = \int \dfrac{x\sqrt{x} - \sqrt{x}}{\sqrt[3]{x}}\mathrm{d}x = \int x^{\frac{7}{6}}\mathrm{d}x - \int x^{\frac{1}{6}}\mathrm{d}x = \dfrac{6}{13}x^{\frac{13}{6}} - \dfrac{6}{7}x^{\frac{7}{6}} + C$.

例 1.4　求 $\int \cos^2 \dfrac{x}{2} \mathrm{d}x$.

解　$\int \cos^2 \dfrac{x}{2} \mathrm{d}x = \int \dfrac{1+\cos x}{2} \mathrm{d}x = \dfrac{1}{2}\left(\int \mathrm{d}x + \int \cos x \mathrm{d}x\right) = \dfrac{1}{2}(x+\sin x) + C$.

例 1.5　求 $\int \tan^2 x \mathrm{d}x$.

解　$\int \tan^2 x \mathrm{d}x = \int (\sec^2 x - 1)\mathrm{d}x = \int \sec^2 x \mathrm{d}x - \int \mathrm{d}x = \tan x - x + C$.

例 1.6　求 $\int \left(\cos \dfrac{x}{2} - \sin \dfrac{x}{2}\right)^2 \mathrm{d}x$.

解　$\int \left(\cos \dfrac{x}{2} - \sin \dfrac{x}{2}\right)^2 \mathrm{d}x = \int \left(\cos^2 \dfrac{x}{2} - 2\cos \dfrac{x}{2} \sin \dfrac{x}{2} + \sin^2 \dfrac{x}{2}\right) \mathrm{d}x$

$$= \int (1 - \sin x)\mathrm{d}x = x + \cos x + C.$$

例 1.7　求 $\int \dfrac{(1+x)^2}{x(1+x^2)} \mathrm{d}x$.

解　$\int \dfrac{(1+x)^2}{x(1+x^2)} \mathrm{d}x = \int \dfrac{1+x^2+2x}{x(1+x^2)} \mathrm{d}x = \int \left(\dfrac{1}{x} + \dfrac{2}{1+x^2}\right) \mathrm{d}x = \ln|x| + 2\arctan x + C$.

例 1.8　设曲线 $y = f(x)$ 过点 $(2,3)$，且此曲线上任意点切线的斜率为 $3x^2$，求此曲线的方程.

解　由题设可知 $f'(x) = 3x^2$，从而 $f(x) = \int 3x^2 \mathrm{d}x = x^3 + C$，又由已知 $f(2) = 3$，有 $3 = 8 + C$，可得 $C = -5$. 从而曲线方程为 $y = x^3 - 5$.

习题 4.1

习题 4.1 解答

1. 求下列不定积分：

(1) $\int \left(\sqrt[3]{x} - 1\right)\left(x^2 + 1\right) \mathrm{d}x$；

(2) $\int \dfrac{3x^4 + 3x^2 + 1}{x^2 + 1} \mathrm{d}x$；

(3) $\int \dfrac{3}{\sqrt{4 - 4x^2}} \mathrm{d}x$；

(4) $\int \sin^2 \dfrac{x}{2} \mathrm{d}x$；

(5) $\int \dfrac{1}{1 + \cos 2x} \mathrm{d}x$；

(6) $\int \dfrac{\cos 2x}{\cos x - \sin x} \mathrm{d}x$；

(7) $\int \left(3^x + \dfrac{3}{x}\right) \mathrm{d}x$；

(8) $\int 3^x \cdot \mathrm{e}^{2x} \mathrm{d}x$；

(9) $\int \mathrm{e}^{x-2} \mathrm{d}x$；

(10) $\int \dfrac{2 \cdot 3^x - 5 \cdot 2^x}{3^x} \mathrm{d}x$；

(11) $\int \dfrac{3 - 2\cot^2 x}{\cos^2 x} \mathrm{d}x$；

(12) $\int \sec x(\sec x - \tan x)\mathrm{d}x$.

2. 设曲线过点 $(e^3,3)$, 且在任一点 (x,y) 处切线的斜率等于该点横坐标的倒数 $\dfrac{1}{x}$, 求该曲线的方程.

3. 一个物体由静止开始运动, 在 t 秒末的速度是 $3t^2$ 米/秒, 求在 10 秒末物体经过的路程.

4. 证明不定积分的性质 2.

4.2　换元积分法

利用基本积分公式和不定积分的性质只能求某些简单函数的不定积分, 本节利用复合函数求导的链式法则, 得到一个利用变量代换来求不定积分的重要方法, 称之为**换元积分法**.

4.2.1　第一类换元法

对于形如 $\displaystyle\int f[\varphi(x)]\,\varphi'(x)\mathrm{d}x$ 的不定积分, 有如下的公式:

定理 2.1　若函数 $f(u)$ 在区间 I 内具有原函数, 函数 $u=\varphi(x)$ 可导且其值域包含在 I 中, 则有

$$\int f[\varphi(x)]\,\varphi'(x)\mathrm{d}x=\left[\int f(u)\mathrm{d}u\right]_{u=\varphi(x)}.\tag{1}$$

证明　设 $f(u)$ 在区间 I 内的原函数为 $F(u)$, 则 $F'(u)=f(u)$, (1)式的右端成为

$$\left[\int f(u)\mathrm{d}u\right]_{u=\varphi(x)}=\big[F(u)+C\big]_{u=\varphi(x)}=F[\varphi(x)]+C.$$

根据复合函数求导的链式法则, 有

$$(F[\varphi(x)])'=F'[\varphi(x)]\varphi'(x)=f[\varphi(x)]\varphi'(x).$$

这说明 $F[\varphi(x)]$ 是 $f[\varphi(x)]\varphi'(x)$ 的原函数, 从而(1)式成立.　□

公式(1)称为不定积分的**第一类换元积分公式**.

观察(1)式的左端, 被积表达式 $f[\varphi(x)]\varphi'(x)\mathrm{d}x$ 中 $\varphi'(x)\mathrm{d}x$ 恰好是 $\mathrm{d}\varphi(x)$, 将 $\displaystyle\int f[\varphi(x)]\varphi'(x)\mathrm{d}x$ 形式上写成 $\displaystyle\int f[\varphi(x)]\mathrm{d}\varphi(x)$ (称为**凑微分**), 公式(1)可以写成

$$\int f[\varphi(x)]\varphi'(x)\mathrm{d}x \xmapsto{\text{凑微分}} \int f[\varphi(x)]\mathrm{d}\varphi(x)$$

$$\xmapsto{\text{令}u=\varphi(x)}\int f(u)\mathrm{d}u=F(u)+C$$

$$\xmapsto{\text{将}u=\varphi(x)\text{代回}}F[\varphi(x)]+C.$$

第一类换元积分法，关键在于凑微分，所以又叫做**凑微分法**.

例 2.1　求 $\int e^{2x} dx$.

解　$\int e^{2x} dx = \dfrac{1}{2}\int e^{2x} d(2x) \xlongequal{\text{令}u=2x} \dfrac{1}{2}\int e^{u} du = \dfrac{1}{2} e^{u} + C = \dfrac{1}{2} e^{2x} + C$.

例 2.2　求 $\int \dfrac{dx}{1+x}$.

解　$\int \dfrac{dx}{1+x} = \int \dfrac{d(1+x)}{1+x} \xlongequal{\text{令}u=1+x} \int \dfrac{du}{u} = \ln|u| + C = \ln|1+x| + C$.

例 2.3　求 $\int x e^{x^2} dx$.

解　$\int x e^{x^2} dx = \dfrac{1}{2}\int e^{x^2} d(x^2) \xlongequal{\text{令}u=x^2} \dfrac{1}{2}\int e^{u} du = \dfrac{1}{2} e^{u} + C = \dfrac{1}{2} e^{x^2} + C$.

例 2.4　求 $\int \dfrac{\ln^2 x}{x} dx$.

解　$\int \dfrac{\ln^2 x}{x} dx = \int \ln^2 x\, d\ln x \xlongequal{\text{令}u=\ln x} \int u^2 du = \dfrac{1}{3} u^3 + C = \dfrac{1}{3}\ln^3 x + C$.

例 2.5　求 $\int \dfrac{\sin\sqrt{x}}{\sqrt{x}} dx$.

解　$\int \dfrac{\sin\sqrt{x}}{\sqrt{x}} dx = 2\int \sin\sqrt{x}\, d\sqrt{x} \xlongequal{\text{令}u=\sqrt{x}} 2\int \sin u\, du$

$\qquad\qquad = -2\cos u + C = -2\cos\sqrt{x} + C$.

例 2.6　求 $\int \tan x\, dx$.

解　$\int \tan x\, dx = \int \dfrac{\sin x}{\cos x} dx = -\int \dfrac{1}{\cos x} d\cos x$

$\qquad \xlongequal{\text{令}u=\cos x} -\int \dfrac{du}{u} = -\ln|u| + C = -\ln|\cos x| + C$.

类似可得 $\int \cot x\, dx = \ln|\sin x| + C$.

当我们对凑微分法比较熟练以后，可以不必写出变量 u，从而简化步骤.

例 2.7　求 $\int \dfrac{dx}{x^2 + a^2}\ (a \neq 0)$.

解　$\int \dfrac{dx}{x^2 + a^2} = \dfrac{1}{a^2}\int \dfrac{dx}{\left(\dfrac{x}{a}\right)^2 + 1} = \dfrac{1}{a}\int \dfrac{1}{\left(\dfrac{x}{a}\right)^2 + 1} d\left(\dfrac{x}{a}\right) = \dfrac{1}{a}\arctan\dfrac{x}{a} + C$.

例 2.8 求 $\int \dfrac{\mathrm{d}x}{\sqrt{a^2 - x^2}}$ $(a > 0)$.

解 $\int \dfrac{\mathrm{d}x}{\sqrt{a^2 - x^2}} = \dfrac{1}{a} \int \dfrac{\mathrm{d}x}{\sqrt{1 - \left(\dfrac{x}{a}\right)^2}} = \int \dfrac{\mathrm{d}\left(\dfrac{x}{a}\right)}{\sqrt{1 - \left(\dfrac{x}{a}\right)^2}} = \arcsin \dfrac{x}{a} + C.$

例 2.9 求 $\int \dfrac{\mathrm{d}x}{x^2 - a^2}$ $(a \neq 0)$.

解 $\int \dfrac{\mathrm{d}x}{x^2 - a^2} = \dfrac{1}{2a} \int \left(\dfrac{1}{x - a} - \dfrac{1}{x + a} \right) \mathrm{d}x$

$$= \dfrac{1}{2a} \left[\int \dfrac{1}{x - a} \mathrm{d}(x - a) - \int \dfrac{1}{x + a} \mathrm{d}(x + a) \right]$$

$$= \dfrac{1}{2a} \left(\ln|x - a| - \ln|x + a| \right) + C$$

$$= \dfrac{1}{2a} \ln \left| \dfrac{x - a}{x + a} \right| + C.$$

在下面几个例子中, 被积函数中包含三角函数, 因此在计算中常要用到一些三角公式.

例 2.10 求 $\int \cos^2 x \mathrm{d}x$.

解 $\int \cos^2 x \mathrm{d}x = \int \dfrac{1 + \cos 2x}{2} \mathrm{d}x = \dfrac{1}{2} \left(\int \mathrm{d}x + \int \cos 2x \mathrm{d}x \right)$

$$= \dfrac{1}{2} \int \mathrm{d}x + \dfrac{1}{4} \int \cos 2x \mathrm{d}(2x) = \dfrac{1}{2} x + \dfrac{1}{4} \sin 2x + C.$$

例 2.11 求 $\int \sin^3 x \mathrm{d}x$.

解 $\int \sin^3 x \mathrm{d}x = \int (1 - \cos^2 x) \sin x \mathrm{d}x = \int (\cos^2 x - 1) \mathrm{d}\cos x$

$$= \int \cos^2 x \mathrm{d}\cos x - \int \mathrm{d}\cos x = \dfrac{1}{3} \cos^3 x - \cos x + C.$$

例 2.12 求 $\int \sin^2 x \cos^3 x \mathrm{d}x$.

解 $\int \sin^2 x \cos^3 x \mathrm{d}x = \int \sin^2 x (1 - \sin^2 x) \cos x \mathrm{d}x$

$$= \int \sin^2 x (1 - \sin^2 x) \mathrm{d}\sin x$$

$$= \dfrac{1}{3} \sin^3 x - \dfrac{1}{5} \sin^5 x + C.$$

例 2.13　求 $\int \sin 3x \cos 2x \mathrm{d}x$.

解　由三角函数的积化和差公式, 有

$$\int \sin 3x \cos 2x \mathrm{d}x = \frac{1}{2} \int (\sin 5x + \sin x)\mathrm{d}x$$

$$= \frac{1}{10} \int \sin 5x \mathrm{d}(5x) + \frac{1}{2} \int \sin x \mathrm{d}x$$

$$= -\frac{1}{10} \cos 5x - \frac{1}{2} \cos x + C.$$

例 2.14　求 $\int \sec x \mathrm{d}x$.

解　$\int \sec x \mathrm{d}x = \int \dfrac{\mathrm{d}x}{\cos x} = \int \dfrac{\cos x}{\cos^2 x} \mathrm{d}x = \int \dfrac{\mathrm{d}\sin x}{1 - \sin^2 x}$

$$= \frac{1}{2} \ln \left| \frac{1 + \sin x}{1 - \sin x} \right| + C = \frac{1}{2} \ln \frac{(1 + \sin x)^2}{\cos^2 x} + C$$

$$= \ln \left| \frac{1 + \sin x}{\cos x} \right| + C = \ln |\sec x + \tan x| + C.$$

类似可得 $\int \csc x \mathrm{d}x = \ln |\csc x - \cot x| + C$.

4.2.2　第二类换元法

第一类换元法是通过变量代换 $u = \varphi(x)$ 将不易计算的积分 $\int f[\varphi(x)]\varphi'(x)\mathrm{d}x$ 化为 $\int f(u)\mathrm{d}u$. 有时会遇到相反的情形, 当 $\int f(x)\mathrm{d}x$ 不易计算时, 可适当地选择变量代换 $x = \varphi(t)$, 将 $\int f(x)\mathrm{d}x$ 化为 $\int f[\varphi(t)]\varphi'(t)\mathrm{d}t$, 这就是第二类换元积分法.

定理 2.2　设 $x = \varphi(t)$ 是单调的可导函数, 且 $\varphi'(t) \neq 0$, 又设 $f[\varphi(t)]\varphi'(t)$ 具有原函数, 则有

$$\int f(x)\mathrm{d}x = \left[\int f[\varphi(t)]\varphi'(t)\mathrm{d}t \right]_{t = \varphi^{-1}(x)}, \tag{2}$$

其中 $t = \varphi^{-1}(x)$ 是 $x = \varphi(t)$ 的反函数.

证明　由题设可知 $f[\varphi(t)]\varphi'(t)$ 有原函数, 设它的原函数为 $F(t)$, 即

$$\int f[\varphi(t)]\varphi'(t)\mathrm{d}t = F(t) + C,$$

$x = \varphi(t)$ 有可导的反函数 $t = \varphi^{-1}(x)$, 从而 (2) 式右端成为

$$\left[\int f[\varphi(t)]\varphi'(t)\mathrm{d}t\right]_{t=\varphi^{-1}(x)} = F[\varphi^{-1}(x)] + C.$$

由复合函数和反函数的求导法则, 有

$$\frac{\mathrm{d}F[\varphi^{-1}(x)]}{\mathrm{d}x} = \frac{\mathrm{d}F(t)}{\mathrm{d}t}\frac{\mathrm{d}t}{\mathrm{d}x} = f[\varphi(t)]\varphi'(t) \cdot \frac{1}{\varphi'(t)} = f[\varphi(t)] = f(x),$$

即 $F[\varphi^{-1}(x)]$ 是 $f(x)$ 的原函数, 从而 (2) 式成立.

公式 (2) 称为不定积分的第二类换元积分公式. 公式 (2) 可以写成

$$\int f(x)\mathrm{d}x \xrightarrow{\text{令} x = \varphi(t)} \int f[\varphi(t)]\varphi'(t)\mathrm{d}t = F(t) + C \xrightarrow{\text{将} t = \varphi^{-1}(x)\text{代回}} F[\varphi^{-1}(x)] + C.$$

例 2.15 求 $\int \sqrt{a^2 - x^2}\,\mathrm{d}x \ (a > 0)$.

解 这个积分的困难在于根式 $\sqrt{a^2 - x^2}$, 我们利用三角公式 $\sin^2 t + \cos^2 t = 1$ 来化去根式. 令 $x = a\sin t \ \left(-\dfrac{\pi}{2} < t < \dfrac{\pi}{2}\right)$, 则

$$\sqrt{a^2 - x^2} = \sqrt{a^2 - a^2\sin^2 t} = a\cos t, \quad \mathrm{d}x = a\cos t\,\mathrm{d}t,$$

$$\int \sqrt{a^2 - x^2}\,\mathrm{d}x = a^2\int \cos^2 t\,\mathrm{d}t = \frac{a^2}{2}\int(1 + \cos 2t)\mathrm{d}t$$

$$= \frac{a^2}{2}\left(t + \frac{1}{2}\sin 2t\right) + C = \frac{a^2}{2}(t + \sin t\cos t) + C.$$

为了将变量 t 用变量 x 表示, 可依据 $\sin t = \dfrac{x}{a}$ 作辅助三角形 (图 4.1), 得

$$\sin t = \frac{x}{a}, \quad \cos t = \frac{\sqrt{a^2 - x^2}}{a},$$

于是

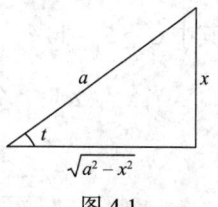

图 4.1

$$\int \sqrt{a^2 - x^2}\,\mathrm{d}x = \frac{a^2}{2}\arcsin\frac{x}{a} + \frac{1}{2}x\sqrt{a^2 - x^2} + C.$$

例 2.16 求 $\int \dfrac{\mathrm{d}x}{\sqrt{x^2 + a^2}} \ (a > 0)$.

解 可以利用三角公式 $1 + \tan^2 t = \sec^2 t$ 化去根式. 令 $x = a\tan t \ \left(-\dfrac{\pi}{2} < t < \dfrac{\pi}{2}\right)$,

则

$$\sqrt{x^2 + a^2} = \sqrt{a^2 \tan^2 t + a^2} = a\sec t, \quad dx = a\sec^2 t\, dt,$$

从而 $\displaystyle\int \frac{dx}{\sqrt{x^2 + a^2}} = \int \frac{a\sec^2 t}{a\sec t}dt = \int \sec t\, dt = \ln|\sec t + \tan t| + C_1$

$$\xlongequal{\text{由图}4.2} \ln\left|\frac{\sqrt{x^2 + a^2}}{a} + \frac{x}{a}\right| + C_1 = \ln(x + \sqrt{x^2 + a^2}) + C,$$

这里 $C = C_1 - \ln a$，并注意到 $x + \sqrt{x^2 + a^2} > 0$.

例 2.17　求 $\displaystyle\int \frac{dx}{\sqrt{x^2 - a^2}}$ $(a > 0)$.

解　可以利用三角公式 $\sec^2 t - 1 = \tan^2 t$ 化去根式.

被积函数的定义域为 $(-\infty, -a) \cup (a, +\infty)$. 当 $x > a$ 时，令 $x = a\sec t$ $\left(0 < t < \dfrac{\pi}{2}\right)$，则

$$\sqrt{x^2 - a^2} = \sqrt{a^2 \sec^2 t - a^2} = a\tan t, \quad dx = a\sec t \cdot \tan t\, dt$$

从而

$$\int \frac{dx}{\sqrt{x^2 - a^2}} = \int \frac{a\sec t \cdot \tan t}{a\tan t}dt = \int \sec t\, dt = \ln|\sec t + \tan t| + C_1$$

$$\xlongequal{\text{由图}4.3} \ln\left|\frac{x}{a} + \frac{\sqrt{x^2 - a^2}}{a}\right| + C_1 = \ln\left|x + \sqrt{x^2 - a^2}\right| + C,$$

其中 $C = C_1 - \ln a$.

当 $x < -a$ 时，令 $x = a\sec t$ $\left(\dfrac{\pi}{2} < t < \pi\right)$，可以得到同样的结果.

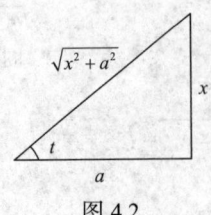

图 4.2

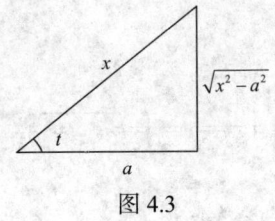

图 4.3

以上三例所用的变量代换称为三角代换，归纳如下：

被积函数含有	变量代换
$\sqrt{a^2-x^2}$	$x = a\sin t$
$\sqrt{x^2+a^2}$	$x = a\tan t$
$\sqrt{x^2-a^2}$	$x = a\sec t$

本节中一些例题的结果十分常用, 因此通常也被当作公式使用, 故排列如下, 作为 4.1.2 节基本积分公式的补充.

(14) $\displaystyle\int \tan x\mathrm{d}x = -\ln|\cos x| + C;$

(15) $\displaystyle\int \cot x\mathrm{d}x = \ln|\sin x| + C;$

(16) $\displaystyle\int \sec x\mathrm{d}x = \ln|\sec x + \tan x| + C;$

(17) $\displaystyle\int \csc x\mathrm{d}x = \ln|\csc x - \cot x| + C;$

(18) $\displaystyle\int \frac{\mathrm{d}x}{x^2+a^2} = \frac{1}{a}\arctan\frac{x}{a} + C \quad (a \neq 0);$

(19) $\displaystyle\int \frac{\mathrm{d}x}{x^2-a^2} = \frac{1}{2a}\ln\left|\frac{x-a}{x+a}\right| + C \quad (a \neq 0);$

(20) $\displaystyle\int \frac{\mathrm{d}x}{\sqrt{a^2-x^2}} = \arcsin\frac{x}{a} + C \quad (a \neq 0);$

(21) $\displaystyle\int \frac{\mathrm{d}x}{\sqrt{x^2+a^2}} = \ln(x + \sqrt{x^2+a^2}) + C;$

(22) $\displaystyle\int \frac{\mathrm{d}x}{\sqrt{x^2-a^2}} = \ln\left|x + \sqrt{x^2-a^2}\right| + C.$

例 2.18　求 $\displaystyle\int \frac{\mathrm{d}x}{x^2+2x+3}$.

解　$\displaystyle\int \frac{\mathrm{d}x}{x^2+2x+3} = \int \frac{\mathrm{d}(x+1)}{(x+1)^2+2} = \frac{1}{\sqrt{2}}\arctan\frac{x+1}{\sqrt{2}} + C.$

例 2.19　求 $\displaystyle\int \frac{x+1}{\sqrt{x^2-2x-3}}\mathrm{d}x$.

解　$\displaystyle\int \frac{x+1}{\sqrt{x^2-2x-3}}\mathrm{d}x = \frac{1}{2}\int \frac{(2x-2)+4}{\sqrt{x^2-2x-3}}\mathrm{d}x$

$\displaystyle\qquad = \frac{1}{2}\int \frac{\mathrm{d}(x^2-2x-3)}{\sqrt{x^2-2x-3}} + 2\int \frac{\mathrm{d}x}{\sqrt{(x-1)^2-4}}$

$\displaystyle\qquad = \sqrt{x^2-2x-3} + 2\ln\left|x-1 + \sqrt{x^2-2x-3}\right| + C.$

习题 4.2

习题 4.2 解答

（A）

求下列不定积分：

(1) $\int (2+5x)^3 \mathrm{d}x$;

(2) $\int \mathrm{e}^{-2x} \mathrm{d}x$;

(3) $\int \sin 2x \mathrm{d}x$;

(4) $\int x\sqrt{1-x^2} \mathrm{d}x$;

(5) $\int \dfrac{\mathrm{d}x}{x(1+2\ln x)}$;

(6) $\int \dfrac{\cos\sqrt{x}}{\sqrt{x}} \mathrm{d}x$;

(7) $\int x\mathrm{e}^{-x^2} \mathrm{d}x$;

(8) $\int \mathrm{e}^x \tan \mathrm{e}^x \mathrm{d}x$;

(9) $\int \dfrac{\sin x}{\cos^5 x} \mathrm{d}x$;

(10) $\int \dfrac{\sin x - \cos x}{\sqrt[3]{\sin x + \cos x}} \mathrm{d}x$;

(11) $\int \dfrac{1-\cos x}{x-\sin x} \mathrm{d}x$;

(12) $\int \cos^3 x \mathrm{d}x$;

(13) $\int \cos^4 x \mathrm{d}x$;

(14) $\int \sin 2x \cos 3x \mathrm{d}x$;

(15) $\int \sec^4 x \mathrm{d}x$;

(16) $\int \dfrac{\mathrm{d}x}{4+9x^2}$;

(17) $\int \dfrac{\mathrm{d}x}{3x^2-1}$;

(18) $\int \dfrac{\mathrm{d}x}{x\sqrt{x^2-1}}$;

(19) $\int \dfrac{x^2}{\sqrt{4-x^2}} \mathrm{d}x$;

(20) $\int \dfrac{x+1}{\sqrt{4-x^2}} \mathrm{d}x$.

（B）

求下列不定积分：

(1) $\int \dfrac{\mathrm{d}x}{\mathrm{e}^x + \mathrm{e}^{-x}}$;

(2) $\int \dfrac{\ln \tan x}{\sin x \cos x} \mathrm{d}x$

(3) $\int \dfrac{\sin x \cos x}{1+\sin^4 x} \mathrm{d}x$;

(4) $\int \dfrac{\arctan\sqrt{x}}{\sqrt{x}(1+x)} \mathrm{d}x$;

(5) $\int \tan^3 x \mathrm{d}x$;

(6) $\int \dfrac{x+1}{x^2+x\ln x} \mathrm{d}x$;

(7) $\int \dfrac{\mathrm{d}x}{x(x^6+1)}$;

(8) $\int \dfrac{\sqrt{x+1}-1}{\sqrt{x+1}+1} \mathrm{d}x$;

(9) $\int \dfrac{1}{\sqrt{x-x^2}} \mathrm{d}x$;

(10) $\int \dfrac{\mathrm{e}^x}{\sqrt{1+\mathrm{e}^{2x}}} \mathrm{d}x$;

(11) $\int \dfrac{\mathrm{d}x}{x^2\sqrt{1-x^2}}$;

(12) $\int \dfrac{\mathrm{d}x}{\sqrt{(x^2+1)^3}}$;

(13) $\int \dfrac{\mathrm{d}x}{1+\sqrt{1-x^2}}$;

(14) $\int \dfrac{\mathrm{d}x}{\sqrt{x^2-2x+2}}$.

4.3　分部积分法

本节从两个函数乘积的求导法则, 来推导出另一个求积分的基本法则——分部积分法.

设函数 $u = u(x), v = v(x)$ 具有连续导数, 由两个函数乘积的导数公式, 有

$$(uv)' = uv' + u'v,$$

移项得

$$uv' = (uv)' - u'v,$$

将上式两端求不定积分, 得

$$\int uv'\mathrm{d}x = uv - \int u'v\mathrm{d}x,\qquad(1)$$

或写成

$$\int u\mathrm{d}v = uv - \int v\mathrm{d}u.\qquad(2)$$

(1)式和(2)式称为**分部积分公式**.

例 3.1　求 $\int x\cos x\mathrm{d}x$.

解　设 $u = x, \mathrm{d}v = \cos x\mathrm{d}x$, 则 $\mathrm{d}u = \mathrm{d}x, v = \sin x$. 由分部积分公式, 有

$$\int x\cos x\mathrm{d}x = x\sin x - \int \sin x\mathrm{d}x = x\sin x + \cos x + C.$$

本例中, 如果设 $u = \cos x, \mathrm{d}v = x\mathrm{d}x$, 则 $\mathrm{d}u = -\sin x\mathrm{d}x, v = \frac{1}{2}x^2$, 于是

$$\int x\cos x\mathrm{d}x = \frac{1}{2}x^2\cos x + \frac{1}{2}\int x^2\sin x\mathrm{d}x,$$

显然上式右端积分比原积分更不容易积出, 即这样选择 u 和 $\mathrm{d}v$ 不能起到化难为易的作用.

由此可见, 在应用分部积分公式时, 恰当选取 u 和 $\mathrm{d}v$ 是一个关键. 在选择 u 和 $\mathrm{d}v$ 时一般应考虑两点:

(1) v 要容易求得;

(2) $\int v\mathrm{d}u$ 要比 $\int u\mathrm{d}v$ 容易积出.

例 3.2　求 $\int x^2\mathrm{e}^x\mathrm{d}x$.

解　设 $u = x^2, \mathrm{d}v = \mathrm{e}^x\mathrm{d}x$, 则 $\mathrm{d}u = 2x\mathrm{d}x, v = \mathrm{e}^x$, 于是

$$\int x^2\mathrm{e}^x\mathrm{d}x = x^2\mathrm{e}^x - 2\int x\mathrm{e}^x\mathrm{d}x ,$$

对右端积分再次用分部积分法, 设 $u = x, \mathrm{d}v = \mathrm{e}^x\mathrm{d}x$, 则 $\mathrm{d}u = \mathrm{d}x, v = \mathrm{e}^x$, 于是

$$x^2\mathrm{e}^x - 2\int x\mathrm{e}^x\mathrm{d}x = x^2\mathrm{e}^x - 2\left[x\mathrm{e}^x - \int \mathrm{e}^x\mathrm{d}x \right]$$
$$= x^2\mathrm{e}^x - 2x\mathrm{e}^x + 2\mathrm{e}^x + C$$
$$= (x^2 - 2x + 2)\mathrm{e}^x + C.$$

以上两例说明, 对形如 $\int x^n\mathrm{e}^x\mathrm{d}x$, $\int x^n\cos x\mathrm{d}x$, $\int x^n\sin x\mathrm{d}x$ 的积分, 在用分部积分法时, 应设 $u = x^n$.

例 3.3　求 $\int x\ln x\mathrm{d}x$.

解　设 $u = \ln x, \mathrm{d}v = x\mathrm{d}x$, 则 $\mathrm{d}u = \dfrac{1}{x}\mathrm{d}x, v = \dfrac{1}{2}x^2$, 于是

$$\int x\ln x\mathrm{d}x = \frac{1}{2}x^2\ln x - \int \frac{1}{x}\cdot\frac{1}{2}x^2\mathrm{d}x = \frac{1}{2}x^2\ln x - \frac{1}{4}x^2 + C .$$

例 3.4　求 $\int \arctan x\mathrm{d}x$.

解　设 $u = \arctan x, \mathrm{d}v = \mathrm{d}x$, 则 $\mathrm{d}u = \dfrac{1}{1+x^2}\mathrm{d}x, v = x$, 于是

$$\int \arctan x\mathrm{d}x = x\arctan x - \int \frac{x}{1+x^2}\mathrm{d}x$$
$$= x\arctan x - \frac{1}{2}\int \frac{\mathrm{d}(1+x^2)}{1+x^2}$$
$$= x\arctan x - \frac{1}{2}\ln(1+x^2) + C.$$

以上两例说明, 对形如 $\int x^n\ln x\mathrm{d}x$, $\int x^n\arctan x\mathrm{d}x$, $\int x^n\arcsin x\mathrm{d}x$ 的积分, 在用分部积分法计算时, 应设 u 为对数函数或反三角函数.

例 3.5　求 $\int e^x \cos x dx$.

解　设 $u = e^x$, $dv = \cos x dx$, 则 $du = e^x dx, v = \sin x$, 于是

$$\int e^x \cos x dx = e^x \sin x - \int e^x \sin x dx,$$

等式右端的积分与等式左端的积分是同一类型的, 对右端的积分再用一次分部积分法. 设

$u = e^x$, $dv = \sin x dx$, 那么 $du = e^x dx$, $v = -\cos x$, 于是

$$\int e^x \cos x dx = e^x \sin x - (-e^x \cos x + \int e^x \cos x dx),$$

由于上式右端的第三项就是所求的积分 $\int e^x \cos x dx$, 把它移到等号左端去, 再两端除以 2, 便得

$$\int e^x \cos x dx = \frac{1}{2} e^x (\sin x + \cos x) + C.$$

例 3.6　求 $\int \sec^3 x dx$.

解　设 $u = \sec x, dv = \sec^2 x dx$, 则 $du = \sec x \tan x dx, v = \tan x$, 于是

$$\begin{aligned}
\int \sec^3 x dx &= \int \sec x \cdot \sec^2 x dx \\
&= \sec x \tan x - \int \sec x \tan^2 x dx \\
&= \int \sec x \tan x - \int \sec x \cdot (\sec^2 x - 1) dx \\
&= \sec x \tan x + \int \sec x dx - \int \sec^3 x dx \\
&= \sec x \tan x + \ln|\sec x + \tan x| - \int \sec^3 x dx.
\end{aligned}$$

移项得

$$\int \sec^3 x dx = \frac{1}{2}(\sec x \tan x + \ln|\sec x + \tan x|) + C.$$

以上两例是用分部积分法得到关于所求积分的一个方程式(以所求积分为未知量), 解这个方程得到所求积分.

下面的例子是用分部积分法建立关于不定积分的递推公式.

例 3.7 求 $I_n = \int \dfrac{1}{(x^2+a^2)^n}\mathrm{d}x$（$n$ 为正整数）的递推公式.

解 设 $u = \dfrac{1}{(x^2+a^2)^n}$，$\mathrm{d}v = \mathrm{d}x$，则 $\mathrm{d}u = -\dfrac{2nx}{(x^2+a^2)^{n+1}}\mathrm{d}x$，$v = x$，于是

$$I_n = \frac{x}{(x^2+a^2)^n} + 2n\int \frac{x^2}{(x^2+a^2)^{n+1}}\mathrm{d}x$$

$$= \frac{x}{(x^2+a^2)^n} + 2n\left[\int \frac{x^2+a^2}{(x^2+a^2)^{n+1}}\mathrm{d}x - a^2\int \frac{1}{(x^2+a^2)^{n+1}}\mathrm{d}x\right]$$

$$= \frac{x}{(x^2+a^2)^n} + 2nI_n - 2na^2 I_{n+1}.$$

所以有递推公式

$$I_{n+1} = \frac{1}{2na^2}\left[\frac{x}{(x^2+a^2)^n} + (2n-1)I_n\right], \quad n = 1, 2, \cdots,$$

其中 $I_1 = \int \dfrac{1}{x^2+a^2}\mathrm{d}x = \dfrac{1}{a}\arctan\dfrac{x}{a} + C$. 由此可求得 $I_2, I_3, \cdots$，例如

$$I_2 = \frac{1}{2a^2}\left(\frac{x}{x^2+a^2} + I_1\right) = \frac{1}{2a^2}\left(\frac{x}{x^2+a^2} + \frac{1}{a}\arctan\frac{x}{a}\right) + C.$$

在求积分时，有时既要用换元积分法，又要用分部积分法.

例 3.8 求 $\int x\arctan\sqrt{x}\,\mathrm{d}x$.

解 令 $\sqrt{x} = t$，则 $x = t^2$，$\mathrm{d}x = 2t\mathrm{d}t$，有

$$\int x\arctan\sqrt{x}\,\mathrm{d}x = 2\int t^3 \arctan t\,\mathrm{d}t$$

$$= \frac{1}{2}t^4 \arctan t - \frac{1}{2}\int \frac{t^4}{1+t^2}\mathrm{d}t$$

$$= \frac{1}{2}t^4 \arctan t - \frac{1}{2}\int \frac{t^4-1+1}{1+t^2}\mathrm{d}t$$

$$= \frac{1}{2}t^4 \arctan t - \frac{1}{2}\int \left[(t^2-1) + \frac{1}{1+t^2}\right]\mathrm{d}t$$

$$= \frac{1}{2}t^4 \arctan t - \frac{1}{6}t^3 + \frac{1}{2}t - \frac{1}{2}\arctan t + C$$

$$= \frac{1}{2}(x^2-1)\arctan\sqrt{x} - \frac{1}{6}x\sqrt{x} + \frac{1}{2}\sqrt{x} + C.$$

习题 4.3

习题 4.3 解答

(A)

1.求下列不定积分:

(1) $\int x^2 \mathrm{e}^{-x} \mathrm{d}x$;

(2) $\int x^2 \ln x \mathrm{d}x$;

(3) $\int (\arcsin x)^2 \mathrm{d}x$;

(4) $\int \mathrm{e}^x \sin x \mathrm{d}x$;

(5) $\int \csc^3 x \mathrm{d}x$;

(6) $\int x \sin x \cos x \mathrm{d}x$;

(7) $\int x^2 \arctan x \mathrm{d}x$;

(8) $\int x \tan^2 x \mathrm{d}x$;

(9) $\int x^2 \sin^2 x \mathrm{d}x$;

(10) $\int \dfrac{\ln^2 x}{x^2} \mathrm{d}x$.

2. 设 $f(x)$ 的一个原函数为 $\ln\left(x+\sqrt{1+x^2}\right)$, 求 $\int x f'(x) \mathrm{d}x$.

(B)

求下列不定积分:

(1) $\int \mathrm{e}^{ax} \sin bx \mathrm{d}x$;

(2) $\int \sin(\ln x) \mathrm{d}x$;

(3) $\int \dfrac{x \mathrm{e}^x}{\sqrt{1+\mathrm{e}^x}} \mathrm{d}x$;

(4) $\int \dfrac{\arcsin \sqrt{x}}{\sqrt{1-x}} \mathrm{d}x$;

(5) $\int \dfrac{\ln(\cos x)}{\cos^2 x} \mathrm{d}x$;

(6) $\int \dfrac{x}{1-\cos x} \mathrm{d}x$;

(7) $\int \dfrac{\ln(\ln x)}{x} \mathrm{d}x$;

(8) $\int \dfrac{\mathrm{e}^{\arctan x} \cdot \arctan x}{1+x^2} \mathrm{d}x$.

4.4 几种典型函数的不定积分

在求函数的导数时, 不同类型的函数有各自的求导法则或方法.而不定积分的计算却不同, 往往依赖于一些特殊的技巧.但是某些类型函数的不定积分, 如本节介绍的有理函数、三角函数有理式及简单无理式的不定积分却可以按照一定的程序进行计算.

4.4.1 有理函数的积分

设 $P(x), Q(x)$ 是多项式, 称它们的商

$$\frac{P(x)}{Q(x)} = \frac{a_0 x^n + a_1 x^{n-1} + \cdots + a_{n-1} x + a_n}{b_0 x^m + b_1 x^{m-1} + \cdots + b_{m-1} + b_m}$$

为有理函数. 其中 n 和 m 是非负整数, $a_0, a_1, \cdots, a_n$ 及 $b_0, b_1, \cdots, b_m$ 是实数, $a_0 \neq 0$, $b_0 \neq 0$. $P(x)$ 和 $Q(x)$ 无公因式. 当 $n < m$ 时, 称之为真分式; 当 $n \geq m$ 时, 称之为假分式.

利用多项式的除法, 可以将假分式化为一个多项式和一个真分式的和, 例如

$$\frac{x^4 + 2x^2 + x}{x^2 + 1} = x^2 + 1 + \frac{x-1}{x^2+1},$$

而多项式的不定积分易于求出, 所以对有理函数, 只需讨论其中真分式的不定积分.

真分式的不定积分, 关键在于先将真分式化为一些简单分式的代数和, 再作不定积分.

例 4.1 求 $\int \dfrac{2}{x^2 - 1} \mathrm{d}x$.

解 $\displaystyle\int \frac{2}{x^2 - 1} \mathrm{d}x = \int \frac{2}{(x-1)(x+1)} \mathrm{d}x = \int \left(\frac{1}{x-1} - \frac{1}{x+1} \right) \mathrm{d}x$

$\displaystyle\qquad\qquad = \int \frac{\mathrm{d}x}{x-1} - \int \frac{\mathrm{d}x}{x+1} = \ln \left| \frac{x-1}{x+1} \right| + C.$

设 $\dfrac{P(x)}{Q(x)}$ 为真分式, 可用如下方法将其分解为简单分式的和式:

(1) 将 $Q(x)$ 在实数范围内作因式分解. $Q(x)$ 只含以下两种类型的因式:

$$(x-a)^k, \quad (x^2 + px + q)^h,$$

其中 k, h 是正整数, $p^2 - 4q < 0$.

(2) 若 $Q(x)$ 含有因式 $(x-a)^k$, 则 $\dfrac{P(x)}{Q(x)}$ 的分解式中含有下列 k 个简单分式:

$$\frac{A_1}{x-a}, \quad \frac{A_2}{(x-a)^2}, \quad \cdots, \quad \frac{A_k}{(x-a)^k},$$

若 $Q(x)$ 含有因式 $(x^2 + px + q)^h$, 则 $\dfrac{P(x)}{Q(x)}$ 的分解式中含有如下 h 个简单分式:

$$\frac{C_1 x + D_1}{x^2 + px + q}, \quad \frac{C_2 x + D_2}{(x^2 + px + q)^2}, \quad \cdots, \quad \frac{C_h x + D_h}{(x^2 + px + q)^h},$$

其中 $A_i (i = 1, 2, \cdots, k), C_j, D_j (j = 1, 2, \cdots, h)$ 是待定的常数, 可以用待定系数法求得.

例如,

$$\frac{x^4}{(x+1)^2(x^2+1)^2} = \frac{A_1}{x+1} + \frac{A_2}{(x+1)^2} + \frac{C_1 x + D_1}{x^2+1} + \frac{C_2 x + D_2}{(x^2+1)^2}.$$

下面举几个真分式积分的例题.

例 4.2　求 $\int \dfrac{2x^2+1}{x^3-2x^2+x}\mathrm{d}x$.

解　由于 $x^3-2x^2+x = x(x-1)^2$, 因此设

$$\frac{2x^2+1}{x^3-2x^2+x} = \frac{A}{x} + \frac{B}{x-1} + \frac{C}{(x-1)^2}.$$

将右端通分, 两端的分子应相等, 得

$$2x^2+1 = A(x-1)^2 + Bx(x-1) + Cx$$
$$= (A+B)x^2 + (-2A-B+C)x + A,$$

比较两端 x 同次幂的系数, 得方程组

$$\begin{cases} A+B = 2, \\ -2A-B+C = 0, \\ A = 1, \end{cases}$$

解此方程组得 $A=1$, $B=1$, $C=3$. 于是

$$\frac{2x^2+1}{x^3-2x^2+x} = \frac{1}{x} + \frac{1}{x-1} + \frac{3}{(x-1)^2}.$$

于是

$$\int \frac{2x^2+1}{x^3-2x^2+x}\mathrm{d}x = \int \frac{1}{x}\mathrm{d}x + \int \frac{1}{x-1}\mathrm{d}x + \int \frac{3}{(x-1)^2}\mathrm{d}x$$
$$= \ln|x| + \ln|x-1| - \frac{3}{x-1} + C.$$

例 4.3　求 $\int \dfrac{\mathrm{d}x}{x^3-1}$.

解　由于 $(x^3-1) = (x-1)(x^2+x+1)$, 因此设

$$\frac{1}{x^3-1} = \frac{A}{x-1} + \frac{Bx+C}{x^2+x+1}.$$

将右端通分, 去分母, 得

$$1 = A(x^2 + x + 1) + (Bx + C)(x - 1) = (A + B)x^2 + (A - B + C)x + (A - C),$$

比较两端同次幂的系数, 得方程组

$$\begin{cases} A + B = 0, \\ A - B + C = 0, \\ A - C = 1. \end{cases}$$

解此方程组得 $A = \dfrac{1}{3}, \quad B = -\dfrac{1}{3}, \quad C = -\dfrac{2}{3}$, 于是

$$\begin{aligned}
\int \frac{\mathrm{d}x}{x^3 - 1} &= \frac{1}{3} \int \frac{\mathrm{d}x}{x - 1} - \frac{1}{3} \int \frac{x + 2}{x^2 + x + 1} \mathrm{d}x \\
&= \frac{1}{3} \ln|x - 1| - \frac{1}{6} \int \frac{(2x + 1) + 3}{x^2 + x + 1} \mathrm{d}x \\
&= \frac{1}{3} \ln|x - 1| - \frac{1}{6} \int \frac{\mathrm{d}(x^2 + x + 1)}{x^2 + x + 1} - \frac{1}{2} \int \frac{\mathrm{d}\left(x + \dfrac{1}{2}\right)}{\left(x + \dfrac{1}{2}\right)^2 + \dfrac{3}{4}} \\
&= \frac{1}{3} \ln|x - 1| - \frac{1}{6} \ln(x^2 + x + 1) - \frac{1}{\sqrt{3}} \arctan \frac{2x + 1}{\sqrt{3}} + C.
\end{aligned}$$

以上两例中求待定系数的方法称为比较系数法. 下面介绍另一种求待定系数的方法——数值代入法.

在例 4.2 中, 得恒等式

$$2x^2 + 1 = A(x - 1)^2 + Bx(x - 1) + Cx,$$

特别地, 取 $x = 0, x = 1, x = 2$ 代入, 得

$$\begin{cases} A = 1, \\ C = 3, \\ A + 2B + 2C = 9, \end{cases}$$

解之, 得 $A = 1, B = 1, C = 3$.

有些真分式的分解可采用将分子拆项的方式, 而不必用以上方法去求待定系数. 例如

$$\frac{2x^2+1}{x(x^2+1)} = \frac{x^2+(x^2+1)}{x(x^2+1)} = \frac{1}{x} + \frac{x}{x^2+1}.$$

例 4.4 求 $\int \frac{1}{x(x^2+1)} \mathrm{d}x$.

解
$$\int \frac{1}{x(x^2+1)} \mathrm{d}x = \int \frac{x^2+1-x^2}{x(x^2+1)} \mathrm{d}x = \int \frac{1}{x}\mathrm{d}x - \int \frac{x}{x^2+1}\mathrm{d}x$$
$$= \int \frac{1}{x}\mathrm{d}x - \frac{1}{2}\int \frac{\mathrm{d}(x^2+1)}{x^2+1}$$
$$= \ln|x| - \frac{1}{2}\ln(x^2+1) + C.$$

将真分式分解为简单分式之和再积分的方法有时很繁琐, 应当灵活运用.

例 4.5 求 $\int \frac{1}{x(x^{10}+1)^2} \mathrm{d}x$.

解
$$\int \frac{1}{x(x^{10}+1)^2}\mathrm{d}x = \int \frac{x^9}{x^{10}(x^{10}+1)^2}\mathrm{d}x = \frac{1}{10}\int \frac{\mathrm{d}(x^{10})}{x^{10}(x^{10}+1)^2}$$
$$\xlongequal{\diamondsuit u=x^{10}} \frac{1}{10}\int \frac{\mathrm{d}u}{u(u+1)^2} = \frac{1}{10}\int \frac{u+1-u}{u(u+1)^2}\mathrm{d}u$$
$$= \frac{1}{10}\int \left[\frac{1}{u(u+1)} - \frac{1}{(u+1)^2}\right]\mathrm{d}u = \frac{1}{10}\int \left(\frac{1}{u} - \frac{1}{u+1} - \frac{1}{(u+1)^2}\right)\mathrm{d}u$$
$$= \frac{1}{10}\left(\ln\left|\frac{u}{u+1}\right| + \frac{1}{u+1}\right) + C = \frac{1}{10}\left(\ln\frac{x^{10}}{x^{10}+1} + \frac{1}{x^{10}+1}\right) + C.$$

4.4.2 三角函数有理式的积分

由三角函数和常数经过有限次四则运算而得到的式子称为三角函数有理式.

由于 $\tan x, \cot x, \sec x, \csc x$ 都可以用 $\sin x$ 和 $\cos x$ 表示. 所以三角函数有理式的积分就是 $\sin x$ 和 $\cos x$ 有理式的积分, 记为

$$\int R(\sin x, \cos x)\mathrm{d}x.$$

其中 $R(u, v)$ 表示两个变量 u, v 的有理式.

这类积分, 只需作变量代换 $t = \tan\frac{x}{2}$, 那么

$$\sin x = 2\sin\frac{x}{2}\cos\frac{x}{2} = \frac{2\tan\frac{x}{2}}{\sec^2\frac{x}{2}} = \frac{2t}{1+t^2},$$

$$\cos x = \cos^2 \frac{x}{2} - \sin^2 \frac{x}{2} = \frac{1 - \tan^2 \frac{x}{2}}{\sec^2 \frac{x}{2}} = \frac{1 - t^2}{1 + t^2},$$

$$x = 2\arctan t, \quad dx = \frac{2}{1+t^2}dt,$$

于是

$$\int R(\sin x, \cos x)dx = \int R\left(\frac{2t}{1+t^2}, \frac{1-t^2}{1+t^2}\right)\frac{2}{1+t^2}dt,$$

化为关于 t 的有理函数的积分，所作的变量代换 $t = \tan\frac{x}{2}$ 称为半角代换.

例 4.6　求 $\displaystyle\int \frac{1}{3 + 5\cos x}dx$.

解　令 $t = \tan\frac{x}{2}$，则 $\cos x = \frac{1-t^2}{1+t^2}$，$dx = \frac{2}{1+t^2}dt$，于是

$$\int \frac{dx}{3 + 5\cos x} = \int \frac{1}{3 + 5\frac{1-t^2}{1+t^2}} \cdot \frac{2}{1+t^2}dt$$

$$= \int \frac{1}{4 - t^2}dt = \frac{1}{4}\ln\left|\frac{2+t}{2-t}\right| + C$$

$$= \frac{1}{4}\ln\left|\frac{2 + \tan\dfrac{x}{2}}{2 - \tan\dfrac{x}{2}}\right| + C.$$

半角代换可以把所有的三角函数有理式的积分化成有理函数的积分，所以这种代换又称为万能代换. 用万能代换作积分时的运算往往也很繁琐. 因此对某些三角函数有理式的积分，常用一些特殊的代换，以简化计算.

例 4.7　求 $\displaystyle\int \frac{\sin^3 x}{2 + \cos x}dx$.

解　$\displaystyle\int \frac{\sin^3 x}{2 + \cos x}dx = \int \frac{\sin^2 x \cdot \sin x}{2 + \cos x}dx = -\int \frac{1 - \cos^2 x}{2 + \cos x}d\cos x$

$$\xlongequal{\diamondsuit t = \cos x} \int \frac{t^2 - 1}{t + 2}dt = \int \left(t - 2 + \frac{3}{t+2}\right)dt$$

$$= \frac{t^2}{2} - 2t + 3\ln|t + 2| + C$$

$$= \frac{1}{2}\cos^2 x - 2\cos x + 3\ln(\cos x + 2) + C.$$

例 4.8 求 $\displaystyle\int\frac{1}{\sin^4 x\cos^2 x}\mathrm{d}x$.

解 $\displaystyle\int\frac{1}{\sin^4 x\cos^2 x}\mathrm{d}x = \int\frac{\mathrm{d}x}{\dfrac{\sin^4 x}{\cos^4 x}\cdot\cos^6 x} = \int\frac{(\tan^2 x+1)^2}{\tan^4 x}\,\mathrm{d}\tan x$

$$\xlongequal{\diamondsuit t=\tan x}\int\frac{(t^2+1)^2}{t^4}\mathrm{d}t = \int\left(1+\frac{2}{t^2}+\frac{1}{t^4}\right)\mathrm{d}t$$

$$= t-\frac{2}{t}-\frac{1}{3t^3}+C$$

$$= \tan x-\frac{2}{\tan x}-\frac{1}{3\tan^3 x}+C.$$

4.4.3 简单无理式的积分

下面举两个被积函数中含有根式 $\sqrt[n]{ax+b}$ 的不定积分的例题.

例 4.9 求 $\displaystyle\int\frac{\mathrm{d}x}{\sqrt[3]{x+1}-1}$.

解 令 $\sqrt[3]{x+1}=t$, 于是 $x=t^3-1$, $\mathrm{d}x=3t^2\mathrm{d}t$. 从而

$$\int\frac{\mathrm{d}x}{\sqrt[3]{x+1}-1} = 3\int\frac{t^2}{t-1}\mathrm{d}t = 3\int\left(t+1+\frac{1}{t-1}\right)\mathrm{d}t$$

$$= \frac{3}{2}t^2+3t+3\ln|t-1|+C$$

$$= \frac{3}{2}\sqrt[3]{(x+1)^2}+3\sqrt[3]{x+1}+3\ln\left|\sqrt[3]{x+1}-1\right|+C.$$

例 4.10 求 $\displaystyle\int\frac{\mathrm{d}x}{\sqrt{x}(1+\sqrt[4]{x})^3}$.

解 令 $\sqrt[4]{x}=t$, 于是 $x=t^4$, $\mathrm{d}x=4t^3\mathrm{d}t$, 从而

$$\int\frac{\mathrm{d}x}{\sqrt{x}(1+\sqrt[4]{x})^3} = 4\int\frac{t^3}{t^2(1+t)^3}\mathrm{d}t = 4\int\frac{t}{(1+t)^3}\mathrm{d}t$$

$$= 4\int\frac{1+t-1}{(1+t)^3}\mathrm{d}t = 4\int\frac{\mathrm{d}t}{(1+t)^2}-4\int\frac{\mathrm{d}t}{(1+t)^3}$$

$$= -\frac{4}{1+t}+\frac{2}{(1+t)^2}+C = -\frac{4}{1+\sqrt[4]{x}}+\frac{2}{(1+\sqrt[4]{x})^2}+C.$$

在本章的最后, 我们还要指出, 初等函数在其定义区间内连续, 从而其原函数一定存在, 但是它们的原函数不一定是初等函数, 如

$$\int e^{-x^2}\,\mathrm{d}x,\quad \int \frac{\sin x}{x}\,\mathrm{d}x,\quad \int \frac{\mathrm{d}x}{\ln x},\quad \int \sin x^2\,\mathrm{d}x$$

等等. 我们通常说这些积分是"积不出来"的.

习题 4.4

(A)

习题 4.4 解答

求下列不定积分:

(1) $\displaystyle\int \frac{x+3}{x^2-5x+6}\,\mathrm{d}x$;

(2) $\displaystyle\int \frac{2x+1}{x^3-2x^2+x}\,\mathrm{d}x$;

(3) $\displaystyle\int \frac{3}{x^3+1}\,\mathrm{d}x$;

(4) $\displaystyle\int \frac{x}{(x+1)(x+2)(x+3)}\,\mathrm{d}x$;

(5) $\displaystyle\int \frac{x-1}{x^2+2x+2}\,\mathrm{d}x$;

(6) $\displaystyle\int \frac{x^4}{x^2-1}\,\mathrm{d}x$;

(7) $\displaystyle\int \frac{x^2}{x^6-a^6}\,\mathrm{d}x$;

(8) $\displaystyle\int \frac{\mathrm{d}x}{x(x^5+4)}$;

(9) $\displaystyle\int \frac{\mathrm{d}x}{3+\sin^2 x}$;

(10) $\displaystyle\int \frac{\sin 2x}{\sin^2 x(\sin^2 x+1)}\,\mathrm{d}x$;

(11) $\displaystyle\int \frac{\sin x}{1+\sin x}\,\mathrm{d}x$;

(12) $\displaystyle\int \frac{\mathrm{d}x}{x\sqrt{x-1}}$;

(13) $\displaystyle\int \frac{\sqrt[3]{x}}{x(\sqrt{x}+\sqrt[3]{x})}\,\mathrm{d}x$;

(14) $\displaystyle\int \frac{\mathrm{d}x}{\sqrt{1+e^x}}$.

(B)

求下列不定积分:

(1) $\displaystyle\int \left(\frac{x-1}{x+1}\right)^2\,\mathrm{d}x$;

(2) $\displaystyle\int \frac{x^3}{(x-1)^{100}}\,\mathrm{d}x$;

(3) $\displaystyle\int \frac{1-\tan x}{1+\tan x}\,\mathrm{d}x$;

(4) $\displaystyle\int \frac{\mathrm{d}x}{\sin x+\tan x}$;

(5) $\displaystyle\int \frac{\mathrm{d}x}{e^x+4e^{-x}+3}$;

(6) $\displaystyle\int \frac{\mathrm{d}x}{e^{2x}-4}$;

(7) $\displaystyle\int \ln\sqrt{x}\,\mathrm{d}x$;

(8) $\displaystyle\int e^{\sqrt[3]{x}}\,\mathrm{d}x$.

第5章　定积分及其应用

本章讨论积分学的另一个基本问题——定积分问题. 首先引进定积分的概念和性质, 然后建立定积分与不定积分的关系, 最后介绍计算定积分的各种方法以及定积分在几何上与物理上的一些应用.

5.1　定积分的概念和性质

我们先从实际问题引出定积分的概念, 然后讨论定积分的基本性质.

5.1.1　定积分问题举例

1. 曲边梯形的面积

所谓曲边梯形, 是指由直线 $x = a$, $x = b$ $(a < b)$, x 轴以及区间 $[a, b]$ 上的连续曲线 $y = f(x)$ $(f(x) \geqslant 0)$ 所围成的平面图形 (图 5.1).

下面讨论如何求曲边梯形的面积 A.

(1) 分割: 用分点

$$a = x_0 < x_1 < x_2 < \cdots < x_{i-1} < x_i < \cdots < x_n = b$$

把区间 $[a, b]$ 分成 n 个小区间

$$[x_0, x_1], \quad [x_1, x_2], \quad \cdots, \quad [x_{i-1}, x_i], \quad \cdots, \quad [x_{n-1}, x_n],$$

每个小区间的长度设为 $\Delta x_i = x_i - x_{i-1}$ $(i = 1, 2, \cdots, n)$.

过每个分点作垂直于 x 轴的直线, 把曲边梯形分成 n 个小曲边梯形, 其面积是 ΔA_i $(i = 1, 2, \cdots, n)$, 则 $A = \Delta A_1 + \Delta A_2 + \cdots + \Delta A_n = \sum_{i=1}^{n} \Delta A_i$.

(2) 近似: 对于小曲边梯形, 它的高仍为变量, 但是由于 $f(x)$ 是连续函数, 所以当自变量的改变量很小时, 函数的改变量也很小. 因此, 当小曲边梯形的底边 Δx_i 很小时, 其上的高变化也很小, 所以小曲边梯形的面积可以用小矩形面积近似代替.

在每个小区间$[x_{i-1}, x_i]$上任取一点ξ_i，于是

$$\Delta A_i \approx f(\xi_i)\Delta x_i \quad (i = 1, 2, \cdots, n),$$

其中$f(\xi_i)\Delta x_i$是以$[x_{i-1}, x_i]$为底，以$f(\xi_i)$为高的小矩形的面积(图 5.2).

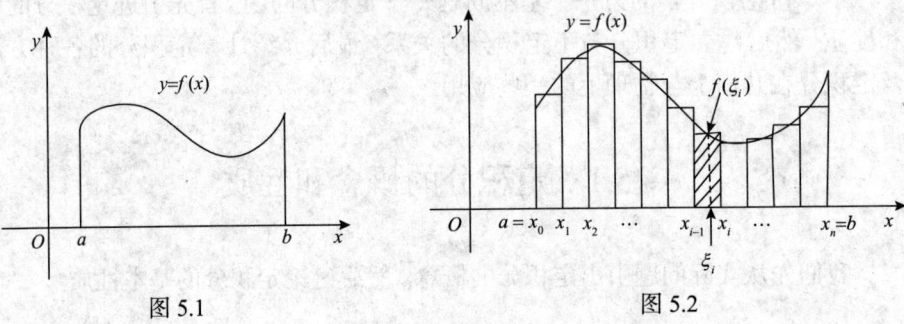

图 5.1　　　　　　　　　　　　图 5.2

(3)求和：将这些小矩形面积加起来，就可以得到曲边梯形面积的近似值，即

$$A \approx f(\xi_1)\Delta x_1 + f(\xi_2)\Delta x_2 + \cdots + f(\xi_n)\Delta x_n = \sum_{i=1}^{n} f(\xi_i)\Delta x_i.$$

(4)取极限：当我们不断地将对$[a,b]$的分割加细，使每个小区间梯形的底边长度Δx_i越来越小，上述面积的近似值越来越精确．当每个Δx_i都趋于零时，上述面积的近似值的极限就是曲边梯形的面积A．为了便于表示这个极限过程，记

$$\lambda = \max\{\Delta x_1, \Delta x_2, \cdots, \Delta x_n\},$$

$\lambda \to 0$就是$\Delta x_i \to 0$ $(i = 1, 2, \cdots, n)$．于是有$A = \lim\limits_{\lambda \to 0} \sum\limits_{i=1}^{n} f(\xi_i)\Delta x_i$．

2. 变速直线运动的路程

设某物体做直线运动，其速度是时间t的连续函数$v = v(t)$ $(v(t) \geqslant 0)$，求该物体从$t = a$到$t = b(a < b)$这段时间内所经过的路程s．

(1)分割：用分点

$$a = t_0 < t_1 < t_2 < \cdots < t_{i-1} < t_i < \cdots < t_n = b$$

将区间$[a,b]$分成n个小时间段$[t_{i-1}, t_i]$ $(i = 1, 2, \cdots, n)$，记$\Delta t_i = t_i - t_{i-1}$ $(i = 1, 2, \cdots, n)$．

(2) 近似: 在 $[t_{i-1}, t_i]$ 上任取一点 ξ_i, 物体在小时间段 $[t_{i-1}, t_i]$ 内可近似看作速度为 $v(\xi_i)$ 的匀速运动, 则在该时段内物体走过的路程

$$\Delta s_i \approx v(\xi_i)\Delta t_i \quad (i = 1, 2, \cdots, n).$$

(3) 求和: 将上述 n 个时段的路程加起来, 就可以得到路程 s 的近似值, 即

$$s \approx v(\xi_1)\Delta t_1 + v(\xi_2)\Delta t_2 + \cdots + v(\xi_n)\Delta t_n = \sum_{i=1}^{n} v(\xi_i)\Delta t_i.$$

(4) 取极限: 记 $\lambda = \max\{\Delta t_1, \Delta t_2, \cdots, \Delta t_n\}$, 令 $\lambda \to 0$ 取极限, 有

$$s = \lim_{\lambda \to 0} \sum_{i=1}^{n} v(\xi_i)\Delta t_i.$$

5.1.2 定积分的概念

从表面上看, 上面讨论的两个实际问题是两类不同的问题, 一类是几何问题, 另一类是物理问题. 但是, 解决问题的方法是相同的, 它们都归结为用定义在某区间上的函数构造一种相同结构的和式, 再求和式的极限. 在各个学科中, 经常把问题归结为计算这种类型的和式的极限, 由此便引出了数学上一个重要的概念——定积分.

定义 1.1 设 $f(x)$ 是定义在区间 $[a, b]$ 上的有界函数, 用分点

$$a = x_0 < x_1 < x_2 < \cdots < x_{i-1} < x_i < \cdots < x_n = b$$

把 $[a, b]$ 任意分成 n 个小区间

$$[x_0, x_1], \quad [x_1, x_2], \quad \cdots, \quad [x_{i-1}, x_i], \quad \cdots, \quad [x_{n-1}, x_n],$$

小区间 $[x_{i-1}, x_i]$ 的长度记为 $\Delta x_i = x_i - x_{i-1}$.

在每个小区间 $[x_{i-1}, x_i]$ 上任取一点 ξ_i, 作乘积 $f(\xi_i)\Delta x_i$ $(i = 1, 2, \cdots, n)$ 并作和 $\sum_{i=1}^{n} f(\xi_i)\Delta x_i$. 记 $\lambda = \max\{\Delta x_1, \Delta x_2, \cdots, \Delta x_n\}$, 如果不论对 $[a, b]$ 怎样分割, 也不论在小区间 $[x_{i-1}, x_i]$ 上如何取点 ξ_i, 只要当 $\lambda \to 0$ 时, 和式 $\sum_{i=1}^{n} f(\xi_i)\Delta x_i$ 总趋于确定的常数 I, 则称极限 I 为函数 $f(x)$ 在区间 $[a, b]$ 上的**定积分**, 记为 $\int_a^b f(x)\mathrm{d}x$, 即

$$\int_a^b f(x)\mathrm{d}x = \lim_{\lambda \to 0} \sum_{i=1}^n f(\xi_i)\Delta x_i ,$$

其中 $f(x)$ 称为**被积函数**, $f(x)\mathrm{d}x$ 称为**被积表达式**, x 称为**积分变量**, a 与 b 分别称为**积分下限**和**积分上限**, $[a,b]$ 称为**积分区间**.

和式 $\sum_{i=1}^n f(\xi_i)\Delta x_i$ 通常称为**积分和**, 当积分和的极限存在时, 也称 $f(x)$ 在 $[a,b]$ 上**可积**, 否则称 $f(x)$ 在 $[a,b]$ 上**不可积**.

关于定积分的定义作几点说明:

(1) 积分和 $\sum_{i=1}^n f(\xi_i)\Delta x_i$ 与对区间 $[a,b]$ 的分法及点 ξ_i 的取法有关, 当对 $[a,b]$ 的分法及 ξ_i 的取法不同时, 积分和将为不同的值. $f(x)$ 在 $[a,b]$ 上可积是指不论对 $[a,b]$ 怎样分法, 也不论 ξ_i 怎样取法, 只要当 $\lambda \to 0$, 极限 $\lim_{\lambda \to 0} \sum_{i=1}^n f(\xi_i)\Delta x_i$ 都存在并且相等.

(2) 定积分 $\int_a^b f(x)\mathrm{d}x$ 表示一个数, 这个数取决于积分区间及被积函数, 而与积分变量用什么字母表示无关, 所以可写成

$$\int_a^b f(x)\mathrm{d}x = \int_a^b f(t)\mathrm{d}t = \int_a^b f(u)\mathrm{d}u = \cdots.$$

(3) 在定积分定义中, 实际上假定了 $a < b$, 当 $a \geqslant b$ 时作两点补充规定: 当 $a > b$ 时, $\int_a^b f(x)\mathrm{d}x = -\int_b^a f(x)\mathrm{d}x$; 当 $a = b$ 时, $\int_a^a f(x)\mathrm{d}x = 0$.

有了这两点补充规定, 以后对定积分的上、下限就没有上限大、下限小的限制了.

关于函数的可积性, 重要的问题是: 函数 $f(x)$ 在 $[a,b]$ 上可积的必要条件和充分条件是什么? 从定义看, $f(x)$ 在 $[a,b]$ 上可积的前提条件是 $f(x)$ 在 $[a,b]$ 上有界.

这是因为如果 $f(x)$ 在 $[a,b]$ 上无界, 则对 $[a,b]$ 的任一分割, 它至少在某一个小区间上无界, 从而使积分和的极限不一定存在. 因此, 我们可以说, $f(x)$ 在 $[a,b]$ 上可积的必要条件是 $f(x)$ 在 $[a,b]$ 上有界.

下面给出函数 $f(x)$ 在 $[a,b]$ 上可积的两个充分条件:

定理 1.1　设函数 $f(x)$ 在 $[a,b]$ 上连续, 则 $f(x)$ 在 $[a,b]$ 上可积.

定理 1.2　设函数 $f(x)$ 在 $[a,b]$ 上有界, 且只有有限个间断点, 则 $f(x)$ 在 $[a,b]$

上可积.

这两个定理的证明超出本书范围, 从略.

从定积分的定义和可积的第一个充分条件, 引例中的两个实际问题可以表述如下:

当函数 $f(x)$ 在 $[a,b]$ 上连续且 $f(x) \geqslant 0$ 时, 由直线 $x=a$, $x=b$, x 轴以及曲线 $y=f(x)$ 所围成的曲边梯形的面积 $A = \int_a^b f(x)\mathrm{d}x$, 这就是定积分的几何意义.

当函数 $v(t)$ 在 $[a,b]$ 上连续且 $v(t) \geqslant 0$ 时, 以变速 $v=v(t)$ 做直线运动的物体, 从 $t=a$ 到 $t=b$ 所经过的路程 $s = \int_a^b v(t)\mathrm{d}t$.

例 1.1　用定义计算 $\int_0^1 x^2 \mathrm{d}x$.

解　因为函数 $f(x)=x^2$ 在 $[0,1]$ 上连续, 所以在 $[0,1]$ 上可积. 此时对 $[0,1]$ 的任何分法及 ξ_i 的取法, 积分和的极限都等于 $\int_0^1 x^2 \mathrm{d}x$.为便于计算, 将 $[0,1]$ 进行 n 等分, 分点为 $x_i = \dfrac{i}{n}(i=0,1,2,\cdots,n)$, 小区间的长度都是 $\dfrac{1}{n}$, 令

$$\lambda = \max\{\Delta x_1, \Delta x_2, \cdots, \Delta x_n\} = \frac{1}{n},$$

取 $\xi_i = \dfrac{i}{n}(i=1,2,\cdots,n)$, 则

$$
\begin{aligned}
\int_0^1 x^2 \mathrm{d}x &= \lim_{\lambda \to 0} \sum_{i=1}^n f(\xi_i)\Delta x_i = \lim_{n \to \infty} \sum_{i=1}^n \left(\frac{i}{n}\right)^2 \cdot \frac{1}{n} \\
&= \lim_{n \to \infty} \frac{1^2 + 2^2 + \cdots + n^2}{n^3} \\
&= \lim_{n \to \infty} \frac{\frac{1}{6}n(n+1)(2n+1)}{n^3} = \frac{1}{3}.
\end{aligned}
$$

5.1.3　定积分的性质

下面讨论定积分的性质, 讨论中所涉及的定积分假定都是存在的, 证明中省略分割、近似、求和等步骤.

性质 1　$\displaystyle\int_a^b [k_1 f(x) + k_2 g(x)]\mathrm{d}x = k_1 \int_a^b f(x)\mathrm{d}x + k_2 \int_a^b g(x)\mathrm{d}x$ 　（ k_1, k_2 是常数）.

证明 $\displaystyle\int_a^b [k_1 f(x) + k_2 g(x)]\mathrm{d}x = \lim_{\lambda \to 0} \sum_{i=1}^n [k_1 f(\xi_i) + k_2 g(\xi_i)]\Delta x_i$

$$= k_1 \lim_{\lambda \to 0} \sum_{i=1}^n f(\xi_i)\Delta x_i + k_2 \lim_{\lambda \to 0} \sum_{i=1}^n g(\xi_i)\Delta x_i$$

$$= k_1 \int_a^b f(x)\mathrm{d}x + k_2 \int_a^b g(x)\mathrm{d}x. \qquad \square$$

称此性质为定积分的**线性性质**.

性质 2 $\displaystyle\int_a^b f(x)\mathrm{d}x = \int_a^c f(x)\mathrm{d}x + \int_c^b f(x)\mathrm{d}x$.

证明 先设 $a < c < b$. 因为 $f(x)$ 在 $[a, b]$ 上可积, 所以积分和的极限与对区间 $[a, b]$ 的分法无关, 因此在分割 $[a, b]$ 时, 可以使 c 总是一个分点, 于是

$$\sum_{[a, b]} f(\xi_i)\Delta x_i = \sum_{[a, c]} f(\xi_i)\Delta x_i + \sum_{[c, b]} f(\xi_i)\Delta x_i.$$

令 $\lambda \to 0$, 即得

$$\int_a^b f(x)\mathrm{d}x = \int_a^c f(x)\mathrm{d}x + \int_c^b f(x)\mathrm{d}x.$$

对 a, b, c 大小关系的其他情形, 比如 $a < b < c$ 时, 由上式有

$$\int_a^c f(x)\mathrm{d}x = \int_a^b f(x)\mathrm{d}x + \int_b^c f(x)\mathrm{d}x,$$

移项后, 再根据定积分定义的补充规定, 有

$$\int_a^b f(x)\mathrm{d}x = \int_a^c f(x)\mathrm{d}x - \int_b^c f(x)\mathrm{d}x = \int_a^c f(x)\mathrm{d}x + \int_c^b f(x)\mathrm{d}x. \qquad \square$$

这个性质称为定积分的**区间可加性质**.

性质 3 若在 $[a, b]$ 上 $f(x) \leqslant g(x)$, 则 $\displaystyle\int_a^b f(x)\mathrm{d}x \leqslant \int_a^b g(x)\mathrm{d}x$.

证明 因为 $f(x) \leqslant g(x)$, 所以

$$\sum_{i=1}^n f(\xi_i)\Delta x_i \leqslant \sum_{i=1}^n g(\xi_i)\Delta x_i,$$

令 $\lambda \to 0$, 由极限的保号性质可得

$$\int_a^b f(x)\mathrm{d}x \leqslant \int_a^b g(x)\mathrm{d}x. \qquad \square$$

推论 1 若在 $[a,b]$ 上 $f(x) \geqslant 0$（或 $f(x) \leqslant 0$），则

$$\int_a^b f(x)\mathrm{d}x \geqslant 0 \quad (\text{或} \int_a^b f(x)\mathrm{d}x \leqslant 0).$$

推论 2 设 M 和 m 分别是 $f(x)$ 在 $[a,b]$ 上的最大值和最小值，则

$$m(b-a) \leqslant \int_a^b f(x)\mathrm{d}x \leqslant M(b-a).$$

证明 在 $[a,b]$ 上，$m \leqslant f(x) \leqslant M$，由性质 3，有

$$\int_a^b m\mathrm{d}x \leqslant \int_a^b f(x)\mathrm{d}x \leqslant \int_a^b M\mathrm{d}x.$$

显然 $\int_a^b m\mathrm{d}x = m(b-a), \int_a^b M\mathrm{d}x = M(b-a)$，从而

$$m(b-a) \leqslant \int_a^b f(x)\mathrm{d}x \leqslant M(b-a). \qquad \square$$

推论 3 $\left| \int_a^b f(x)\mathrm{d}x \right| \leqslant \int_a^b |f(x)|\mathrm{d}x.$

证明 在 $[a,b]$ 上，$-|f(x)| \leqslant f(x) \leqslant |f(x)|$，由性质 3 和性质 1 可得

$$-\int_a^b |f(x)|\mathrm{d}x \leqslant \int_a^b f(x)\mathrm{d}x \leqslant \int_a^b |f(x)|\mathrm{d}x,$$

从而

$$\left| \int_a^b f(x)\mathrm{d}x \right| \leqslant \int_a^b |f(x)|\mathrm{d}x. \qquad \square$$

性质 4（积分中值定理） 设函数 $f(x)$ 在 $[a,b]$ 上连续，则在 $[a,b]$ 上至少存在一点 ξ，使得

$$\int_a^b f(x)\mathrm{d}x = f(\xi)(b-a).$$

证明 因为 $f(x)$ 在 $[a,b]$ 上连续，所以 $f(x)$ 在 $[a,b]$ 上必有最大值 M 和最小值 m，由推论 2 可知

$$m(b-a) \leqslant \int_a^b f(x)\mathrm{d}x \leqslant M(b-a),$$

即

$$m \leqslant \frac{1}{b-a}\int_a^b f(x)\mathrm{d}x \leqslant M.$$

由于数值 $\dfrac{1}{b-a}\displaystyle\int_a^b f(x)\mathrm{d}x$ 介于 $f(x)$ 在 $[a,b]$ 上的最小值 m 与最大值 M 之间，根据闭区间上连续函数的介值定理，在 $[a,b]$ 上至少存在一点 ξ，使得

$$f(\xi) = \frac{1}{b-a}\int_a^b f(x)\mathrm{d}x,$$

即

$$\int_a^b f(x)\mathrm{d}x = f(\xi)(b-a).\qquad\square$$

称数 $\mu = \dfrac{1}{b-a}\displaystyle\int_a^b f(x)\mathrm{d}x$ 为函数 $f(x)$ 在区间 $[a,b]$ 上的平均值.

习题 5.1

习题 5.1 解答

(A)

1. 利用定积分的几何意义，说明下列等式：

(1) $\displaystyle\int_0^1 \sqrt{1-x^2}\,\mathrm{d}x = \frac{\pi}{4}$；

(2) $\displaystyle\int_{-\frac{\pi}{2}}^{\frac{\pi}{2}} \sin x\,\mathrm{d}x = 0$.

2. 比较下列积分的大小：

(1) $\displaystyle\int_0^1 x^2\,\mathrm{d}x$ 与 $\displaystyle\int_0^1 x^3\,\mathrm{d}x$；

(2) $\displaystyle\int_1^2 \ln x\,\mathrm{d}x$ 与 $\displaystyle\int_1^2 \ln^2 x\,\mathrm{d}x$.

3. 估计下列积分的值：

(1) $\displaystyle\int_1^4 (x^2-1)\,\mathrm{d}x$；

(2) $\displaystyle\int_{\frac{1}{\sqrt{3}}}^{\sqrt{3}} x\arctan x\,\mathrm{d}x$.

4. 证明极限 $\displaystyle\lim_{n\to\infty}\int_0^1 \sin^n x\,\mathrm{d}x = 0$.

(B)

1. 用定积分的定义计算下列积分：

(1) $\displaystyle\int_0^1 (x-1)\,\mathrm{d}x$；

(2) $\displaystyle\int_0^1 \mathrm{e}^x\,\mathrm{d}x$.

2. 设函数 $f(x)$ 在 $[a,b]$ 上连续，$f(x) \geqslant 0$ 且不恒等于 0.证明 $\displaystyle\int_a^b f(x)\,\mathrm{d}x > 0$.

5.2 微积分基本定理

本节将讨论函数的定积分与其原函数之间的关系, 并由此得到计算定积分的基本公式.

5.2.1 积分上限的函数及其导数

设函数 $f(x)$ 在区间 $[a,b]$ 上连续, 则定积分 $\int_a^b f(x)\mathrm{d}x$ 存在, 对区间 $[a,b]$ 上任意确定的 x, $f(x)$ 在 $[a,x]$ 上连续, 定积分 $\int_a^x f(t)\mathrm{d}t$ 也存在(这里把积分变量写成 t 是为了与积分上限 x 区别开). 由 x 的任意性, 此定积分确定了一个关于上限 x 的函数, 记为 $\Phi(x)$, 即

$$\Phi(x) = \int_a^x f(t)\mathrm{d}t \quad (a \leqslant x \leqslant b),$$

通常称为**积分上限的函数**或者**变上限积分**. 它有如下重要性质.

定理 2.1 如果函数 $f(x)$ 在区间 $[a,b]$ 上连续, 则积分上限的函数

$$\Phi(x) = \int_a^x f(t)\mathrm{d}t$$

在 $[a,b]$ 上可导, 并且

$$\Phi'(x) = \frac{\mathrm{d}}{\mathrm{d}x}\int_a^x f(t)\mathrm{d}t = f(x) \quad (a \leqslant x \leqslant b).$$

证明 对函数 $\Phi(x)$, 当自变量 x 取得增量 Δx 时, $\Phi(x)$ 的增量为

$$\Delta\Phi(x) = \Phi(x+\Delta x) - \Phi(x) = \int_a^{x+\Delta x} f(t)\mathrm{d}t - \int_a^x f(t)\mathrm{d}t = \int_x^{x+\Delta x} f(t)\mathrm{d}t,$$

由积分中值定理

$$\Delta\Phi(x) = f(\xi)\Delta x \quad (\xi \text{ 在 } x \text{ 与 } x+\Delta x \text{ 之间}),$$

于是

$$\frac{\Delta\Phi(x)}{\Delta x} = f(\xi).$$

令 $\Delta x \to 0$, 有 $\xi \to x$, 由 $f(x)$ 在 $[a,b]$ 上连续可知

$$\lim_{\Delta x \to 0} \frac{\Delta \Phi(x)}{\Delta x} = \lim_{\Delta x \to 0} f(\xi) = \lim_{\xi \to x} f(\xi) = f(x),$$

即 $\Phi(x)$ 在点 x 处可导, 且 $\Phi'(x) = f(x)$. □

由定理 2.1 的结论 $\Phi'(x) = f(x)$ 可知, $\Phi(x)$ 是 $f(x)$ 的一个原函数.

该定理的重要性在于, 一方面定理指出了, 如果 $f(x)$ 在 $[a, b]$ 上连续, 则它在 $[a, b]$ 上的原函数一定存在, 积分上限的函数 $\Phi(x)$ 就是它的一个原函数, 回答了第 4 章中原函数存在性的问题.

另一方面, 定理指出了定积分与原函数之间的联系, 为定积分的计算建立了基础.

例 2.1 求下列函数的导数:

(1) $\int_x^b \frac{1}{\sqrt{1+t^2}} \mathrm{d}t$;   (2) $\int_a^{x^2} \sin t^2 \mathrm{d}t$.

解 (1) 由于 $\int_x^b \frac{1}{\sqrt{1+t^2}} \mathrm{d}t = -\int_b^x \frac{1}{\sqrt{1+t^2}} \mathrm{d}t$, 根据定理 2.1 可知

$$\frac{\mathrm{d}}{\mathrm{d}x} \int_x^b \frac{1}{\sqrt{1+t^2}} \mathrm{d}t = -\frac{\mathrm{d}}{\mathrm{d}x} \int_b^x \frac{1}{\sqrt{1+t^2}} \mathrm{d}t = -\frac{1}{\sqrt{1+x^2}}.$$

(2) 函数 $\int_a^{x^2} \sin t^2 \mathrm{d}t$ 是 $\Phi(u) = \int_a^u \sin t^2 \mathrm{d}t$ 和 $u = x^2$ 的复合函数. 由复合函数的求导法则, 有

$$\frac{\mathrm{d}}{\mathrm{d}x} \int_a^{x^2} \sin t^2 \mathrm{d}t = \frac{\mathrm{d}\Phi}{\mathrm{d}u} \cdot \frac{\mathrm{d}u}{\mathrm{d}x} = \sin u^2 \cdot 2x = 2x \sin x^4.$$

一般地, 设 $f(x)$ 连续, $u(x)$ 和 $v(x)$ 可导, 则 $\Phi(x) = \int_{v(x)}^{u(x)} f(t) \mathrm{d}t$ 的导数

$$\Phi'(x) = \frac{\mathrm{d}}{\mathrm{d}x} \int_{v(x)}^{u(x)} f(t) \mathrm{d}t = \frac{\mathrm{d}}{\mathrm{d}x} \int_a^{u(x)} f(t) \mathrm{d}t + \frac{\mathrm{d}}{\mathrm{d}x} \int_{v(x)}^a f(t) \mathrm{d}t$$

$$= \frac{\mathrm{d}}{\mathrm{d}x} \int_a^{u(x)} f(t) \mathrm{d}t - \frac{\mathrm{d}}{\mathrm{d}x} \int_a^{v(x)} f(t) \mathrm{d}t$$

$$= f[u(x)] \cdot u'(x) - f[v(x)] \cdot v'(x).$$

例 2.2 求极限 $\lim_{x \to 0} \dfrac{\int_1^{\mathrm{e}^x} \ln t \mathrm{d}t}{x^2}$.

解 当 $x \to 0$ 时, $x^2 \to 0$, $\mathrm{e}^x \to 1$, 于是 $\int_1^{\mathrm{e}^x} \ln t \mathrm{d}t \to 0$. 因此这是一个 $\dfrac{0}{0}$ 型未

定式, 由洛必达法则可知

$$\lim_{x \to 0} \frac{\int_1^{e^x} \ln t \, dt}{x^2} = \lim_{x \to 0} \frac{\left(\int_1^{e^x} \ln t \, dt\right)'}{(x^2)'} = \lim_{x \to 0} \frac{x \cdot e^x}{2x} = \frac{1}{2}.$$

例 2.3 设函数 $f(x)$ 在 $[a, b]$ 上连续, 证明在 (a, b) 内至少存在一点 ξ, 使得

$$\int_a^b f(x) dx = f(\xi)(b-a).$$

证明 设 $\Phi(x) = \int_a^x f(t) dt$, 则 $\Phi(x)$ 在 $[a, b]$ 上可导, 且 $\Phi'(x) = f(x)$. 由拉格朗日中值定理, 至少存在一点 $\xi \in (a, b)$, 使得

$$\Phi(b) - \Phi(a) = \Phi'(\xi)(b-a).$$

注意到 $\Phi(b) = \int_a^b f(t) dt = \int_a^b f(x) dx$, $\Phi(a) = \int_a^a f(t) dt = 0$, $\Phi'(\xi) = f(\xi)$, 上式即为

$$\int_a^b f(x) dx = f(\xi)(b-a).\qquad\qquad\square$$

本例是对积分中值定理的改进, 这里 ξ 属于开区间 (a, b).

5.2.2 微积分基本定理

现在用定理 2.1 证明如下的微积分基本定理:

定理 2.2 设函数 $f(x)$ 在区间 $[a, b]$ 上连续, 函数 $F(x)$ 是 $f(x)$ 在 $[a, b]$ 上的一个原函数, 则

$$\int_a^b f(x) dx = F(b) - F(a).\qquad\qquad(1)$$

证明 由定理 2.1 可知, $\Phi(x) = \int_a^x f(t) dt$ 是 $f(x)$ 在 $[a, b]$ 上的一个原函数, 又已知 $F(x)$ 也是 $f(x)$ 在 $[a, b]$ 上的一个原函数, 则

$$\Phi(x) = F(x) + C \quad (C \text{ 为常数}),$$

由于 $\Phi(a) = \int_a^a f(t) dt = 0$, $\Phi(b) = \int_a^b f(t) dt = \int_a^b f(x) dx$, 则

$$\int_a^b f(x)\mathrm{d}x = \Phi(b) - \Phi(a) = [F(b)+c] - [F(a)+c] = F(b) - F(a)\,. \qquad \square$$

(1)式称为**牛顿-莱布尼茨（Newton-Leibniz）公式**，它给出了用原函数来计算定积分的基本方法.常把 $F(b)-F(a)$ 写成 $F(x)\big|_a^b$ 或 $[F(x)]_a^b$，而把公式(1)写成

$$\int_a^b f(x)\mathrm{d}x = F(x)\big|_a^b \quad \text{或} \quad \int_a^b f(x)\mathrm{d}x = [F(x)]_a^b\,.$$

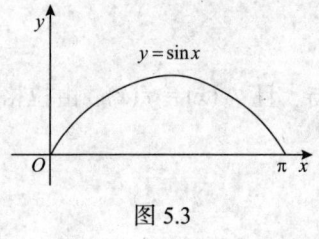

图 5.3

例 2.4　求正弦曲线 $y = \sin x \ (0 \leqslant x \leqslant \pi)$ 与 x 轴所围图形的面积 A（图 5.3）.

解　这个图形是曲边梯形的特殊情形，由定积分的几何意义可知，$A = \int_0^\pi \sin x\mathrm{d}x$．$\sin x$ 的一个原函数是 $-\cos x$，由公式(1)有

$$A = \int_0^\pi \sin x\mathrm{d}x = -\cos x\big|_0^\pi = -(\cos\pi - \cos 0) = 2\,.$$

例 2.5　求 $\displaystyle\int_{-2}^{-1} \frac{1}{x}\mathrm{d}x$．

解　$\dfrac{1}{x}$ 的一个原函数是 $\ln|x|$，由公式(1)有

$$\int_{-2}^{-1} \frac{1}{x}\mathrm{d}x = \ln|x|\big|_{-2}^{-1} = \ln 1 - \ln 2 = -\ln 2\,.$$

例 2.6　求 $\displaystyle\int_{-1}^{2} f(x)\,\mathrm{d}x$，其中 $f(x) = \begin{cases} \mathrm{e}^x, & -1 \leqslant x < 0, \\ x^2, & 0 \leqslant x \leqslant 2. \end{cases}$

解　根据定积分的区间可加性质，有

$$\int_{-1}^{2} f(x)\,\mathrm{d}x = \int_{-1}^{0} f(x)\,\mathrm{d}x + \int_{0}^{2} f(x)\,\mathrm{d}x = \int_{-1}^{0} \mathrm{e}^x\mathrm{d}x + \int_{0}^{2} x^2\mathrm{d}x$$

$$= \mathrm{e}^x\big|_{-1}^{0} + \frac{x^3}{3}\bigg|_{0}^{2} = 1 - \mathrm{e}^{-1} + \frac{8}{3} = \frac{11}{3} - \frac{1}{\mathrm{e}}\,.$$

注意　在积分 $\displaystyle\int_{-1}^{0} f(x)\mathrm{d}x = \int_{-1}^{0} \mathrm{e}^x\mathrm{d}x$ 中，相当于定义 $f(0)=1$，而题中 $f(0)=0$，

这并不会改变定积分的值. 可以证明, 改变被积函数在有限个点上的值不会改变定积分的值.

例 2.7　汽车以 10m/s 的速度行驶, 在某处需减速停车, 设汽车以加速度 $a = -2\,\mathrm{m/s^2}$ 刹车, 求从开始刹车到停车, 汽车走了多少米?

解　从刹车开始, 汽车的速度为 $v(t) = v_0 + at = 10 - 2t$, 在停车时, $v(t) = 0$, 故 $t = \dfrac{10}{2} = 5$ (s). 于是在这段时间内, 汽车所走过的路程为

$$s = \int_0^5 v(t)\mathrm{d}t = \int_0^5 (10 - 2t)\mathrm{d}t = (10t - t^2)\Big|_0^5 = 25 \text{ (m)}.$$

例 2.8　血液中的药物水平　药物制造者研制开发了一种时间—释放胶丸, 血管里药物数量(单位: mg)是由模型

$$N(t) = 30t^{\frac{18}{7}} - 240t^{\frac{11}{7}} + 480t^{\frac{4}{7}}$$

确定的, 式中 t 是时间(单位: h), 且 $0 \leqslant t \leqslant 4$. 试求患者服用胶丸后的前 4 小时, 血管里药物数量的平均值.

解　问题归结为求函数 $N(t)$ 在 $[0,4]$ 上的平均值, 于是, 平均值

$$\mu = \frac{1}{4 - 0} \int_0^4 N(t)\mathrm{d}t,$$

即

$$\mu = \frac{1}{4} \int_0^4 (30t^{\frac{18}{7}} - 240t^{\frac{11}{7}} + 480t^{\frac{4}{7}})\mathrm{d}t$$

$$= \frac{1}{4}\left(30 \cdot \frac{7}{25}t^{\frac{25}{7}} - 240 \cdot \frac{7}{18} \cdot t^{\frac{18}{7}} + 480 \cdot \frac{7}{11}t^{\frac{11}{7}}\right)\Bigg|_0^4$$

$$= \frac{1}{4}\left(30 \cdot \frac{7}{25} \cdot 4^{\frac{25}{7}} - 240 \cdot \frac{7}{18} \cdot 4^{\frac{18}{7}} + 480 \cdot \frac{7}{11} \cdot 4^{\frac{11}{7}}\right) \approx 147\text{(mg)}.$$

这就是说, 患者服用胶丸后的前 4 小时血管里药物的平均值是 147mg.

习题 5.2

(A)

1. 求下列导数:

(1) $\dfrac{\mathrm{d}}{\mathrm{d}x} \int_1^x \sin\sqrt{t}\,\mathrm{d}t$;

(2) $\dfrac{\mathrm{d}}{\mathrm{d}x} \int_{x^2}^{x^3} \sqrt{1 + \cos^2 t}\,\mathrm{d}t$;

习题 5.2 解答

(3) $\dfrac{\mathrm{d}}{\mathrm{d}x}\displaystyle\int_x^3 \dfrac{\mathrm{d}t}{1+\sqrt{t}}$;

(4) $\dfrac{\mathrm{d}}{\mathrm{d}x}\displaystyle\int_{x^3}^{2x} \mathrm{e}^{t^2}\mathrm{d}t$.

2. 求下列极限:

(1) $\lim\limits_{x\to 0}\dfrac{\displaystyle\int_0^x \sin^2 t\mathrm{d}t}{x^3}$;

(2) $\lim\limits_{x\to 0}\dfrac{\displaystyle\int_0^{x^3}\cos t^2\mathrm{d}t}{\displaystyle\int_0^{-x}\mathrm{e}^{-t^2}\sin^2 t\mathrm{d}t}$.

3. 设连续函数 $f(x)$ 满足 $\displaystyle\int_0^x (x-t)f(t)\mathrm{d}t = \mathrm{e}^{-x^2}-1$ ，求 $\displaystyle\int_0^1 f(x)\mathrm{d}x$.

4. 计算下列定积分:

(1) $\displaystyle\int_{-\frac12}^{\frac12}\dfrac{\mathrm{d}x}{\sqrt{1-x^2}}$;

(2) $\displaystyle\int_4^9 \sqrt{x}(1+\sqrt{x})\mathrm{d}x$;

(3) $\displaystyle\int_0^{2\pi}|\sin x|\mathrm{d}x$;

(4) $\displaystyle\int_{-2}^2 \min\{1, x^2\}\mathrm{d}x$;

(5) 设 $f(x)=\begin{cases} x+1, & x\leqslant 1, \\ \dfrac12 x^2, & x>1. \end{cases}$ 求 $\displaystyle\int_0^2 f(x)\,\mathrm{d}x$.

5. **死亡率** 每年死亡率(按千人计)用模型

$$R = 0.036x^2 - 2.8x + 58.14 \qquad (40\leqslant x\leqslant 60)$$

近似表示, 式中 x 是岁龄, 试求:

(1) 40～50 岁人的平均死亡率;

(2) 50～60 岁人的平均死亡率.

(B)

1. 设 $f(x)$ 在 $[a,b]$ 上连续, 在 (a,b) 内可导, 且 $f'(x)<0$, $F(x)=\dfrac{1}{x-a}\displaystyle\int_a^x f(t)\mathrm{d}t$, 证明在 (a,b) 内的导数 $F'(x)<0$.

2. 设函数 $f(x)$ 在 $[0,1]$ 上连续, 且 $f(x)<1$, 证明方程 $2x-\displaystyle\int_a^x f(t)\mathrm{d}t = 1$ 在区间 $(0,1)$ 内有且仅有一个实根.

3. 设 $a<b<c$, $f(x)$ 在 $[a,c]$ 上可导, 且 $\displaystyle\int_a^b f(x)\mathrm{d}x = \displaystyle\int_b^c f(x)\mathrm{d}x = 0$. 证明: 在 (a,c) 内至少存在一点 ξ , 使 $f'(\xi)=0$.

5.3　定积分的换元积分法与分部积分法

应用微积分基本定理计算定积分时, 首先要求出被积函数的原函数, 而在求原函数时, 常要用换元积分法与分部积分法. 这一节我们讨论如何将这两种方法直接用于定积分的计算.

5.3.1　换元积分法

定理 3.1　设函数 $f(x)$ 在区间 $[a,b]$ 上连续, 如果 $x = \varphi(t)$ 满足条件:

(1) $\varphi(t)$ 在区间 $[\alpha, \beta]$ (或 $[\beta, \alpha]$) 上有连续导数;

(2) 当 $\varphi(t)$ 在 $[\alpha, \beta]$ (或 $[\beta, \alpha]$) 上变化时, $x = \varphi(t)$ 的值在 $[a,b]$ 上变化, 且 $\varphi(\alpha) = a, \varphi(\beta) = b$. 则有

$$\int_a^b f(x)\mathrm{d}x = \int_\alpha^\beta f[\varphi(t)]\varphi'(t)\,\mathrm{d}t. \tag{1}$$

这里, (1) 式称为定积分的**换元公式**.

证明　由已知条件, (1) 式两边的被积函数在积分区间上连续, 因此都存在原函数. 设 $F(x)$ 是 $f(x)$ 的一个原函数, 而 $F[\varphi(t)]$ 是由 $F(x)$ 和 $x = \varphi(t)$ 复合而成的, 由复合函数的求导法则得

$$\frac{\mathrm{d}F[\varphi(t)]}{\mathrm{d}t} = \frac{\mathrm{d}F}{\mathrm{d}x} \cdot \frac{\mathrm{d}x}{\mathrm{d}t} = f(x)\varphi'(t) = f[\varphi(t)]\varphi'(t),$$

这说明 $F[\varphi(t)]$ 是 $f[\varphi(t)]\varphi'(t)$ 的原函数.

对 (1) 式两边分别应用牛顿-莱布尼茨公式, 得

$$\int_a^b f(x)\mathrm{d}x = F(x)\Big|_a^b = F(b) - F(a),$$

$$\int_\alpha^\beta f[\varphi(t)]\varphi'(t)\,\mathrm{d}t = F[\varphi(t)]\Big|_\alpha^\beta = F[\varphi(\beta)] = F[\varphi(\alpha)] = F(b) - F(a),$$

所以

$$\int_a^b f(x)\,\mathrm{d}x = \int_\alpha^\beta f[\varphi(t)]\varphi'(t)\,\mathrm{d}t. \qquad \square$$

对定积分 $\int_a^b f(x)\,\mathrm{d}x$ 应用换元公式时要注意

(1) 把 x 换成 $\varphi(t)$, 把 $\mathrm{d}x$ 换成 $\varphi'(t)\mathrm{d}t$;

(2) 把积分限换成新变量 t 的积分限;

(3) 求出 $f[\varphi(t)]\varphi'(t)$ 的一个原函数后, 不必像计算不定积分那样再变换回原变量 x 的函数, 而只要把变量 t 的上、下限代入原函数中再相减就行了.

例 3.1　求 $\int_0^a \sqrt{a^2 - x^2}\,\mathrm{d}x$ $(a > 0)$.

解　设 $x = a\sin t$, 则 $\mathrm{d}x = a\cos t\mathrm{d}t$. 当 $x = 0$ 时, $t = 0$; 当 $x = a$ 时, $t = \dfrac{\pi}{2}$. 于是

$$\int_0^a \sqrt{a^2 - x^2}\,\mathrm{d}x = a^2 \int_0^{\frac{\pi}{2}} \cos^2 t\,\mathrm{d}t = \frac{a^2}{2}\int_0^{\frac{\pi}{2}}(1 + \cos 2t)\mathrm{d}t$$

$$= \frac{a^2}{2}\left[t + \frac{1}{2}\sin 2t \right]_0^{\frac{\pi}{2}} = \frac{\pi}{4}a^2.$$

例 3.2　求 $\int_0^1 \dfrac{\sqrt{2x+1}}{x+1}\mathrm{d}x$.

解　设 $\sqrt{2x+1} = t$，则 $x = \dfrac{1}{2}(t^2 - 1)$，$\mathrm{d}x = t\mathrm{d}t$．当 $x = 0$ 时，$t = 1$；当 $x = 1$ 时，$t = \sqrt{3}$．于是

$$\int_0^1 \frac{\sqrt{2x+1}}{x+1}\mathrm{d}x = \int_1^{\sqrt{3}} \frac{t}{\frac{1}{2}(t^2-1)+1}t\mathrm{d}t = 2\int_1^{\sqrt{3}} \frac{t^2}{t^2+1}\mathrm{d}t$$

$$= 2\int_1^{\sqrt{3}} \frac{t^2+1-1}{t^2+1}\mathrm{d}t = 2\left[t - \arctan t \right]_1^{\sqrt{3}}$$

$$= 2(\sqrt{3} - 1) - \frac{\pi}{6}.$$

换元公式也可以倒过来使用，写成

$$\int_a^b f[\varphi(x)]\varphi'(x)\,\mathrm{d}x = \int_a^b f[\varphi(x)]\mathrm{d}\varphi(x) \xlongequal{\diamond u = \varphi(x)} \int_\alpha^\beta f(u)\mathrm{d}u,$$

这里 $\varphi(a) = \alpha$，$\varphi(b) = \beta$．

例 3.3　求 $\int_0^{\frac{\pi}{2}} \sin^2 x \cos x\mathrm{d}x$.

解　$\int_0^{\frac{\pi}{2}} \sin^2 x \cos x\mathrm{d}x = \int_0^{\frac{\pi}{2}} \sin^2 x\mathrm{d}\sin x \xlongequal{\diamond u = \sin x} \int_0^1 u^2 \mathrm{d}u = \frac{u^3}{3}\bigg|_0^1 = \frac{1}{3}.$

这里，如果不引入新变量 u，那么定积分的上、下限就不要改变，可以这样计算

$$\int_0^{\frac{\pi}{2}} \sin^2 x \cos x\mathrm{d}x = \int_0^{\frac{\pi}{2}} \sin^2 x\mathrm{d}\sin x = \frac{1}{3}\sin^3 x\bigg|_0^{\frac{\pi}{2}} = \frac{1}{3}.$$

例 3.4　求 $\int_a^{2a} \dfrac{\sqrt{x^2 - a^2}}{x^4}\mathrm{d}x \ (a > 0)$.

解　设 $x = a\sec t$，则 $\mathrm{d}x = a\sec t\tan t\mathrm{d}t$．当 $x = a$ 时，$t = 0$；当 $x = 2a$ 时，$t = \dfrac{\pi}{3}$．于是

$$\int_a^{2a} \frac{\sqrt{x^2-a^2}}{x^4}\mathrm{d}x = \frac{1}{a^2}\int_0^{\frac{\pi}{3}} \frac{\tan t}{\sec^4 t}\cdot\sec t\tan t\mathrm{d}t = \frac{1}{a^2}\int_0^{\frac{\pi}{3}}\sin^2 t\cos t\mathrm{d}t = \frac{1}{3a^2}\sin^3 t\Big|_0^{\frac{\pi}{3}} = \frac{\sqrt{3}}{8a^2}.$$

例 3.5　求 $\int_0^\pi \sqrt{\sin^3 x - \sin^5 x}\,\mathrm{d}x$.

解　当 $x\in[0,\pi]$ 时,

$$\sqrt{\sin^3 x - \sin^5 x} = \sqrt{\sin^3 x(1-\sin^2 x)} = \sqrt{\sin^3 x\cos^2 x} = \sin^{\frac{3}{2}} x\,|\cos x|,$$

所以

$$
\begin{aligned}
\int_0^\pi \sqrt{\sin^3 x - \sin^5 x}\,\mathrm{d}x &= \int_0^\pi \sin^{\frac{3}{2}} x\,|\cos x|\,\mathrm{d}x \\
&= \int_0^{\frac{\pi}{2}} \sin^{\frac{3}{2}} x\cos x\,\mathrm{d}x + \int_{\frac{\pi}{2}}^\pi \sin^{\frac{3}{2}} x(-\cos x)\,\mathrm{d}x \\
&= \int_0^{\frac{\pi}{2}} \sin^{\frac{3}{2}} x\,\mathrm{d}\sin x - \int_{\frac{\pi}{2}}^\pi \sin^{\frac{3}{2}} x\,\mathrm{d}\sin x \\
&= \frac{2}{5}\sin^{\frac{5}{2}} x\Big|_0^{\frac{\pi}{2}} - \frac{2}{5}\sin^{\frac{5}{2}} x\Big|_{\frac{\pi}{2}}^\pi = \frac{2}{5} - \left(-\frac{2}{5}\right) = \frac{4}{5}.
\end{aligned}
$$

例 3.6　设函数 $f(x)$ 在对称区间 $[-a,a]$ 上连续, 证明:

(1)若 $f(x)$ 为偶函数, 则 $\int_{-a}^a f(x)\mathrm{d}x = 2\int_0^a f(x)\mathrm{d}x$;

(2)若 $f(x)$ 为奇函数, 则 $\int_{-a}^a f(x)\mathrm{d}x = 0$.

证明　由定积分的区间可加性质, 有

$$\int_{-a}^a f(x)\mathrm{d}x = \int_{-a}^0 f(x)\mathrm{d}x + \int_0^a f(x)\mathrm{d}x.$$

对右端的第一个积分作变量替换, 令 $x=-t$, 得

$$\int_{-a}^0 f(x)\mathrm{d}x = -\int_a^0 f(-t)\mathrm{d}t = \int_0^a f(-t)\mathrm{d}t = \int_0^a f(-x)\mathrm{d}x,$$

所以

$$\int_{-a}^a f(x)\mathrm{d}x = \int_0^a f(-x)\mathrm{d}x + \int_0^a f(x)\mathrm{d}x.$$

当 $f(x)$ 为偶函数时, $f(-x)=f(x)$, 从而

$$\int_{-a}^{a}f(x)\mathrm{d}x = \int_{0}^{a}f(x)\mathrm{d}x + \int_{0}^{a}f(x)\mathrm{d}x = 2\int_{0}^{a}f(x)\mathrm{d}x\,;$$

当 $f(x)$ 为奇函数时, $f(-x)=-f(x)$, 从而

$$\int_{-a}^{a}f(x)\mathrm{d}x = -\int_{0}^{a}f(x)\mathrm{d}x + \int_{0}^{a}f(x)\mathrm{d}x = 0\,. \qquad \Box$$

利用例 3.6, 常常可以简化偶函数、奇函数在对称区间上的定积分的计算. 如 $\int_{-\frac{\pi}{4}}^{\frac{\pi}{4}}x\cos x\mathrm{d}x$, 由于 $x\cos x$ 为奇函数, 积分区间为对称区间, 所以该积分等于零.

例 3.7　设 $f(x)$ 是以 T 为周期的连续函数, 证明对任何常数 a, 有

$$\int_{a}^{a+T}f(x)\mathrm{d}x = \int_{0}^{T}f(x)\mathrm{d}x\,.$$

证明　对任何常数 a, 有

$$\int_{a}^{a+T}f(x)\mathrm{d}x = \int_{a}^{0}f(x)\mathrm{d}x + \int_{0}^{T}f(x)\mathrm{d}x + \int_{T}^{a+T}f(x)\mathrm{d}x\,.$$

对右端的第三个积分作变量替换, 令 $x=t+T$, 并利用 $f(x)$ 的周期性, 得

$$\int_{T}^{a+T}f(x)\mathrm{d}x = \int_{0}^{a}f(t+T)\mathrm{d}t = \int_{0}^{a}f(t)\mathrm{d}t = \int_{0}^{a}f(x)\mathrm{d}x\,,$$

所以

$$\int_{a}^{a+T}f(x)\mathrm{d}x = \int_{a}^{0}f(x)\mathrm{d}x + \int_{0}^{T}f(x)\mathrm{d}x + \int_{0}^{a}f(x)\mathrm{d}x = \int_{0}^{T}f(x)\mathrm{d}x\,. \qquad \Box$$

例 3.7 表明, 以 T 为周期的连续函数 $f(x)$, 在任何长度为 T 的区间 $[a,a+T]$ 上的定积分都相等.

例 3.8　设 $f(x)=\begin{cases}\dfrac{1}{1+x}, & x\geqslant 0, \\ \mathrm{e}^{x}, & x<0,\end{cases}$　求 $\int_{0}^{2}f(x-1)\mathrm{d}x$.

解　设 $x-1=t$, 则 $\mathrm{d}x=\mathrm{d}t$. $x=0$ 时, $t=-1$; $x=2$ 时, $t=1$. 于是

$$\int_{0}^{2}f(x-1)\mathrm{d}x = \int_{-1}^{1}f(t)\mathrm{d}t = \int_{-1}^{0}\mathrm{e}^{t}\mathrm{d}t + \int_{0}^{1}\frac{1}{1+t}\mathrm{d}t = \mathrm{e}^{t}\Big|_{-1}^{0} + \ln(1+t)\Big|_{0}^{1} = 1-\mathrm{e}^{-1}+\ln 2.$$

5.3.2 分部积分法

定理 3.2 设函数 $u = u(x)$, $v = v(x)$ 在区间 $[a, b]$ 上有连续导数, 则

$$\int_a^b u(x)v'(x)\,\mathrm{d}x = [u(x)v(x)]_a^b - \int_a^b u'(x)v(x)\mathrm{d}x. \tag{2}$$

(2) 式称为定积分的分部积分公式, (2) 式可简写成

$$\int_a^b uv'\mathrm{d}x = [uv]_a^b - \int_a^b u'v\mathrm{d}x \quad 或 \quad \int_a^b u\mathrm{d}v = [uv]_a^b - \int_a^b v\mathrm{d}u.$$

证明 根据不定积分的分部积分法, 可得

$$\int_a^b u(x)v'(x)\,\mathrm{d}x = \left[\int u(x)v'(x)\mathrm{d}x\right]_a^b$$

$$= \left[u(x)v(x) - \int u'(x)v(x)\mathrm{d}x\right]_a^b$$

$$= [u(x)v(x)]_a^b - \int_a^b u'(x)v(x)\mathrm{d}x. \qquad \square$$

例 3.9 求 $\int_0^{\frac{1}{2}} \arcsin x\mathrm{d}x$.

解 设 $u = \arcsin x, \mathrm{d}v = \mathrm{d}x$, 则 $\mathrm{d}u = \dfrac{1}{\sqrt{1-x^2}}\mathrm{d}x, v = x$, 于是

$$\int_0^{\frac{1}{2}} \arcsin x\mathrm{d}x = x\arcsin x\bigg|_0^{\frac{1}{2}} - \int_0^{\frac{1}{2}} \frac{x}{\sqrt{1-x^2}}\mathrm{d}x = \frac{1}{2}\cdot\frac{\pi}{6} + \frac{1}{2}\int_0^{\frac{1}{2}} \frac{\mathrm{d}(1-x^2)}{\sqrt{1-x^2}}$$

$$= \frac{\pi}{12} + \sqrt{1-x^2}\bigg|_0^{\frac{1}{2}} = \frac{\pi}{12} + \frac{\sqrt{3}}{2} - 1.$$

例 3.10 求 $\int_1^{\mathrm{e}} x\ln x\mathrm{d}x$.

解 设 $u = \ln x$, $\mathrm{d}v = x\mathrm{d}x, \mathrm{d}u = \dfrac{1}{x}\mathrm{d}x, v = \dfrac{x^2}{2}$, 于是

$$\int_1^{\mathrm{e}} x\ln x\mathrm{d}x = \frac{x^2}{2}\ln x\bigg|_1^{\mathrm{e}} - \frac{1}{2}\int_1^{\mathrm{e}} x\mathrm{d}x = \frac{\mathrm{e}^2}{2} - \frac{x^2}{4}\bigg|_1^{\mathrm{e}} = \frac{1}{4}(\mathrm{e}^2 + 1).$$

熟练之后, 用分部积分法计算定积分时, 可不写出 u 和 $\mathrm{d}v$.

例 3.11　求 $\int_0^{\frac{4}{3}}\sqrt{x^2+1}\mathrm{d}x$.

解

$$\int_0^{\frac{4}{3}}\sqrt{x^2+1}\mathrm{d}x = x\sqrt{x^2+1}\Big|_0^{\frac{4}{3}} - \int_0^{\frac{4}{3}}\frac{x^2}{\sqrt{x^2+1}}\mathrm{d}x = \frac{4}{3}\cdot\frac{5}{3} - \int_0^{\frac{4}{3}}\frac{x^2+1-1}{\sqrt{x^2+1}}\mathrm{d}x$$

$$= \frac{20}{9} - \int_0^{\frac{4}{3}}\sqrt{x^2+1}\mathrm{d}x + \int_0^{\frac{4}{3}}\frac{1}{\sqrt{x^2+1}}\mathrm{d}x$$

$$= \frac{20}{9} + \ln(x+\sqrt{x^2+1})\Big|_0^{\frac{4}{3}} - \int_0^{\frac{4}{3}}\sqrt{x^2+1}\mathrm{d}x$$

$$= \frac{20}{9} + \ln 3 - \int_0^{\frac{4}{3}}\sqrt{x^2+1}\mathrm{d}x,$$

移项, 两端除以 2, 得 $\int_0^{\frac{4}{3}}\sqrt{x^2+1}\mathrm{d}x = \frac{10}{9} + \frac{1}{2}\ln 3$.

例 3.12　求 $\int_0^1 \mathrm{e}^{\sqrt{x}}\mathrm{d}x$.

解　先用换元积分法, 令 $\sqrt{x}=t$, 即 $x=t^2$, 则 $\mathrm{d}x=2t\mathrm{d}t$, 于是

$$\int_0^1 \mathrm{e}^{\sqrt{x}}\mathrm{d}x = 2\int_0^1 t\mathrm{e}^t\mathrm{d}t .$$

再用分部积分法, 设 $u=t$, $\mathrm{d}v=\mathrm{e}^t\mathrm{d}t$, 则 $\mathrm{d}u=\mathrm{d}t$, $v=\mathrm{e}^t$, 于是

$$\int_0^1 t\mathrm{e}^t\mathrm{d}t = t\mathrm{e}^t\Big|_0^1 - \int_0^1 \mathrm{e}^t\mathrm{d}t = \mathrm{e} - \mathrm{e}^t\Big|_0^1 = \mathrm{e} - (\mathrm{e}-1) = 1,$$

从而 $2\int_0^1 t\mathrm{e}^t\mathrm{d}t = 2$.

例 3.13　证明:

(1) $\int_0^{\frac{\pi}{2}}\sin^n x\mathrm{d}x = \int_0^{\frac{\pi}{2}}\cos^n x\mathrm{d}x$ （n 为正整数）;

(2) $I_n = \int_0^{\frac{\pi}{2}}\sin^n x\mathrm{d}x = \begin{cases} \dfrac{(n-1)(n-3)\cdot\,\cdots\,\cdot 3\cdot 1}{n(n-2)\cdot\,\cdots\,\cdot 4\cdot 2}\cdot\dfrac{\pi}{2}, & n\text{为偶数}, \\[3mm] \dfrac{(n-1)(n-3)\cdot\,\cdots\,\cdot 4\cdot 2}{n(n-2)\cdot\,\cdots\,\cdot 5\cdot 3}, & n>1\text{为奇数}. \end{cases}$

证明　(1)用换元积分法. 令 $x=\dfrac{\pi}{2}-t$, 则 $\mathrm{d}x=-\mathrm{d}t$, 有

$$\int_0^{\frac{\pi}{2}} \sin^n x \mathrm{d}x = -\int_{\frac{\pi}{2}}^0 \sin^n\left(\frac{\pi}{2}-t\right)\mathrm{d}t = \int_0^{\frac{\pi}{2}} \cos^n t \mathrm{d}t = \int_0^{\frac{\pi}{2}} \cos^n x \mathrm{d}x .$$

(2) 用分部积分法

$$I_n = \int_0^{\frac{\pi}{2}} \sin^n x \mathrm{d}x = \int_0^{\frac{\pi}{2}} \sin^{n-1} x \cdot \sin x \mathrm{d}x$$

$$= -\sin^{n-1} x \cos x \Big|_0^{\frac{\pi}{2}} + (n-1)\int_0^{\frac{\pi}{2}} \sin^{n-2} x \cos^2 x \mathrm{d}x$$

$$= (n-1)\int_0^{\frac{\pi}{2}} \sin^{n-2} x(1-\sin^2 x)\mathrm{d}x$$

$$= (n-1)\int_0^{\frac{\pi}{2}} \sin^{n-2} x \mathrm{d}x - (n-1)\int_0^{\frac{\pi}{2}} \sin^n x \mathrm{d}x$$

$$= (n-1)I_{n-2} - (n-1)I_n,$$

移项, 得递推公式

$$I_n = \frac{n-1}{n} I_{n-2} .$$

当 n 为偶数时,

$$I_n = \frac{n-1}{n} I_{n-2} = \frac{n-1}{n} \cdot \frac{n-3}{n-2} I_{n-4} = \cdots = \frac{n-1}{n} \cdot \frac{n-3}{n-2} \cdot \cdots \cdot \frac{3}{4} \cdot \frac{1}{2} I_0,$$

当 n 为大于 1 的奇数时,

$$I_n = \frac{n-1}{n} \cdot \frac{n-3}{n-2} \cdot \cdots \cdot \frac{4}{5} \cdot \frac{2}{3} I_1,$$

而

$$I_0 = \int_0^{\frac{\pi}{2}} \sin^0 x \mathrm{d}x = \frac{\pi}{2}, \quad I_1 = \int_0^{\frac{\pi}{2}} \sin x \mathrm{d}x = 1,$$

所以

$$I_n = \int_0^{\frac{\pi}{2}} \sin^n x \mathrm{d}x = \begin{cases} \dfrac{(n-1)(n-3)\cdot\,\cdots\,\cdot 3\cdot 1}{n(n-2)\cdot\,\cdots\,\cdot 4\cdot 2} \cdot \dfrac{\pi}{2}, & n\text{为偶数}, \\[4mm] \dfrac{(n-1)(n-3)\cdot\,\cdots\,\cdot 4\cdot 2}{n(n-2)\cdot\,\cdots\,\cdot 5\cdot 3}, & n>1\text{为奇数}. \end{cases}$$

这个公式常常写成

$$I_n = \int_0^{\frac{\pi}{2}} \sin^n x \mathrm{d}x = \int_0^{\frac{\pi}{2}} \cos^n x \mathrm{d}x = \begin{cases} \dfrac{(n-1)!!}{n!!} \cdot \dfrac{\pi}{2}, & n \text{为偶数}, \\ \dfrac{(n-1)!!}{n!!}, & n > 1 \text{为奇数}. \end{cases} \qquad \square$$

例如，$\displaystyle\int_0^{\frac{\pi}{2}} \sin^4 x \mathrm{d}x = \frac{3 \cdot 1}{4 \cdot 2} \cdot \frac{\pi}{2} = \frac{3}{16}\pi$，$\displaystyle\int_0^{\frac{\pi}{2}} \sin^7 x \mathrm{d}x = \frac{6 \cdot 4 \cdot 2}{7 \cdot 5 \cdot 3} = \frac{16}{35}$．

5.3.3　数值积分

应用牛顿-莱布尼茨公式计算定积分时，必须先求出被积函数的一个原函数，但在许多实际问题中，往往会遇到被积函数的原函数不是初等函数的情形，如 $\displaystyle\int_0^1 \mathrm{e}^{-x^2} \mathrm{d}x$ 等；有些被积函数是用图形或列表法给的；有些是被积函数的原函数难以计算，所有这些都不能应用牛顿-莱布尼茨公式．因此，需要用近似方法来求出定积分 $\displaystyle\int_a^b f(x)\mathrm{d}x$ 的值．

因为定积分 $\displaystyle\int_a^b f(x)\mathrm{d}x$ 的几何意义是由直线 $x = a$，$x = b$，x 轴及曲线 $y = f(x) \geqslant 0$ 所围成的曲边梯形面积．所以，只要设法把这块面积计算出来，就是所求定积分的值．根据这一事实，下面介绍两种常用的数值积分法——梯形法与抛物线法．

1. 梯形法

直观背景　所谓用梯形法计算定积分 $\displaystyle\int_0^4 x^2 \mathrm{d}x$，实际上，是把 $\displaystyle\int_0^4 x^2 \mathrm{d}x$ 看成是由 $f(x) = x^2$，$x = 0$，$x = 4$ 及 $y = 0$ 所围成的曲边梯形的面积．用梯形近似方法，即用小梯形面积近似代替小曲边梯形面积．

将 $[0, 4]$ 分成四等份，每等份之长为 $\dfrac{4-0}{4} = 1$，四个小梯形面积分别记为 A_1, A_2, A_3, A_4（图 5.4），则得 $\displaystyle\int_0^4 x^2 \mathrm{d}x \approx A_1 + A_2 + A_3 + A_4$，其中

$$A_1 = \frac{1}{2}[f(0) + f(1)] \cdot 1 = \frac{1}{2}(0 + 1) = \frac{1}{2};$$

$$A_2 = \frac{1}{2}[f(1) + f(2)] \cdot 1 = \frac{1}{2}(1 + 4) = \frac{5}{2};$$

$$A_3 = \frac{1}{2}[f(2) + f(3)] \cdot 1 = \frac{1}{2}(4 + 9) = \frac{13}{2};$$

$$A_4 = \frac{1}{2}[f(3) + f(4)] \cdot 1 = \frac{1}{2}(9 + 16) = \frac{25}{2}.$$

所以

$$\int_0^4 x^2 \mathrm{d}x \approx \frac{1}{2} + \frac{5}{2} + \frac{13}{2} + \frac{25}{2} = 22.$$

根据牛顿-莱布尼茨公式, 曲边梯形的实际面积为

$$\int_0^4 x^2 \mathrm{d}x = \left(\frac{x^3}{3}\right)\bigg|_0^4 = \frac{64}{3} \approx 21.33.$$

梯形法的具体做法如下:

用分点 $a = x_0 < x_1 < x_2 < \cdots < x_n = b$ 将区间 $[a, b]$ 分成 n 等份, 每个子区间的长为 $\Delta x = \frac{b-a}{n}$, 记 $y_k = f(x_k)$, $k = 0, 1, 2, \cdots, n$. 如图 5.5.

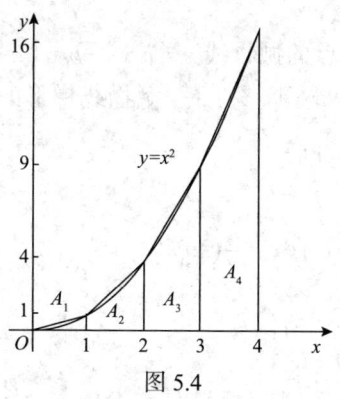

图 5.4

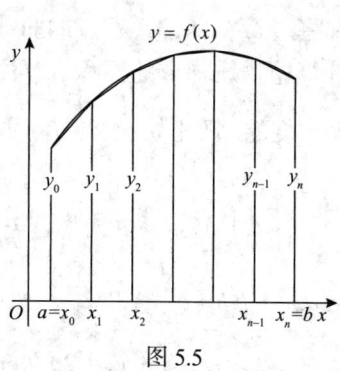

图 5.5

在每个子区间上, 用窄梯形近似代替窄曲边梯形 (图 5.5), 得定积分的近似公式

$$\int_a^b f(x)\mathrm{d}x \approx \frac{y_0 + y_1}{2} \cdot \frac{b-a}{n} + \frac{y_1 + y_2}{2} \cdot \frac{b-a}{n} + \cdots + \frac{y_{n-1} + y_n}{2} \cdot \frac{b-a}{n}$$

$$= \frac{b-a}{n}\left[\frac{1}{2}(y_0 + y_n) + y_1 + y_2 + \cdots + y_{n-1}\right].$$

上式称为**梯形法公式**.

2. 抛物线法

用分点 $a = x_0 < x_1 < x_2 < \cdots < x_{2n-1} < x_{2n} = b$ 将区间 $[a, b]$ 分成 $2n$ 等份，每个子区间的长度为

$$\Delta x = \frac{b-a}{2n},$$

直线 $x = x_i$ $(i = 0, 1, 2, \cdots, 2n)$ 与曲线 $y = f(x)$ 的交点分别为 $M_0, M_1, M_2, \cdots,$ M_{2n}（图 5.6）.

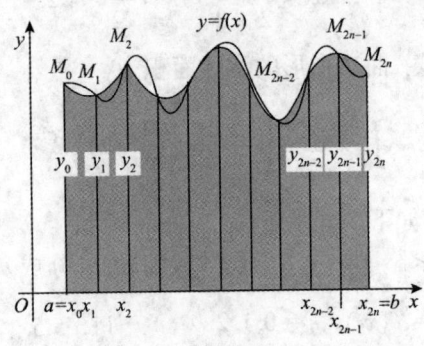

图 5.6

现将过 M_0, M_1, M_2 三点的曲线段用过此三点的抛物线 $y = a_1 x^2 + b_1 x + c_1$ 代替，然后计算抛物线梯形的面积 A_1，注意到，如果 y 轴平移一下，抛物线梯形的面积是不会改变的，故不妨设 $x_1 = 0$，并记 $\frac{b-a}{2n} = h$，则

$$A_1 \int_{-h}^{h} (a_1 x^2 + b_1 x + c_1)\, \mathrm{d}x = 2 \int_0^h (a_1 x^2 + c_1)\, \mathrm{d}x = \frac{h}{3}(2a_1 h^2 + 6c_1).$$

又 $y_0 = a_1 h^2 - b_1 h + c_1$，$y_1 = c_1$，$y_2 = a_1 h^2 + b_1 h + c_1$，所以

$$y_0 + y_2 = 2a_1 h^2 + 2c_1,$$

$$A_1 = \frac{h}{3}(y_0 + y_2 + 4y_1) = \frac{b-a}{6n}(y_0 + 4y_1 + y_2).$$

类似地，可计算出过 M_2, M_3, M_4 三点，过 M_4, M_5, M_6 三点，$\cdots$，过 $M_{2n-2}, M_{2n-1}, M_{2n}$ 三点的抛物线梯形的面积分别为

$$A_2 = \frac{1}{3} \cdot \frac{b-a}{2n}(y_2 + 4y_3 + y_4) = \frac{b-a}{6n}(y_2 + 4y_3 + y_4),$$

$$A_3 = \frac{1}{3} \cdot \frac{b-a}{2n}(y_4 + 4y_5 + y_6) = \frac{b-a}{6n}(y_4 + 4y_5 + y_6),$$

$$\cdots\cdots$$

$$A_n = \frac{1}{3} \cdot \frac{b-a}{2n}(y_{2n-2} + 4y_{2n-1} + y_{2n}) = \frac{b-a}{6n}(y_{2n-2} + 4y_{2n-1} + y_{2n}).$$

这上面 n 个抛物线梯形面积加起来, 就得到定积分 $\int_a^b f(x)\mathrm{d}x$ 的近似值

$$\int_a^b f(x)\mathrm{d}x \approx \frac{b-a}{6n}[(y_0 + 2y_{2n}) + 2(y_2 + y_4 + \cdots + y_{2n-2})$$
$$+ 4(y_1 + y_3 + \cdots + y_{2n-1})].$$

上式称为**抛物线法公式**, 也叫**辛普森(Simpson)公式**.

一般说来, 上述两个计算定积分的近似公式中的 n 取得越大, 近似程度就越好.

例 3.14 试用梯形法、抛物线法计算定积分 $\int_0^1 \frac{\mathrm{d}x}{1+x}$.

解 为了便于比较, 先算出这个定积分的精确值

$$\int_0^1 \frac{\mathrm{d}x}{1+x} = \left[\ln(1+x)\right]\Big|_0^1 = \ln 2 \approx 0.693147,$$

设 $f(x) = \frac{1}{1+x}$, $x \in [0,1]$. 用梯形法计算, 取

$$n = 10, \quad \frac{b-a}{n} = \frac{1}{10}, \quad y_0 = 1.000, \quad y_1 = 0.9091, \quad y_2 = 0.8333,$$

$$y_3 = 0.7692, \quad y_4 = 0.7143, \quad y_5 = 0.6667, \quad y_6 = 0.6250,,$$

$$y_7 = 0.5882, \quad y_8 = 0.5556, \quad y_9 = 0.5263, \quad y_{10} = 0.5000,$$

由梯形法公式, 得

$$\int_0^1 \frac{1}{1+x}\mathrm{d}x \approx \frac{1}{10}\left[\frac{1}{2}(1.000 + 0.5000) + 0.9091 + 0.8333 + 0.7692 + 0.7143\right.$$

$$\left. + 0.6667 + 0.625 + 0.5882 + 0.5556 + 0.5263\right]$$

$$= 0.69377.$$

用抛物线法计算，取 $2n=4$，$\dfrac{b-a}{2n}=\dfrac{1}{4}$，$y_0=1.000$，$y_1=0.8000$，$y_2=0.6667$，$y_3=0.5174$，$y_4=0.5000$. 由抛物线法公式，得

$$\int_0^1 \frac{1}{1+x}\mathrm{d}x \approx \frac{b-a}{6n}[(y_0+y_4)+2y_2+4(y_1+y_3)]$$

$$= \frac{1}{12}[1.000+0.5000+2\times0.6667+4(0.8000+0.5714)]$$

$$\approx 0.69325.$$

读者不难发现，抛物线法优于梯形法.

习题 5.3

习题 5.3 解答

（A）

1. 计算下列定积分：

(1) $\displaystyle\int_{\frac{\sqrt{2}}{2}}^{1} \frac{\sqrt{1-x^2}}{x^2}\mathrm{d}x$；

(2) $\displaystyle\int_0^1 t\mathrm{e}^{-t^2}\mathrm{d}t$；

(3) $\displaystyle\int_0^{\pi} \sqrt{1+\cos 2x}\mathrm{d}x$；

(4) $\displaystyle\int_0^{\frac{\pi}{2}} \frac{\cos x}{\sin x+\cos x}\mathrm{d}x$；

(5) $\displaystyle\int_0^{\pi} (1-\sin^3\theta)\mathrm{d}\theta$；

(6) $\displaystyle\int_0^{\frac{\pi}{6}} \sin^2 2x\cos 2x\mathrm{d}x$；

(7) $\displaystyle\int_0^4 \frac{x+2}{\sqrt{2x+1}}\mathrm{d}x$；

(8) $\displaystyle\int_{-\frac{\pi}{2}}^{\frac{\pi}{2}} \sqrt{\cos x-\cos^3 x}\mathrm{d}x$；

(9) $\displaystyle\int_1^{\sqrt{3}} \frac{\mathrm{d}x}{x^2\sqrt{1+x^2}}$；

(10) $\displaystyle\int_1^{\mathrm{e}^2} \frac{\mathrm{d}x}{x\sqrt{1+\ln x}}$.

2. 证明 $\displaystyle\int_0^1 x^m(1-x)^n\mathrm{d}x = \int_0^1 x^n(1-x)^m\mathrm{d}x$ （m,n 为正整数），并计算 $\displaystyle\int_0^1 x(1-x)^{99}\mathrm{d}x$.

3. 设 $f(x)$ 在 $[0,1]$ 上连续，证明 $\displaystyle\int_0^{\pi} xf(\sin x)\mathrm{d}x = \frac{\pi}{2}\int_0^{\pi} f(\sin x)\mathrm{d}x$，并计算 $\displaystyle\int_0^{\pi} \frac{x\sin x}{1+\cos^2 x}\mathrm{d}x$.

4. 计算下列定积分：

(1) $\displaystyle\int_1^{\mathrm{e}} x\ln^2 x\mathrm{d}x$；

(2) $\displaystyle\int_0^1 x\arctan x\mathrm{d}x$；

(3) $\displaystyle\int_0^1 x\mathrm{e}^x\mathrm{d}x$；

(4) $\displaystyle\int_{-\pi}^{\pi} x\sin x\mathrm{d}x$；

(5) $\displaystyle\int_0^{\pi} x\sin^2 x\mathrm{d}x$；

(6) $\displaystyle\int_1^{\mathrm{e}} \sin(\ln x)\mathrm{d}x$；

(7) $\displaystyle\int_{\frac{1}{\mathrm{e}}}^{\mathrm{e}} |\ln x|\mathrm{d}x$；

(8) $\displaystyle\int_0^{\frac{\pi}{3}} \frac{x}{\cos^2 x}\mathrm{d}x$；

(9) $\displaystyle\int_0^\pi \cos^8 \frac{x}{2}\mathrm{d}x$;　　　　　　　　　　(10) $\displaystyle\int_0^1 (1-x^2)^{\frac{m}{2}}\mathrm{d}x$ （ m 为正整数）.

(B)

1. 设 $f(x)=\begin{cases} x+1, & x<0, \\ x, & x\geqslant 0, \end{cases}$ $\displaystyle F(x)=\int_{-1}^x f(t)\mathrm{d}t$, $-1\leqslant x\leqslant 1$, 讨论 $F(x)$ 在 $x=0$ 点的连续性.

2. 设 $f(x)=\begin{cases} x\mathrm{e}^{-x^2}, & x\geqslant 0, \\ \dfrac{1}{1+\cos x}, & -1<x<0, \end{cases}$ 求 $\displaystyle\int_1^4 f(x-2)\mathrm{d}x$.

3. 已知 $f(0)=1, f(2)=3, f'(2)=5$, 求 $\displaystyle\int_0^1 xf''(2x)\mathrm{d}x$.

4. 设 $f(x)$ 在 $[a,b]$ 上二阶可导, $f'(x)>0$, $f''(x)>0$, 证明

$$(b-a)f(a)<\int_a^b f(x)\mathrm{d}x<(b-a)\frac{f(a)+f(b)}{2} .$$

5. 用两种数值积分法计算 $\displaystyle\int_0^1 \mathrm{e}^{-x^2}\mathrm{d}x$ 的近似值（取 $n=10$, 保留四位小数）.

5.4　反　常　积　分

在前面讨论的定积分的定义中, 其被积函数是有界函数, 积分区间是有限区间. 在实际问题中, 常遇到被积函数是无界函数, 或积分区间是无限区间的情形. 现将定积分的定义在这两方面进行推广, 推广后的积分就是本节将介绍的反常积分.

5.4.1　无穷限的反常积分

定义 4.1　设函数 $f(x)$ 在区间 $[a,+\infty)$ 上连续, 对 $t>a$, 如果极限 $\displaystyle\lim_{t\to+\infty}\int_a^t f(x)\mathrm{d}x$ 存在, 则称此极限为函数 $f(x)$ **在无穷区间 $[a,+\infty)$ 上的反常积分**, 记作 $\displaystyle\int_a^{+\infty} f(x)\mathrm{d}x$, 即

$$\int_a^{+\infty} f(x)\mathrm{d}x=\lim_{t\to+\infty}\int_a^t f(x)\mathrm{d}x,$$

这时也称反常积分 $\displaystyle\int_a^{+\infty} f(x)\mathrm{d}x$ **存在**或**收敛**; 如果上述极限不存在, 则称反常积分**不存在**或**发散**.

类似地, 设函数 $f(x)$ 在区间 $(-\infty,b]$ 上连续,

$$\int_{-\infty}^{b} f(x)\mathrm{d}x \text{ 收敛} \Leftrightarrow \lim_{t \to -\infty} \int_{t}^{b} f(x)\mathrm{d}x \text{ 存在,}$$

此时

$$\int_{-\infty}^{b} f(x)\mathrm{d}x = \lim_{t \to -\infty} \int_{t}^{b} f(x)\mathrm{d}x.$$

设函数 $f(x)$ 在 $(-\infty, +\infty)$ 上连续,

$$\int_{-\infty}^{+\infty} f(x)\mathrm{d}x \text{ 收敛} \Leftrightarrow \int_{-\infty}^{0} f(x)\mathrm{d}x \text{ 和 } \int_{0}^{+\infty} f(x)\mathrm{d}x \text{ 都收敛,}$$

此时

$$\int_{-\infty}^{+\infty} f(x)\mathrm{d}x = \int_{-\infty}^{0} f(x)\mathrm{d}x + \int_{0}^{+\infty} f(x)\mathrm{d}x = \lim_{t \to -\infty} \int_{t}^{0} f(x)\mathrm{d}x + \lim_{t \to +\infty} \int_{0}^{t} f(x)\mathrm{d}x.$$

上述反常积分统称为**无穷限的反常积分**.

根据上述定义及牛顿-莱布尼茨公式, 可得以下结果:

设 $F(x)$ 为 $f(x)$ 在 $(-\infty, +\infty)$ 上的原函数, 则

$$\int_{a}^{+\infty} f(x)\mathrm{d}x \text{ 收敛} \Leftrightarrow \lim_{t \to +\infty} \int_{a}^{t} f(x)\mathrm{d}x = \lim_{t \to +\infty} F(t) - F(a) \text{ 存在, 此时}$$

$$\int_{a}^{+\infty} f(x)\mathrm{d}x = \lim_{t \to +\infty} F(t) - F(a) \xlongequal{\text{记为}} F(x)\Big|_{a}^{+\infty}.$$

$$\int_{-\infty}^{b} f(x)\mathrm{d}x \text{ 收敛} \Leftrightarrow \lim_{t \to -\infty} \int_{t}^{b} f(t)\mathrm{d}t = F(b) - \lim_{t \to -\infty} F(t) \text{ 存在, 此时}$$

$$\int_{-\infty}^{b} f(x)\mathrm{d}x = F(b) - \lim_{t \to -\infty} F(t) \xlongequal{\text{记为}} F(x)\Big|_{-\infty}^{b}.$$

$$\int_{-\infty}^{+\infty} f(x)\mathrm{d}x \text{ 收敛} \Leftrightarrow \int_{-\infty}^{0} f(x)\mathrm{d}x \text{ 和 } \int_{0}^{+\infty} f(x)\mathrm{d}x \text{ 都收敛, 此时}$$

$$\int_{-\infty}^{+\infty} f(x)\mathrm{d}x = \lim_{t \to +\infty} F(t) - \lim_{t \to -\infty} F(t) \xlongequal{\text{记为}} F(x)\Big|_{-\infty}^{+\infty}.$$

例 4.1　求 $\int_{0}^{+\infty} x e^{-\lambda x}\mathrm{d}x (\lambda > 0)$.

解　用分部积分法,

$$\int_0^{+\infty} x e^{-\lambda x} dx = \lim_{t \to +\infty} \int_0^t x e^{-\lambda x} dx$$

$$= \lim_{t \to +\infty} \left[-\left(\frac{1}{\lambda} x e^{-\lambda x} \right) \Big|_0^t + \frac{1}{\lambda} \int_0^t e^{-\lambda x} dx \right]$$

$$= \lim_{t \to +\infty} \left(-\frac{1}{\lambda} t e^{-\lambda t} - \frac{1}{\lambda^2} e^{-\lambda x} \Big|_0^t \right)$$

$$= \lim_{t \to +\infty} \left[\frac{1}{\lambda^2} - \left(\frac{t}{\lambda} + \frac{1}{\lambda^2} \right) e^{-\lambda t} \right],$$

由洛必达法则

$$\lim_{t \to +\infty} \left(\frac{t}{\lambda} + \frac{1}{\lambda^2} \right) e^{-\lambda t} = \lim_{t \to +\infty} \frac{\frac{t}{\lambda} + \frac{1}{\lambda^2}}{e^{\lambda t}} = \lim_{t \to +\infty} \frac{\frac{1}{\lambda}}{\lambda e^{\lambda t}} = 0,$$

所以

$$\int_0^{+\infty} x e^{-\lambda x} dx = \frac{1}{\lambda^2}.$$

例 4.2　证明反常积分 $\displaystyle\int_{-\infty}^{+\infty} \frac{x}{\sqrt{1+x^2}} dx$ 发散.

证明　$\displaystyle\int_{-\infty}^{+\infty} \frac{x}{\sqrt{1+x^2}} dx = \int_{-\infty}^0 \frac{x}{\sqrt{1+x^2}} dx + \int_0^{+\infty} \frac{x}{\sqrt{1+x^2}} dx,$

其中

$$\int_{-\infty}^0 \frac{x}{\sqrt{1+x^2}} dx = \sqrt{1+x^2} \Big|_{-\infty}^0 = 1 - \lim_{x \to -\infty} \sqrt{1+x^2} = -\infty,$$

$$\int_0^{+\infty} \frac{x}{\sqrt{1+x^2}} dx = \sqrt{1+x^2} \Big|_0^{+\infty} = \lim_{x \to +\infty} \sqrt{1+x^2} - 1 = +\infty,$$

所以 $\displaystyle\int_{-\infty}^{+\infty} \frac{x}{\sqrt{1+x^2}} dx$ 发散. 　　　　　　□

例 4.3　证明反常积分 $\displaystyle\int_a^{+\infty} \frac{1}{x^p} dx \; (a > 0, p > 0)$ 当 $p > 1$ 时收敛, 当 $p \leqslant 1$ 时发散.

证明　当 $p = 1$ 时, $\displaystyle\int_a^{+\infty} \frac{1}{x} dx = \ln x \Big|_a^{+\infty} = \lim_{x \to +\infty} \ln x - \ln a = +\infty$, 当 $p \neq 1$ 时,

$$\int_a^{+\infty} \frac{1}{x^p} dx = \frac{1}{1-p} x^{1-p} \Big|_a^{+\infty} = \lim_{x \to +\infty} \frac{x^{1-p}}{1-p} - \frac{a^{1-p}}{1-p} = \begin{cases} \dfrac{a^{1-p}}{p-1}, & p > 1, \\[2mm] +\infty, & p < 1. \end{cases}$$

所以，反常积分 $\displaystyle\int_a^{+\infty}\dfrac{1}{x^p}\mathrm{d}x$ 当 $p>1$ 时收敛，当 $p\leqslant 1$ 时发散.   □

5.4.2　无界函数的反常积分

如果函数 $f(x)$ 在点 x_0 的任何邻域内都无界，则称 x_0 为函数 $f(x)$ 的瑕点.

定义 4.2　设函数 $f(x)$ 在 $(a,b]$ 上连续，点 a 为 $f(x)$ 的瑕点. 对 $t>a$，如果极限 $\displaystyle\lim_{t\to a^+}\int_t^b f(x)\mathrm{d}x$ 存在，则称此极限为函数 $f(x)$ 在 $(a,b]$ 上的**反常积分**，仍然记为 $\displaystyle\int_a^b f(x)\mathrm{d}x$，即

$$\int_a^b f(x)\mathrm{d}x=\lim_{t\to a^+}\int_t^b f(x)\mathrm{d}x,$$

这时也称反常积分 $\displaystyle\int_a^b f(x)\mathrm{d}x$ **存在**或**收敛**；如果上述极限不存在，则称反常积分**不存在**或**发散**.

类似地，设函数 $f(x)$ 在 $[a,b)$ 上连续，点 b 为 $f(x)$ 的瑕点，反常积分 $\displaystyle\int_a^b f(x)\mathrm{d}x$ 收敛 $\Leftrightarrow \displaystyle\lim_{t\to b^-}\int_a^t f(x)\mathrm{d}x$ 存在，此时

$$\int_a^b f(x)\mathrm{d}x=\lim_{t\to b^-}\int_a^t f(x)\mathrm{d}x.$$

设函数 $f(x)$ 在 $[a,b]$ 上除 $x=c\ (a<c<b)$ 外连续，c 为 $f(x)$ 的瑕点，反常积分 $\displaystyle\int_a^b f(x)\mathrm{d}x$ 收敛 $\Leftrightarrow$ 反常积分 $\displaystyle\int_a^c f(x)\mathrm{d}x$ 和 $\displaystyle\int_c^b f(x)\mathrm{d}x$ 都收敛，此时

$$\int_a^b f(x)\mathrm{d}x=\int_a^c f(x)\mathrm{d}x+\int_c^b f(x)\mathrm{d}x=\lim_{t\to c^-}\int_a^t f(x)\mathrm{d}x+\lim_{t\to c^+}\int_t^b f(x)\mathrm{d}x.$$

根据上述定义及牛顿-莱布尼茨公式，有如下结果：

设函数 $f(x)$ 在 $(a,b]$ 上连续，$F(x)$ 为 $f(x)$ 的原函数，a 为 $f(x)$ 的瑕点，则反常积分 $\displaystyle\int_a^b f(x)\mathrm{d}x$ 收敛 $\Leftrightarrow \displaystyle\lim_{t\to a^+}\int_t^b f(x)\mathrm{d}x=F(b)-\lim_{t\to a^+}F(t)$ 存在，此时

$$\int_a^b f(x)\mathrm{d}x=F(b)-\lim_{t\to a^+}F(t)\overset{\text{记为}}{=\!=\!=}F(x)\Big|_{a^+}^b.$$

对于 b 为瑕点或 $c(a<c<b)$ 为瑕点的反常积分，也有类似的结果，不再详述.

例 4.4　求 $\displaystyle\int_0^a\dfrac{1}{\sqrt{a^2-x^2}}\mathrm{d}x(a>0)$.

解　显然 $x=a$ 为被积函数的瑕点，有

$$\int_0^a \frac{1}{\sqrt{a^2-x^2}}\mathrm{d}x = \arcsin\frac{x}{a}\Big|_0^{a^-} = \lim_{x\to a^-}\arcsin\frac{x}{a} = \arcsin 1 = \frac{\pi}{2}.$$

例 4.5　证明反常积分 $\int_a^b \dfrac{1}{(x-a)^p}\mathrm{d}x$ $(p>0)$ 当 $p<1$ 时收敛, 当 $p\geqslant 1$ 时发散.

证明　显然 $x=a$ 为被积函数的瑕点, 当 $p=1$ 时,

$$\int_a^b \frac{1}{x-a}\mathrm{d}x = \ln(x-a)\Big|_{a^+}^b = \ln(b-a) - \lim_{x\to a^+}\ln(x-a) = +\infty,$$

当 $p\neq 1$ 时,

$$\int_a^b \frac{1}{(x-a)^p}\mathrm{d}x = \frac{(x-a)^{1-p}}{1-p}\Big|_{a^+}^b$$

$$= \frac{(b-a)^{1-p}}{1-p} - \lim_{x\to a^+}\frac{(x-a)^{1-p}}{1-p}$$

$$= \begin{cases} \dfrac{(b-a)^{1-p}}{1-p}, & p<1, \\ +\infty, & p>1. \end{cases}$$

所以, 反常积分 $\int_a^b \dfrac{1}{(x-a)^p}\mathrm{d}x$ 当 $p<1$ 时收敛, 当 $p\geqslant 1$ 时发散.　　□

类似地, 反常积分 $\int_a^b \dfrac{1}{(b-x)^p}\mathrm{d}x$ 当 $p<1$ 时收敛, 当 $p\geqslant 1$ 时发散.

例 4.6　讨论反常积分 $\int_{-1}^1 \dfrac{1}{x^2}\mathrm{d}x$ 的敛散性.

解　显然 $x=0$ 是 $f(x)=\dfrac{1}{x^2}$ 的瑕点, 有 $\int_{-1}^1 \dfrac{1}{x^2}\mathrm{d}x = \int_{-1}^0 \dfrac{1}{x^2}\mathrm{d}x + \int_0^1 \dfrac{1}{x^2}\mathrm{d}x$,

$\int_{-1}^0 \dfrac{1}{x^2}\mathrm{d}x$ 是上例 $\int_a^b \dfrac{1}{(b-x)^p}\mathrm{d}x$ 中 $b=0, p=2$ 的情形, 反常积分发散;

$\int_0^1 \dfrac{1}{x^2}\mathrm{d}x$ 是上例 $\int_a^b \dfrac{1}{(x-a)^p}\mathrm{d}x$ 中 $a=0, p=2$ 的情形, 反常积分发散.

所以反常积分 $\int_{-1}^1 \dfrac{1}{x^2}\mathrm{d}x$ 发散.

如果不注意 $x=0$ 是被积函数的瑕点, 就会得到下面的错误结果:

$$\int_{-1}^1 \frac{1}{x^2}\mathrm{d}x = -\frac{1}{x}\Big|_{-1}^1 = -1-1 = -2.$$

所以对于一个给定的积分 $\int_a^b f(x)\mathrm{d}x$，我们首先要判断它是定积分还是反常积分，如果是反常积分，就按反常积分的定义去判断它的敛散性，并在收敛情况下，计算出它的值.

5.4.3　Γ - 函数

定义 4.3　含参变量 $r(r > 0)$ 的反常积分

$$\Gamma(r) = \int_0^{+\infty} x^{r-1}\mathrm{e}^{-x}\mathrm{d}x$$

称为 Γ-函数.

　　Γ-函数是一个重要的反常积分，可以证明它是收敛的，下面我们介绍它的一个递推公式

$$\Gamma(r+1) = r\Gamma(r) \quad (r > 0).$$

这是因为

$$\begin{aligned}
\Gamma(r+1) &= \int_0^{+\infty} x^r \mathrm{e}^{-x}\mathrm{d}x \\
&= \int_0^{+\infty} x^r \mathrm{d}(-\mathrm{e}^{-x}) \\
&= (-x^r \mathrm{e}^{-x})\Big|_0^{+\infty} + \int_0^{+\infty} \mathrm{e}^{-x}\mathrm{d}(x^r) \\
&= r\int_0^{+\infty} \mathrm{e}^{-x} \cdot x^{r-1}\mathrm{d}x = r\Gamma(r),
\end{aligned}$$

特别地，当 r 取自然数时，我们有

$$\Gamma(n+1) = n!.$$

这是因为

$$\Gamma(n+1) = n\Gamma(n) = n(n-1)\Gamma(n-1) = \cdots = n!\Gamma(1),$$

又

$$\Gamma(1) = \int_0^{+\infty} \mathrm{e}^{-x}\mathrm{d}x = (-\mathrm{e}^{-x})\Big|_0^{+\infty} = 1.$$

例 4.7　计算下列各值:

(1) $\dfrac{\Gamma(6)}{2\Gamma(3)}$;

(2) $\dfrac{\Gamma\left(\dfrac{5}{2}\right)}{\Gamma\left(\dfrac{1}{2}\right)}$.

解　(1) $\Gamma(6)=5\Gamma(5)=5\cdot4\Gamma(4)=5\cdot4\cdot3\Gamma(3)$, 所以, $\dfrac{\Gamma(6)}{2\Gamma(3)}=30$.

(2) $\Gamma\left(\dfrac{5}{2}\right)=\dfrac{3}{2}\Gamma\left(\dfrac{3}{2}\right)=\dfrac{3}{2}\cdot\dfrac{1}{2}\Gamma\left(\dfrac{1}{2}\right)$, 所以, $\dfrac{\Gamma\left(\dfrac{5}{2}\right)}{\Gamma\left(\dfrac{1}{2}\right)}=\dfrac{3}{4}$.

例 4.8　计算积分:

(1) $\displaystyle\int_0^{+\infty}x^3\mathrm{e}^{-x}\mathrm{d}x$;

(2) $\displaystyle\int_0^{+\infty}x^{-\frac{1}{2}}\mathrm{e}^{-x}\mathrm{d}x$.

解　(1) $\displaystyle\int_0^{+\infty}x^3\mathrm{e}^{-x}\mathrm{d}x=\Gamma(4)=3!=6$.

(2) 令 $x=y^2, \mathrm{d}x=2y\mathrm{d}y$. 则

$$\int_0^{+\infty}x^{-\frac{1}{2}}\mathrm{e}^{-x}\mathrm{d}x=\int_{-\infty}^{+\infty}y^{-1}\mathrm{e}^{-y^2}\cdot2y\mathrm{d}y=2\int_0^{+\infty}\mathrm{e}^{-x^2}\mathrm{d}x=\int_{-\infty}^{+\infty}\mathrm{e}^{-x^2}\mathrm{d}x,$$

即 $\Gamma\left(\dfrac{1}{2}\right)=\displaystyle\int_{-\infty}^{+\infty}\mathrm{e}^{-x^2}\mathrm{d}x\,(=\sqrt{\pi})$.

这个积分是概率论中一个重要的积分, 其结果我们将在二重积分中给出.

习题 5.4

习题 5.4 解答

判断下列反常积分的敛散性, 如果收敛, 计算反常积分的值:

(1) $\displaystyle\int_2^{+\infty}\dfrac{\mathrm{d}x}{x^4}$;

(2) $\displaystyle\int_1^{+\infty}\dfrac{\mathrm{d}x}{\sqrt{x}}$;

(3) $\displaystyle\int_{-\infty}^{+\infty}\dfrac{\mathrm{d}x}{1+x^2}$;

(4) $\displaystyle\int_0^{+\infty}t\mathrm{e}^{-pt}\mathrm{d}t$ （$p>0$）;

(5) $\displaystyle\int_1^{+\infty}\dfrac{\mathrm{d}x}{\sqrt{x}(x+1)}$;

(6) $\displaystyle\int_1^2\dfrac{\mathrm{d}x}{(1-x)^{\frac{4}{5}}}$;

(7) $\displaystyle\int_1^2\dfrac{\mathrm{d}x}{(1-x)^{\frac{4}{3}}}$;

(8) $\displaystyle\int_1^2\dfrac{x}{\sqrt{x-1}}\mathrm{d}x$;

(9) $\displaystyle\int_1^{\mathrm{e}}\dfrac{\mathrm{d}x}{x\sqrt{1-\ln^2x}}$.

5.5 定积分的应用

本节就一些常见的几何和物理方面的实例，来说明应用定积分解决实际问题的基本方法.

5.5.1 微元法

微元法是用定积分解决实际问题的基本方法.

在实际问题中用定积分来计算某个量 Q 时，首先要求 Q 与某个变量 x 的变化区间 $[a,b]$ 有关，并且在 $[a,b]$ 上具有"可加性"，即 $[a,b]$ 上的总量 Q 等于各个小区间上对应部分量之和.

用定积分计算量 Q，关键在于把 Q 用定积分表示出来，通常采用"微元法". 为了说明这种方法，先回顾用定积分计算曲边梯形面积、变速直线运动的路程等所用的四个步骤

(1)分割：将区间 $[a,b]$ 任意分成 n 个小区间，第 i 个小区间 $[x_{i-1},x_i]$ 上量 Q 的部分量为 ΔQ_i，于是 $Q = \sum\limits_{i=1}^{n} \Delta Q_i$.

(2)近似：求部分量的近似值 $\Delta Q_i \approx f(\xi_i)\Delta x_i$.

(3)求和：求整体量的近似值 $Q = \sum\limits_{i=1}^{n} \Delta Q_i \approx \sum\limits_{i=1}^{n} f(\xi_i)\Delta x_i$.

(4)取极限：$Q = \lim\limits_{\lambda \to 0} \sum\limits_{i=1}^{n} f(\xi_i)\Delta x_i = \int_a^b f(x)\mathrm{d}x$.

在实际应用中，将以上四个步骤简化成实用的两步.

(1)分割区间 $[a,b]$，把小区间 $[x_{i-1},x_i]$ 的下标去掉，写成 $[x,x+\mathrm{d}x]$，求出 Q 在 $[x,x+\mathrm{d}x]$ 上的近似值 $\Delta Q \approx f(x)\Delta x = f(x)\mathrm{d}x$，把 $f(x)\mathrm{d}x$ 称为量 Q 的微元，并且记为 $\mathrm{d}Q$，即 $\mathrm{d}Q = f(x)\mathrm{d}x$.

(2)以 Q 的微元 $f(x)\mathrm{d}x$ 为被积表达式，在 $[a,b]$ 上作定积分，得

$$Q = \int_a^b f(x)\mathrm{d}x.$$

称此方法为**微元法**. 在用微元法求量 Q 的积分表达式的过程中，要求 $\mathrm{d}Q$ 与 ΔQ 的差是一个比 $\mathrm{d}x$ 高阶的无穷小. 为了简便，在下面的讨论中，省略了这一步.

5.5.2 平面图形的面积

1. 直角坐标情形

用微元法将下列图形的面积 A 表示成定积分.

(1) 设平面图形是由上下两条连续曲线 $y = f(x), y = g(x)(f(x) \geqslant g(x))$ 及与直线 $x = a, x = b(a < b)$ 围成 (图 5.7), 则在 $[a,b]$ 的子区间 $[x, x + \mathrm{d}x]$ 上面积微元

$$\mathrm{d}A = [f(x) - g(x)]\mathrm{d}x,$$

因此

$$A = \int_a^b [f(x) - g(x)]\mathrm{d}x.$$

(2) 设平面图形是由左右两条连续曲线 $x = \psi(y)$, $x = \varphi(y)(\varphi(y) \geqslant \psi(y))$ 及直线 $y = c, y = d(c < d)$ 围成 (图 5.8). 取 y 为积分变量, 在 $[c,d]$ 的子区间 $[y, y + \mathrm{d}y]$ 上的面积微元

$$\mathrm{d}A = [\varphi(y) - \psi(y)]\mathrm{d}y,$$

因此

$$A = \int_c^d [\varphi(y) - \psi(y)]\mathrm{d}y.$$

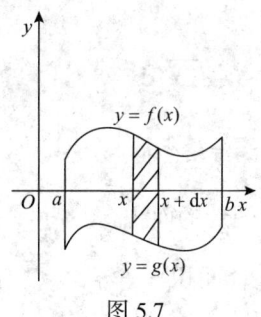

图 5.7

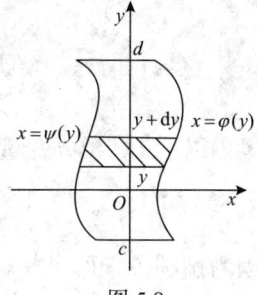

图 5.8

例 5.1　求由抛物线 $y^2 = 2px$ 与 $x^2 = 2py(p > 0)$ 所围图形的面积 (图 5.9).

解　解方程组

$$\begin{cases} y^2 = 2px, \\ x^2 = 2py \end{cases}$$

得两抛物线的交点为 $(0,0)$ 和 $(2p, 2p)$, 于是

$$A = \int_0^{2p} \left(\sqrt{2px} - \frac{x^2}{2p} \right) \mathrm{d}x = \left(\frac{2}{3}\sqrt{2p} x^{\frac{3}{2}} - \frac{x^3}{6p} \right) \Bigg|_0^{2p} = \frac{4}{3}p^2.$$

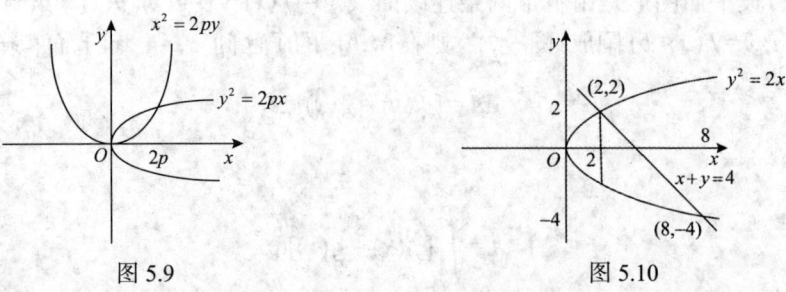

图 5.9   图 5.10

例 5.2 求由抛物线 $y^2 = 2x$ 及直线 $x + y = 4$ 所围成图形的面积(图 5.10).

解 解方程 $\begin{cases} y^2 = 2x, \\ x + y = 4, \end{cases}$ 得抛物线与直线的交点 $(2,2)$ 和 $(8,-4)$.

方法一 选取 y 为积分变量, 有

$$A = \int_{-4}^{2} \left[(4 - y) - \frac{y^2}{2} \right] \mathrm{d}y = \left(4y - \frac{y^2}{2} - \frac{y^3}{6} \right) \Big|_{-4}^{2} = 18.$$

方法二 选取 x 为积分变量, 有

$$A = \int_{0}^{2} [\sqrt{2x} - (-\sqrt{2x})]\mathrm{d}x + \int_{2}^{8} [(4 - x) - (-\sqrt{2x})]\mathrm{d}x = 18.$$

从上例可以看出, 积分变量选取适当, 可以使计算更简便.

例 5.3 求椭圆 $\dfrac{x^2}{a^2} + \dfrac{y^2}{b^2} = 1(a > 0, b > 0)$ 所围成图形的面积(图 5.11).

解 因为椭圆关于两个坐标轴都对称, 所以整个面积 A 等于第一象限部分面积 A_1 的 4 倍, 即 $A = 4A_1 = 4\int_{0}^{a} y\mathrm{d}x$,

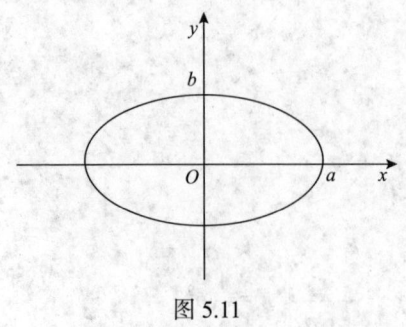

图 5.11

椭圆的参数方程为

$$\begin{cases} x = a\cos t, \\ y = b\sin t, \end{cases} \quad 0 \leqslant t \leqslant 2\pi.$$

对上述积分作变量替换. 令 $x = a\cos t$, 则 $y = b\sin t$, $\mathrm{d}x = -a\sin t\mathrm{d}t$, 当 x 由 0 变到 a 时, t 由 $\dfrac{\pi}{2}$ 变到 0, 所以

$$A = 4\int_0^a y\mathrm{d}x = 4\int_{\frac{\pi}{2}}^0 b\sin t(-a\sin t)\mathrm{d}t$$

$$= 4ab\int_0^{\frac{\pi}{2}}\sin^2 t\mathrm{d}t = 4ab\cdot\frac{1}{2}\cdot\frac{\pi}{2} = \pi ab.$$

2. 极坐标情形

有些平面图形的边界曲线用极坐标方程表示比较方便.

设平面图形由曲线 $r = r(\theta)$ 及射线 $\theta = \alpha$ 及 $\theta = \beta$ 围成, 其中 $r(\theta)$ 在 $[\alpha,\beta]$ 上连续且非负, 称为曲边扇形 (图 5.12).

下面来求曲边扇形的面积.

当 r 为常数时, 圆扇形的面积为 $\frac{1}{2}r^2(\beta - \alpha)$, 而现在当 θ 在 $[\alpha,\beta]$ 变动时, $r = r(\theta)$ 随之变动, 不能用圆扇形面积公式来计算曲边扇形的面积.

取极角 θ 为积分变量, 它的变化区间是 $[\alpha,\beta]$. 对 $[\alpha,\beta]$ 的任一子区间 $[\theta, \theta + \mathrm{d}\theta]$ 所对应的小曲边扇形的面积可以用圆扇形面积近似表示, 曲边扇形的面积元素

$$\mathrm{d}A = \frac{1}{2}r^2(\theta)\mathrm{d}\theta,$$

从而曲边扇形的面积

$$A = \int_\alpha^\beta \frac{1}{2}r^2(\theta)\mathrm{d}\theta.$$

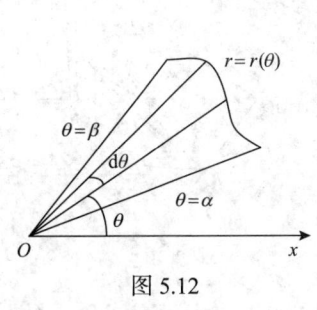

图 5.12

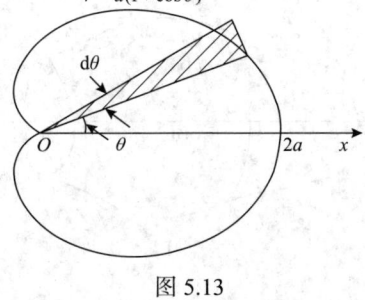

图 5.13

例 5.4 求心形线

$$r = a(1 + \cos\theta) \quad (a > 0)$$

所围成图形的面积(图 5.13).

解 图形关于极轴对称，整个图形的面积 A 等于极轴上方图形面积 A_1 的 2 倍，即

$$A = 2A_1 = 2\int_0^\pi \frac{1}{2}a^2(1+\cos\theta)^2\,\mathrm{d}\theta = a^2\int_0^\pi(1+\cos\theta)^2\,\mathrm{d}\theta = 4a^2\int_0^\pi\cos^4\frac{\theta}{2}\,\mathrm{d}\theta$$

$$\xlongequal{\diamondsuit t=\frac{\theta}{2}} 8a^2\int_0^{\frac{\pi}{2}}\cos^4 t\,\mathrm{d}t = 8a^2\cdot\frac{3\cdot 1}{4\cdot 2}\cdot\frac{\pi}{2} = \frac{3}{2}\pi a^2.$$

5.5.3 体积

1. 平行截面面积为已知的立体的体积

设有一个立体，介于过点 $x=a$，$x=b$ 且垂直于 x 轴的两平面之间，已知垂直于 x 轴的平面截此立体，所得截面面积为 $A(x)$ (图 5.14)，其中 $A(x)$ 在 $[a,b]$ 上连续且非负，求此立体的体积.

取 x 为积分变量，它的变化区间是 $[a,b]$，对 $[a,b]$ 的任一子区间 $[x,x+\mathrm{d}x]$，相应的小立体的体积可以用柱体体积近似表示，得体积元素

$$\mathrm{d}V = A(x)\mathrm{d}x\,,$$

从而立体体积为

$$V = \int_a^b A(x)\mathrm{d}x\,.$$

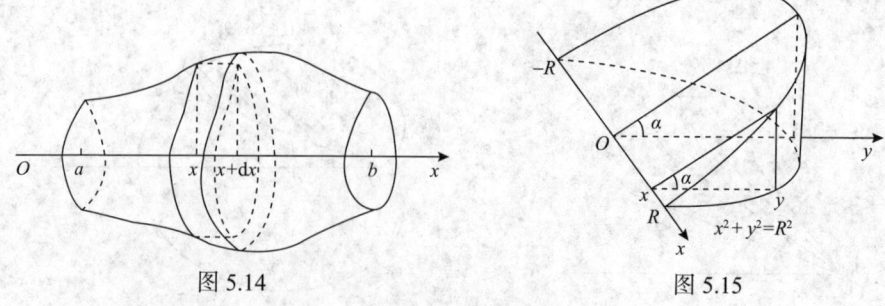

图 5.14   图 5.15

例 5.5 一平面经半径为 R 的圆柱体的底圆圆心，与底面交成角 α (图 5.15)，计算这平面截圆柱体所得立体的体积.

解 取底圆所在平面为 xOy 平面，底圆中心 O 为原点，平面与底圆交线为 x

轴, 则底圆方程为 $x^2 + y^2 = R^2$, 立体介于 $x = -R$ 与 $x = R$ 之间, 垂直于 x 轴的平面截立体的截面是一个直角三角形, 两直角边的长度分别是 $y = \sqrt{R^2 - x^2}$ 和 $y \tan \alpha = \sqrt{R^2 - x^2} \tan \alpha$, 从而

$$V = \int_{-R}^{R} \frac{1}{2}(R^2 - x^2)\tan\alpha\mathrm{d}x$$

$$= \int_{0}^{R} (R^2 - x^2)\tan\alpha\mathrm{d}x$$

$$= \left(R^2 x - \frac{x^3}{3}\right)\tan\alpha\Bigg|_{0}^{R} = \frac{2}{3}R^3\tan\alpha.$$

2. 旋转体体积

设函数 $f(x)$ 在 $[a,b]$ 上连续, $f(x) \geqslant 0$, 由曲线 $y = f(x)$, 直线 $x = a$, $x = b$ 及 x 轴围成的曲边梯形绕 x 轴旋转一周生成一个旋转体(图 5.16), 求这个旋转体的体积.

这个旋转体介于平面 $x = a$ 与 $x = b$ 之间, a 与 b 之间垂直于 x 轴的平面截旋转体的截面为圆, 其面积为

$$A(x) = \pi f^2(x),$$

所以旋转体的体积

$$V = \int_{a}^{b} \pi f^2(x)\mathrm{d}x.$$

类似地, 设 $\varphi(y)$ 在 $[c,d]$ 上连续, $\varphi(y) \geqslant 0$, 由曲线 $x = \varphi(y)$, 直线 $y = c$, $y = d$ 及 y 轴围成的曲边梯形绕 y 轴旋转一周所生成的旋转体(图 5.17)的体积

$$V = \int_{c}^{d} \pi \varphi^2(y)\,\mathrm{d}y.$$

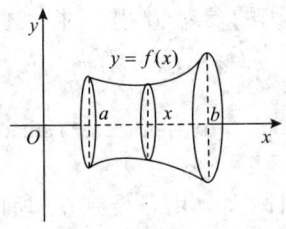

图 5.16

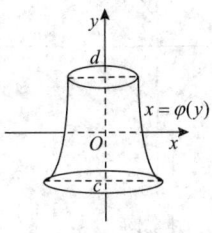

图 5.17

例 5.6　求椭圆 $\dfrac{x^2}{a^2}+\dfrac{y^2}{b^2}=1$ 所围图形分别绕 x 轴和 y 轴旋转一周所生成的旋转体体积 V_x 和 V_y.

解　上半椭圆的方程为 $y=\dfrac{b}{a}\sqrt{a^2-x^2}$，从而

$$V_x=\int_{-a}^{a}\pi\frac{b^2}{a^2}(a^2-x^2)\mathrm{d}x=2\pi\frac{b^2}{a^2}\int_0^a(a^2-x^2)\mathrm{d}x$$

$$=2\pi\frac{b^2}{a^2}\left(a^2x-\frac{x^3}{3}\right)\Bigg|_0^a=\frac{4}{3}\pi ab^2.$$

同理

$$V_y=\int_{-b}^{b}\pi\frac{a^2}{b^2}(b^2-y^2)\mathrm{d}y=2\pi\frac{a^2}{b^2}\int_0^b(b^2-y^2)\mathrm{d}y=\frac{4}{3}\pi a^2b.$$

特别地，当 $a=b$ 时，球体体积为 $V=V_x=V_y=\dfrac{4}{3}\pi a^3$.

例 5.7　求星形线

$$\begin{cases}x=a\cos^3 t,\\ y=a\sin^3 t\end{cases}(a>0,0\leqslant t\leqslant 2\pi)$$

所围图形绕 x 轴旋转一周所生成的旋转体体积(图 5.18).

解　由图形的对称性，整个体积 V 等于第一象限的图形绕 x 轴旋转所成旋转体体积 V_1 的 2 倍，有

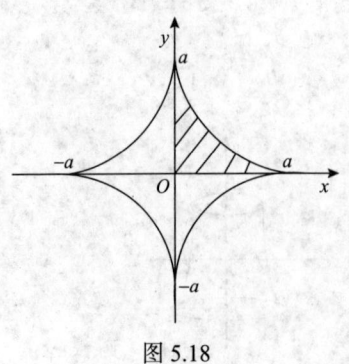

图 5.18

$$V=2V_1=2\pi\int_0^a y^2\mathrm{d}x.$$

由星形线的参数方程，对上述积分作变量替换，令 $x=a\cos^3 t$，则

$$y=a\sin^3 t,\quad \mathrm{d}x=-3a\cos^2 t\sin t\mathrm{d}t,$$

当 x 由 0 变到 a 时，t 由 $\dfrac{\pi}{2}$ 变到 0，所以

$$V = 2\pi \int_{\frac{\pi}{2}}^{0} a^2 \sin^6 t (-3a \cos^2 t \sin t) \mathrm{d}t$$

$$= 6\pi a^3 \int_0^{\frac{\pi}{2}} \sin^7 t \cos^2 t \, \mathrm{d}t$$

$$= 6\pi a^3 \int_0^{\frac{\pi}{2}} (\sin^7 t - \sin^9 t) \mathrm{d}t$$

$$= 6\pi a^3 \left(\frac{6 \cdot 4 \cdot 2}{7 \cdot 5 \cdot 3} - \frac{8 \cdot 6 \cdot 4 \cdot 2}{9 \cdot 7 \cdot 5 \cdot 3} \right) = \frac{32}{105} \pi a^3.$$

例 5.8　求圆 $(x-b)^2 + y^2 = a^2 \,(0 < a < b)$（图 5.19(a)）所围图形绕 y 轴旋转一周所生成的旋转体体积.

解　左、右半圆的方程分别为

$$x_1 = b - \sqrt{a^2 - y^2}, \quad x_2 = b + \sqrt{a^2 - y^2},$$

$$V = \pi \int_{-a}^{a} (b + \sqrt{a^2 - y^2})^2 \mathrm{d}y - \pi \int_{-a}^{a} (b - \sqrt{a^2 - y^2})^2 \mathrm{d}y$$

$$= 4\pi b \int_{-a}^{a} \sqrt{a^2 - y^2} \, \mathrm{d}y.$$

由定积分的几何意义, $\int_{-a}^{a} \sqrt{a^2 - y^2} \, \mathrm{d}y$ 是半径为 a 的右半圆 $x = \sqrt{a^2 - y^2}$ 的面积（图 5.19(b)）, 所以 $V = 4\pi b \cdot \dfrac{1}{2} \pi a^2 = 2\pi^2 a^2 b$.

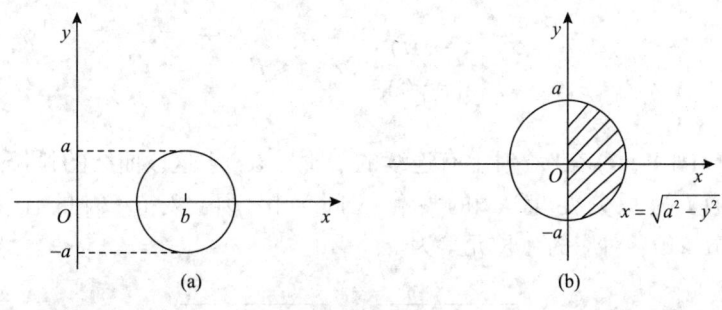

图 5.19

5.5.4　平面曲线的弧长

1. 直角坐标情形

设曲线方程为 $y = f(x)$, $a \leqslant x \leqslant b$, $f(x)$ 在 $[a,b]$ 上有连续的一阶导数, 求这

段曲线的弧长.

取 x 为积分变量, 它的变化区间为 $[a,b]$, 对 $[a,b]$ 上的任一子区间 $[x,x+\mathrm{d}x]$, 对应的弧长可用曲线在 $(x,f(x))$ 处的切线上对应的长度近似表示(图 5.20), 得弧长元素

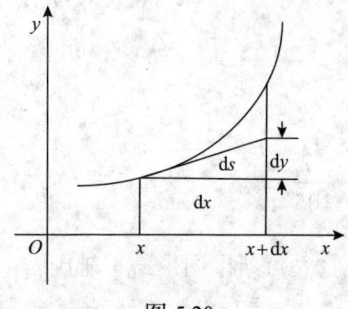

图 5.20

$$\mathrm{d}s = \sqrt{(\mathrm{d}x)^2 + (\mathrm{d}y)^2} = \sqrt{1 + f'^2(x)}\mathrm{d}x,$$

从而弧长

$$s = \int_a^b \sqrt{1 + f'^2(x)}\mathrm{d}x.$$

例 5.9　求曲线 $y = \dfrac{2}{3}x^{\frac{3}{2}}$ 上相应于 $x = a$ 到 $x = b$ $(0 < a < b)$ 一段弧的长度.

解　由 $y' = x^{\frac{1}{2}}, \mathrm{d}s = \sqrt{1 + y'^2}\mathrm{d}x = \sqrt{1 + x}\mathrm{d}x$, 所以

$$s = \int_0^1 \sqrt{1+x}\mathrm{d}x = \frac{2}{3}(1+x)^{\frac{3}{2}}\Big|_a^b = \frac{2}{3}\left[(1+b)^{\frac{3}{2}} - (1+a)^{\frac{3}{2}}\right].$$

2. 参数方程情形

设曲线由参数方程

$$\begin{cases} x = x(t), \\ y = y(t), \end{cases} \quad \alpha \leqslant t \leqslant \beta$$

给出, 其中 $x(t)$, $y(t)$ 在 $[\alpha,\beta]$ 上有连续的一阶导数, 求这段曲线的弧长.

取参数 t 为积分变量, t 的变化区间为 $[\alpha,\beta]$. 对 $[\alpha,\beta]$ 的任一子区间 $[t,t+\mathrm{d}t], (\mathrm{d}t > 0)$, 对应的弧长元素为

$$\mathrm{d}s = \sqrt{(\mathrm{d}x)^2 + (\mathrm{d}y)^2} = \sqrt{x'^2(t) + y'^2(t)}\mathrm{d}t,$$

从而弧长为

$$s = \int_\alpha^\beta \sqrt{x'^2(t) + y'^2(t)}\mathrm{d}t.$$

例 5.10　求摆线(图 5.21)

$$\begin{cases} x = a(t - \sin t), \\ y = a(1 - \cos t) \end{cases}$$

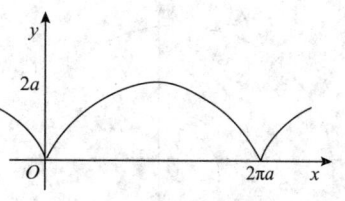

图 5.21

一拱$(0 \leqslant t \leqslant 2\pi)$的长度.

解　由 $x'(t) = a(1 - \cos t)$，$y'(t) = a\sin t$，可得

$$ds = \sqrt{x'^2(t) + y'^2(t)}dt = \sqrt{a^2(1 - \cos t)^2 + a^2 \sin^2 t}dt$$
$$= a\sqrt{2(1 - \cos t)}dt = 2a\left|\sin\frac{t}{2}\right|dt,$$

则有

$$s = 2a\int_0^{2\pi} \sin\frac{t}{2}dt = -4a\cos\frac{t}{2}\Big|_0^{2\pi} = 8a.$$

3. 极坐标情形

设曲线由极坐标方程

$$r = r(\theta), \quad \alpha \leqslant \theta \leqslant \beta$$

给出, 这里$r(\theta)$在$[\alpha, \beta]$上有连续的一阶导数. 曲线以θ为参数的参数方程为

$$\begin{cases} x = r(\theta)\cos\theta, \\ y = r(\theta)\sin\theta, \end{cases} \alpha \leqslant \theta \leqslant \beta,$$

由于

$$x'(\theta) = r'(\theta)\cos\theta - r(\theta)\sin\theta,$$

$$y'(\theta) = r'(\theta)\sin\theta + r(\theta)\cos\theta,$$

$$ds = \sqrt{x'^2(\theta) + y'^2(\theta)}d\theta = \sqrt{r^2(\theta) + r'^2(\theta)}d\theta,$$

所以这段曲线的弧长为

$$s = \int_\alpha^\beta \sqrt{r^2(\theta) + r'^2(\theta)}d\theta.$$

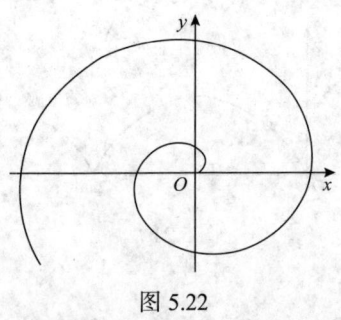

图 5.22

例 **5.11**　求对数螺线 $r = \mathrm{e}^{a\theta}$　$(a > 0)$（图 5.22）上相应于 $\theta = 0$ 到 $\theta = \pi$ 这一段弧的长度.

解　$s = \int_0^\pi \sqrt{r^2(\theta) + r'^2(\theta)}\,\mathrm{d}\theta$

$$= \int_0^\pi \sqrt{\mathrm{e}^{2a\theta} + a^2\mathrm{e}^{2a\theta}}\,\mathrm{d}\theta = \sqrt{1 + a^2}\int_0^\pi \mathrm{e}^{a\theta}\,\mathrm{d}\theta$$

$$= \frac{\sqrt{1 + a^2}}{a}\mathrm{e}^{a\theta}\bigg|_0^\pi = \frac{\sqrt{1 + a^2}}{a}(\mathrm{e}^{a\pi} - 1).$$

*5.5.5　定积分在物理学中的应用举例

1. 变力做功问题

在物理学中, 如果物体在常力 F 的作用下, 沿力 F 的方向移动一段距离 S, 那么力 F 所做的功

$$W = FS.$$

现在讨论物体受变力 $F = F(x)$ 的作用, 沿力的方向从 x 轴上 $x = a$ 移动到 $x = b$, 外力 $F(x)$ 所做的功.

取 x 为积分变量, 它的变化区间为 $[a, b]$, 对 $[a, b]$ 的任一子区间 $[x, x + \mathrm{d}x]$, 可近似看成物体所受的力均为 $F(x)$, 而距离为 $\mathrm{d}x$, 外力所做的功可近似表示为

$$\mathrm{d}W = F(x)\mathrm{d}x,$$

这就是功的微元, 所以外力所做的功

$$W = \int_a^b F(x)\mathrm{d}x.$$

例 **5.12**　从地面垂直向上发射质量为 m 的火箭, 求从地面到距离地面 h 处, 克服地球引力所需做的功.

解　以地心为原点, 垂直向上作 r 轴（图 5.23）

设地球半径为 R, 质量是 M, 根据万有引力定律, 当火箭与地心距离是 r 时, 所受的引力

$$F(r) = K\frac{Mm}{r^2}\quad (r \geqslant R),$$

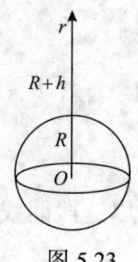

图 5.23

其中 K 为引力常数. 当 $r = R$ 时, 有

$$K\frac{Mm}{R^2}=mg,\quad K=\frac{R^2g}{M},$$

所以

$$F(r)=\frac{R^2g}{M}\cdot\frac{Mm}{r^2}=mg\left(\frac{R}{r}\right)^2,$$

$$W=\int_R^{R+h}F(r)\mathrm{d}r=\int_R^{R+h}mg\left(\frac{R}{r}\right)^2\mathrm{d}r=-mgR^2\frac{1}{r}\bigg|_R^{R+h}=mg\frac{Rh}{R+h}.$$

2. 水压力

由物理学，水面下深度 h 处，压强 $P=\rho gh$，其中 ρ 为水的密度，g 为重力加速度.

设平板铅直置于水面下深度 $x=a$ 到 $x=b$ 处，在 x 处平板的宽度为 $W(x)$（图 5.24），求平板一侧所受的水压力.

取 x 为积分变量，x 的变化区间为 $[a,b]$，对 $[a,b]$ 的任一子区间 $[x,x+\mathrm{d}x]$，相应的窄条平板所受的压强近似为 ρgx，面积近似为 $W(x)\mathrm{d}x$，所受的压力近似为

$$\mathrm{d}F=\rho gxW(x)\mathrm{d}x,$$

这就是平板所受水压力的微元，所以水压力

$$F=\int_a^b\rho gxW(x)\mathrm{d}x.$$

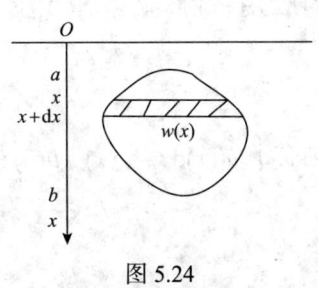

图 5.24

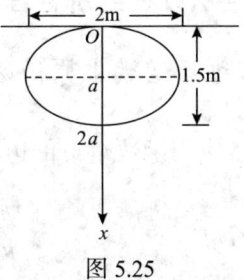

图 5.25

例 5.13　水箱的端面是椭圆（图 5.25），当水箱装满水时，计算水箱端面所受的压力.

解　如图 5.25 选取铅直向下的 x 轴，椭圆的方程是

$$\frac{(x-a)^2}{a^2}+\frac{y^2}{b^2}=1,$$

其中 $a = 0.75$, $b = 1$, 水深 x 处椭圆的宽度

$$W(x) = 2|y| = 2b\sqrt{1 - \frac{(x-a)^2}{a^2}} = \frac{2b}{a}\sqrt{a^2 - (x-a)^2},$$

所以水压力

$$F = \int_0^{2a} \rho g x W(x)\mathrm{d}x = \frac{2\rho g b}{a}\int_0^{2a} x\sqrt{a^2 - (x-a)^2}\,\mathrm{d}x$$

$$\underline{\underline{\diamondsuit\, t = x - a}}\; \frac{2\rho g b}{a}\int_{-a}^{a}(t+a)\sqrt{a^2 - t^2}\,\mathrm{d}t$$

$$= \frac{2\rho g b}{a}\int_{-a}^{a} t\sqrt{a^2 - t^2}\,\mathrm{d}t + 2\rho g b\int_{-a}^{a}\sqrt{a^2 - t^2}\,\mathrm{d}t.$$

上式中第一个积分，是对称区间 $[-a,a]$ 上奇函数 $t\sqrt{a^2 - t^2}$ 的积分，积分值等于零；对于第二个积分，由定积分的几何意义，其表示以 a 为半径的半圆的面积，等于 $\frac{\pi a^2}{2}$，所以

$$F = 2\rho g b \cdot \frac{\pi a^2}{2} = \pi \rho g a^2 b$$

$$= 3.1416 \times 10^3 (\mathrm{kg}/\mathrm{m}^3) \times 9.81(\mathrm{N}/\mathrm{kg}) \times (0.75)^2 \times 1(\mathrm{m}^3)$$

$$\approx 17.3\;(\mathrm{kN}).$$

*5.5.6　定积分在经济管理与社会科学中的应用举例

1. 由边际函数求原函数

设经济应用函数 $u(x)$ 的边际函数为 $u'(x)$，则有 $\int_0^x u'(x)\mathrm{d}x = u(x) - u(0)$，于是

$$u(x) = u(0) + \int_0^x u'(x)\mathrm{d}x.$$

例 5.14　生产某产品的边际成本函数为

$$C'(x) = 3x^2 - 14x + 100,$$

固定成本 $C(0) = 10000$，求生产 x 个产品的总成本函数.

解
$$C(x) = C(0) + \int_0^x C'(x)\mathrm{d}x$$
$$= 10000 + \int_0^x (3x^2 - 14x + 100)\mathrm{d}x$$
$$= 10000 + (x^3 - 7x^2 + 100x)\Big|_0^x$$
$$= 10000 + x^3 - 7x^2 + 100x.$$

例 5.15 已知边际收益为 $R'(x) = 78 - 2x$，设 $R(0) = 0$，求收益函数 $R(x)$．

解 $R(x) = R(0) + \int_0^x (78 - 2x)\mathrm{d}x = 78x - x^2$．

2. 由变化率求总量

例 5.16 某工厂生产某商品在时刻 t 的总产量变化率为 $x'(t) = 100 + 12t$ (单位/小时)，求由 $t = 2$ 到 $t = 4$ 这两小时的总产量．

解 总产量

$$Q = \int_2^4 x'(t)\mathrm{d}t = \int_2^4 (100 + 12t)\mathrm{d}t = (100t + 6t^2)\Big|_2^4 = 272.$$

例 5.17 生产某产品的边际成本为 $C'(x) = 150 - 0.2x$，当产量由 200 增加到 300 时，需追加成本为多少？

解 追加成本

$$C = \int_{200}^{300} (150 - 0.2x)\mathrm{d}x = (150x - 0.1x^2)\Big|_{200}^{300} = 10000.$$

例 5.18 在某地区当消费者个人收入为 x 时，消费支出 $W(x)$ 的变化率 $W'(x) = \dfrac{15}{\sqrt{x}}$，当个人收入由 900 增加到 1600 时，消费支出增加多少？

解 $W = \int_{900}^{1600} \dfrac{15}{\sqrt{x}}\mathrm{d}x = 30\sqrt{x}\,\Big|_{900}^{1600} = 300.$

3. 消费者剩余与生产者剩余

在经济管理中，需求函数 $q = D(p)$ 是价格 p 的单调减少函数，供给函数 $q = S(p)$ 是价格 p 的单调增加函数 (图 5.26)．

需求曲线 (函数) $q = D(p)$ 与供给曲线 (函数) $q = S(p)$ 的交点 $E(p_0, q_0)$ 称为**均衡点**，在此点供需达到均衡．均衡点的价格 p_0 称为**均衡价格**，即对某商品而言，顾客愿买、生产者愿卖的价格．均衡点纵坐标 q_0 称为**均衡数量** (又称为需求水平)，即在均衡价格为 p_0 时所达到的商品交易量．

需求曲线 $q = D(p)$ 与横轴 p 的交点的横坐标 p_U，称为商品的**最高限价**，即商品价格从平衡价格 p_0 上涨到 p_U 时，需求量 q 为 0，商品完全没有销路. 供给曲线 $q = S(p)$ 与横轴 p 的交点的横坐标 p_L，称为商品的**最低限价**，即商品价格从平衡价格 p_0 下降到 p_L 时，生产者不会提供商品了.

所谓**消费者剩余**，就是消费者愿以高于均衡价格购买而实际仅以 p_0（均衡价格）购买的事实中得到利益. 它是消费者的一种感受，并不意味着有实际收益. 例如，某城镇汽水的均衡价格 $p_0 = 2$ 元/瓶，消费者愿意以 2.50 元/瓶的价格买，而实际上是按均衡价格 $p_0 = 2$ 元/瓶支付. 消费者购买了 5 瓶，这时，消费者从心理上感觉有了收益，经济学上就称这种收益为**消费者剩余**，记为 C_S，即

$$C_S = 5 \times (2.50 - 2.00) = 2.50 (\text{元}).$$

如果需求函数是连续函数，则消费者的这种心理上的收益可用需求曲线 $D(p)$ 与直线 $p = p_0$，横轴所围成的图形的面积表示（图 5.27），这块面积就是消费者剩余，用定积分表示为

$$C_S = \int_{p_0}^{p_U} D(p) \mathrm{d}p.$$

所谓**生产者剩余**，就是生产者愿以低于均衡价格 p_0 供给产品而实际仍以 p_0（均衡价格）供给的事实中得到的利益，生产者这种利益是供给曲线 $S(p)$ 与直线 $p = p_0$、横轴所围成的图形的面积表示（图 5.27），这块面积就是生产者剩余，用定积分表示为

$$P_S = \int_{p_L}^{p_0} S(p) \mathrm{d}p.$$

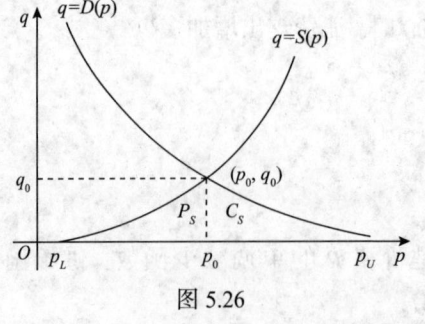
图 5.26

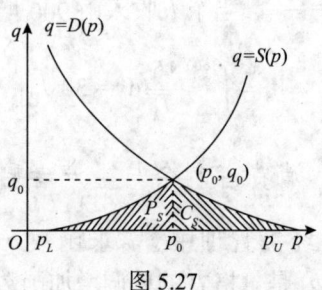
图 5.27

例 5.19　消费者剩余　设某商品的供给曲线与需求曲线分别为

$$S(p) = 4p - 1, \quad D(p) = 4 - p^2,$$

其中 p 是价格，试求此商品的消费者剩余与生产者剩余.

解　先求二曲线的交点: 由 $S(p) = D(P)$, 即

$$4p - 1 = 4 - p^2, \quad p^2 + 4p - 5 = 0,$$

解得 $p = 1, p = -5$ (舍去), 均衡点为 $E(1,3)$.

$S(p)$, $D(p)$ 与 p 轴的交点的横坐标分别为 $P_L = 0.25$, $p_U = 2$ (图 5.28), 因此消费者剩余

$$C_S = \int_{P_0}^{P_U} D(p)dp = \int_1^2 (4 - p^2)\mathrm{d}p = 1.67 \text{ (万元)}.$$

生产者剩余

$$P_S = \int_{P_L}^{P_0} S(p)\mathrm{d}p = \int_{0.25}^1 (4p - p)\mathrm{d}p = 1.13 \text{ (万元)}.$$

4. 洛伦茨 (Lorenz) 曲线与基尼 (Gini) 系数 (G)

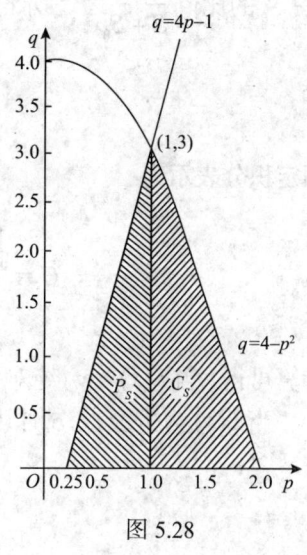

图 5.28

现实社会中, 对社会财富的拥有不是平均的, 少数人拥有许多财富, 而有的人却十分贫穷. 在收入分配上, 由于各种原因, 有的人收入十分高, 而有的人收入又十分低. 如何用数学方法来描述这些不平均及不平均的程度呢? 洛伦茨曲线是一种描述社会分配的曲线, 而基尼系数 (G) 描述的是社会分配的不平均程度.

设 x 表示职工收入不高于某一水平的人数占总人数的百分比, $y = L(x)$ 是收入变量, 表示这些人总收入占总工资的百分比. 例如, $L(0.30) = 0.12$ 表示收入不高于某一水平 (如 400 元/月) 的人数占总人数的 30%, 他们的工资收入占总工资的 12%, 显然, $L(x) \leqslant x$.

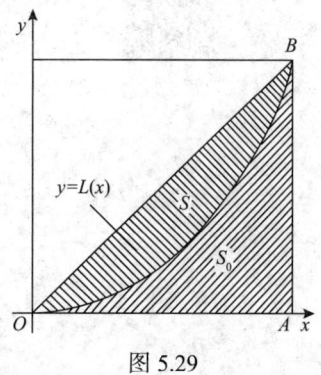

图 5.29

总是假设: $L(0) = 0$, 表示没有人没有收入; $L(1) = 1$, 表示所有工资全部分配完毕. 故洛伦茨曲线总经过 $(0,0)$ 与 $(1,1)$ 两点 (图 5.29).

在对角线 OB (即直线 $y = x$) 上任一点处横、纵坐标都相等, 表示工薪者人数的百分比等于他们收入的百分比. 即 $100x\%$ 的工薪者赚取了总工资的 $100x\%$, 在此情况下, 分配是绝对平均的. 折线 OAB 表示了只有一人赚取了所有工资, 其他人全部无收入, 是绝对不公平. 以上两种情况实际上是不

可能出现的, 故洛伦茨曲线应在 $\triangle OAB$ 中, 曲线的具体做法可经过社会调查后, 用统计方法建立数学模型而得到.

怎样来描述分配不平均的程度呢? 显然, 图 5.29 中曲线 $y = L(x)$ 离绝对平均直线 $y = x$ 越远, 表示分配越不平均. 也就是说, S 的面积越大, 分配就越不平均. 社会学中就用面积 S 与绝对平均曲线 (OB) 和绝对不平均曲线 (OAB) 之间的面积 $S + S_0$ 的比值 $\dfrac{S}{S + S_0}$, 表示分配不均的程度, 称为 **基尼系数**, 记为 G, 即

$$G = \frac{S}{S + S_0},$$

用定积分表示为

$$G = \frac{\displaystyle\int_0^1 [x - L(x)]\mathrm{d}x}{\displaystyle\int_0^1 x\mathrm{d}x} = 2\int_0^1 [x - L(x)]\mathrm{d}x.$$

计算可得, 当 $L(x) = x$ (绝对平衡)时, $G = 0$.

当 $L(x)$ 为折线 OAB 时 (绝对不平衡),

$$G = 2\int_0^1 (x - 0)\mathrm{d}x = 2 \cdot \left(\frac{x^2}{2}\right)\Big|_0^1 = 1.$$

例 5.20　基尼系数　设某地区的工资分配洛伦茨曲线是 $L(x) = x^2$, 求基尼系数 G.

解　$G = 2\displaystyle\int_0^1 [x - L(x)]\mathrm{d}x = 2\int_0^1 (x - x^2)\mathrm{d}x = 2\left(\frac{x^2}{2} - \frac{x^3}{3}\right)\Big|_0^1 = \frac{1}{3}.$

习题 5.5

(A)

习题 5.5 解答

1. 求下列曲线所围成图形的面积:

(1) 直线 $y = 1, y = 2, y = \dfrac{1}{2}x$ 和 $y = 3x$;

(2) 曲线 $y = \mathrm{e}^x,\ y = \mathrm{e}^{-x}$ 与直线 $x = 1$;

(3) 曲线 $x = 5y^2$ 和 $x = 1 + y^2$.

2. 求下列曲线所围成图形的面积:

(1) $r = 3\sin\theta$;

(2) $r = a(2 + \cos\theta)\ (a > 0)$;

(3) $r = 1 + \cos\theta$ 与 $r = 3\cos\theta$.

3. 求抛物线 $y = -x^2 + 4x - 3$ 及其在点 $(0,-3)$ 和点 $(3,0)$ 处的切线所围成图形的面积.

4. 计算曲线 $y = \dfrac{\sqrt{x}}{3}(3 - x)$ 上相应于 $1 \leqslant x \leqslant 3$ 的一段弧的长度.

5. 计算下列曲线的全长:

(1) $x^{\frac{2}{3}} + y^{\frac{2}{3}} = a^{\frac{2}{3}}$ （ $a > 0$ ）;

(2) $r = a(1 + \cos\theta)$ （ $a > 0$ ）.

6. 求由曲线 $y = x^2$ 及 $x = y^2$ 所围图形绕 x 轴旋转一周所生成的旋转体的体积.

7. 求圆域 $(x - 5)^2 + y^2 \leqslant 16$ 绕 y 轴旋转一周所生成的旋转体的体积.

8. 由实验可知, 弹簧在拉伸过程中, 需要的力 F （单位: N）与伸长量 s （单位: cm）成正比, 把弹簧由原长拉伸 1cm 需 1N 的力, 如果把弹簧由原长拉伸 6cm, 计算所做的功.

9. 一个底为 8cm, 高为 6cm 的等腰三角形片, 铅直地沉没在水中, 顶在上, 底在下且与水面平行, 而顶离水面 3cm, 求它的每面所受的水压力.

10. 已知边际成本为 $C'(x) = 7 + \dfrac{25}{\sqrt{x}}$, 固定成本为 1000, 求总成本函数.

11. 已知边际成本为 $C'(x) = 100 - 2x$, 求当产量由 $x = 20$ 增加到 $x = 30$ 时, 应追加的成本数.

12. 某地区居民购买冰箱的消费支出 $W(x)$ 的变化率是居民总收入 x 的函数, $W'(x) = \dfrac{1}{200\sqrt{x}}$, 当居民收入由 4 亿元增加至 9 亿元时, 购买冰箱的消费支出增加多少?

(B)

1. 已知曲线 $y = a\sqrt{x}$ （ $a > 0$ ）与曲线 $y = \ln\sqrt{x}$ 在点 (x_0, y_0) 处有公共切线, 求:

(1) 常数 a 及切点 (x_0, y_0) ;

(2) 两曲线与 x 轴围成图形的面积.

2. 求摆线 $x = a(t - \sin t)$, $y = a(1 - \cos t)$ （ $a > 0$ ）的一拱（ $0 \leqslant t \leqslant 2\pi$ ）与 x 轴所围成图形绕直线 $y = 2a$ 旋转一周所生成的旋转体的体积.

3. 证明: 曲边梯形 $0 \leqslant a \leqslant x \leqslant b$, $0 \leqslant y \leqslant f(x)$ 绕 y 轴旋转一周所生成的旋转体的体积为 $V = 2\pi \displaystyle\int_a^b xf(x)\mathrm{d}x$.并由此计算由曲线 $y = x^2$ 及直线 $x = 2$, $y = 0$ 所围成图形绕 y 轴旋转一周所生成的旋转体的体积.

4. 半径为 R 的球沉入水中, 上顶点与水面相切, 求将球从水中取出所需做的功（球的密度与水的密度相等）.

5. **消费者剩余与生产者剩余**　设某商品的供给曲线与需求曲线分别为 $S(p) = p^2$, $D(p) = -7p + 30$, 其中 p 为价格, 试求:

(1) 均衡点 (p_0, q_0) ;

(2) 消费者剩余与生产者剩余.

6. **消费者剩余**　设某商品需求函数为 $p = \sqrt{49 - 6x}$, 供给函数为 $p = x + 1$, 其中 x 为需求量, p 为价格, 试求均衡点与消费者剩余.

7. **生产者剩余**　设某商品供给函数为 $p = x^2 + x$, 其中 x 为需求量, 又设均衡价格是 20 元, 试求生产者剩余.

8. **基尼系数**　设某城镇工资分配的洛伦兹曲线为 $L(x) = \dfrac{7}{8}x^2 + \dfrac{1}{8}x$, 试求基尼系数 (G) .

5.6 数学实验: 数值积分

实验目的 理解定积分的基本概念，了解定积分的近似计算方法.

基本原理 梯形法公式: 用分点 $a = x_0 < x_1 < x_2 < \cdots < x_n = b$ 将 $[a,b]$ 分成 n 等份, 则

$$\int_a^b f(x)\mathrm{d}x \approx \frac{b-a}{n}\left[\frac{1}{2}(f(x_0)+f(x_n))+f(x_1)+f(x_2)+\cdots+f(x_{n-1})\right].$$

辛普森公式: 用分点 $a=x_0<x_1<x_2<\cdots<x_{2n-1}<x_{2n}=b$ 将 $[a,b]$ 分成 $2n$ 等份, 则

$$\int_a^b f(x)\mathrm{d}x \approx \frac{b-a}{6n}[(f(x_0)+f(x_{2n}))+2(f(x_2)+f(x_4)+\cdots+f(x_{2n-2}))$$
$$+4(f(x_1)+f(x_3)+\cdots+f(x_{2n-1}))].$$

MATLAB 有较多库函数计算定积分, 积分命令 int 功能强大, 是求函数的符号积分(解析解), 可以用来求多次积分. trapz、quad、quadl、dblquad 等是数值积分命令, trapz 是梯形法, quad 是自适应步长辛普森法, quadl 是 lobbato 算法, dblquad 是多维矩形区域数值积分.

实验内容

1. 编写梯形法程序代码如下:

```
function S=sy301(f,a,b,n)
% 梯形法计算f(x)在闭区间[a, b]上的定积分
x=b;fb=eval(f);x=a;fa=eval(f);
S=(fa+fb)/2;h=(b-a)/n;
for(j=1:n-1)x=x+h;S=S+eval(f);end
S=S*h;
```

在 MATLAB 的命令窗口中运行: s=sy301('sin(x)',0,pi,40), 运行的结果如下:

```
s=1.9990
```

2. 编写辛普森法程序代码如下:

```
function S=sy302(f,a,b,n)
% 辛普森法计算f(x)在闭区间[a,b]上的定积分
x=b;fb=eval(f);%计算f(b)
x=a;fa=eval(f);%计算f(a)
S0=fa+fb;h=(b-a)/n;
S1=0;
for(j=1:n-1)x=x+h;S1=S1+eval(f);end
```

```
S2=0;x=a-h/2;
for(j=1:n)x=x+h;S2=S2+eval(f);end
S=(S0+2*S1+4*S2)*h/6;
```

在 MATLAB 的命令窗口中运行: s=sy302('sin(x)',0,pi,40), 运行的结果如下:

```
s=2.0000
```

3. 计算 $\int_{-\infty}^{+\infty} e^{-x^2}\,dx$ 和 $\int_0^1 \dfrac{dx}{1+x^2}$.

```
function sy303
syms x;
int(exp(-x^2),x,-inf,inf)%ans=pi^(1/2)
s1=quadl('exp(-x.^2)',-3,3);
s2=quadl('exp(-x.^2)',-6,6);
s3=sy302(exp(-x.^2),-3,3,20);
s4=sy302(exp(-x^2),-6,6,24);
fprintf('s1=%.20f\ns2=%.20f\n',s1^2,s2^2);
fprintf('s3=%.20f\ns4=%.20f\n3=%.20f\n',s3^2,s4^2,pi);
int(1/(1+x^2),x,0,1)%ans=1/4*pi
s1=quadl('1./(1+x.^2)',0,1);
s2=sy302(1/(1+x^2),0,1,10);
fprintf('\ns1=%.20f\ns2=%.20f\npi=%.20f\n\n',4*s1,4*s2,pi);
```

在 MATLAB 的命令窗口中运行: sy303, 运行的结果如下:

```
ans=pi^(1/2)
s1=3.14145385986729720000
s2=3.14159265358651840000
s3=3.14145343803270460000
s4=3.14159265358979360000
3=3.14159265358979310000

ans=pi/4
s1=3.14159270703219160000
s2=3.14159265296978550000
pi=3.14159265358979310000
```

4. 绘制 Γ- 函数的图形.

```
function sy304(n)
%绘制Gamma函数的图形
```

```
if(n<60||n>600)n=121;end
x=0.05:0.1:5;m=length(x);
h=0.1;a=0.0008;b=n*h-h;
for(i=1:m)fa=a^(x(i)-1)*exp(-a);
fb=b^(x(i)-1)*exp(-b);
S1=0;t=0;
for(j=1:n-1)t=t+h;S1=S1+t^(x(i)-1)*exp(-t);end
S2=0;t=-h/2;
for(j=1:n)t=t+h;S2=S2+t^(x(i)-1)*exp(-t);end
y(i)=(fa+fb+2*S1+4*S2)*h/6;
end
plot(x,gamma(x),x,y,'ro');
```

在MATLAB的命令窗口中运行：sy304(40),运行的结果如图5.30.

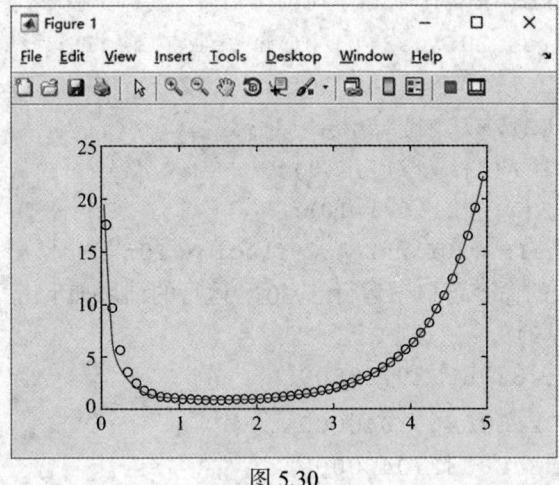

图 5.30

第6章 常微分方程

利用数学方法研究自然现象和社会现象, 或解决工程技术问题, 一般先要建立数学模型, 再对数学模型进行简化和求解, 最后结合实际问题对结果进行分析和讨论. 数学模型最常见的表达方式是关于自变量与未知函数之间关系的等式, 即所谓**函数方程**, 例如: $x^2y-1=0$. 在很多情况下未知函数的导数(或微分)也会在函数方程中出现, 于是便自然地称这类方程为**微分方程**.

6.1 微分方程的基本概念

6.1.1 引例

我们通过以下两个例子, 来说明微分方程的基本概念.

例 1.1 求曲线方程, 使其上各点的切线斜率等于该点横坐标的两倍, 且该曲线通过点 $(1,2)$.

解 设所求曲线的方程为 $y=f(x)$, 根据已知条件, 它应该满足

$$y'=2x, \tag{1}$$

$$y\big|_{x=1}=2. \tag{2}$$

利用不定积分, 可以得到满足(1)式的函数为

$$y=x^2+C, \tag{3}$$

这里 C 是任意常数. 把(2)式代入(3)式中, 可得 $C=1$. 故所求曲线的方程为

$$y=x^2+1. \tag{4}$$

例 1.2 列车在平直的铁道上以 20m/s 的速度行驶, 当制动时列车获得加速度 -0.4m/s^2, 问开始制动后多长时间列车可以停住? 列车在这段时间内行驶了多少米?

解 设在制动 $t\,\text{s}$ 后, 列车行驶位移为 $s(t)$, 列车行驶的速度为 $v(t)$. 根据已知条件, 它应满足

$$s''(t)=-0.4, \tag{5}$$

$$v(0) = 20, \tag{6}$$

$$s(0) = 0, \tag{7}$$

利用不定积分,可以得到满足(5)式的函数为

$$v(t) = s'(t) = \int s''(t)\mathrm{d}t = -0.4t + C_1, \tag{8}$$

$$s(t) = \int v(t)\mathrm{d}t = -0.2t^2 + C_1 t + C_2. \tag{9}$$

把条件(6), (7)代入(8), (9)式可得 $C_1 = 20$, $C_2 = 0$. 故得 $s(t) = -0.2t^2 + 20t$.

进一步, 由 $v(t) = s'(t) = -0.4t + 20$, 可以求得列车从开始制动到完全停下, 需用时 $t = \dfrac{20}{0.4} = 50$ s, 列车共行驶了 $s(50) = 500$ m.

6.1.2　基本概念

以上两个引例告诉我们, 要解决一些实际问题, 经常要先建立未知函数及其导数所满足的关系式, 然后用积分方法求出此函数, 进而使问题得到解决. 下面我们介绍一些基本概念.

定义 1.1　由自变量、已知函数、未知函数及其导数或微分建立的函数方程称为**微分方程**, 或简称**方程**. 在微分方程中, 如果未知函数是一元函数, 则称其为**常微分方程**.

例如, $\dfrac{\mathrm{d}y}{\mathrm{d}x} = 2x$ 和 $\dfrac{\mathrm{d}^2 s}{\mathrm{d}t^2} = mt$ 都是常微分方程.

本教材中只讨论常微分方程, 它的一般形式为 $F(x, y, y', \cdots, y^{(n)}) = 0$.

定义 1.2　微分方程中出现导数或微分的最高阶数称为微分方程的**阶**.

例如, $\dfrac{\mathrm{d}y}{\mathrm{d}x} = 2x$ 是一阶微分方程, $s''(t) = -0.4$ 是二阶微分方程, $y^{(3)} + y' + xy^5 + x^4 = 2x$ 是三阶微分方程.

定义 1.3　如果方程中出现的未知函数及其各阶导数或微分都是一次的, 则称其为**线性微分方程**.

例如, 例1.1和例1.2中的方程 $\dfrac{\mathrm{d}y}{\mathrm{d}x} = 2x$ 和 $s''(t) = -0.4$ 都是线性微分方程, 方程

$$y^{(5)} + x^3 y'' + xy' + x^4 y = x^3$$

是五阶线性微分方程. 而方程

$$y^{(3)} + y' + xy^5 + x^4 = 2x, \quad (y')^2 + x \cdot y' = 0$$

都不是线性微分方程.

n 阶线性微分方程的一般形式为

$$y^{(n)} + p_1(x)y^{(n-1)} + \cdots + p_{n-1}(x)y' + p_n(x)y = f(x).$$

定义　1.4　如果把函数表达式代入微分方程能够使之成为恒等式, 则称此函数为微分方程的**解**.

例如, $y = x^2 + C$ 和 $y = x^2 + 1$ 都是方程 $\dfrac{\mathrm{d}y}{\mathrm{d}x} = 2x$ 的解, 其中 C 可以是任意常数. 由此不难想到, 任何微分方程都有无穷多个解.

定义　1.5　如果微分方程的解中含有互相独立的任意常数的个数与方程的阶数相等, 则称此种解为微分方程的**通解**; 从通解中给定任意常数的值所得到的解, 称为微分方程的**特解**.

解中含有**互相独立的** n 个任意常数 $C_1, C_2, \cdots, C_n$ 指的是, 通过对解的表达式的整理, $C_1, C_2, \cdots, C_n$ 不能由较少数目的任意常数来替换.

例如,

$$y = C_1 \sin^2 x + C_2 \cos^2 x + C_3 \cos 2x$$

可以通过变形化为

$$y = A\cos^2 x + B\sin^2 x,$$

所以 C_1, C_2, C_3 就不是独立的.

易见引例中的解 $y = x^2 + C$ 与 $s(t) = -0.2t^2 + C_1 t + C_2$ 所含互相独立的任意常数的个数恰等于方程的阶数. 根据定义 1.5 可知, $y = x^2 + C$ 是方程 $\dfrac{\mathrm{d}y}{\mathrm{d}x} = 2x$ 的通解, 而 $y = x^2 + 1$ 是该方程的一个特解. 例 1.2 中 $s(t) = -0.2t^2 + C_1 t + C_2$ 是方程 $s''(t) = -0.4$ 的通解, 而 $s(t) = -0.2t^2 + 20t$ 是该方程的一个特解.

定义　1.6　通解中用来确定特解的条件, 称为微分方程的**初始条件**.

对于 n 阶微分方程, 要确定其特解, 一般需要 n 个初始条件, 其一般形式可以表示为

$$y(0) = a_0, \quad y'(0) = a_1, \quad \cdots, \quad y^{(n-1)}(0) = a_{n-1}.$$

根据以上定义, 我们可以归纳出利用微分方程解决实际问题的两个步骤.

(1) 根据具体问题的规律性建立微分方程, 确定其初始条件;

(2)求出微分方程的通解，再根据初始条件确定其特解．

例 1.3　验证函数 $y = C_1 \sin x + C_2 \cos x + \mathrm{e}^{-x}$ 是微分方程 $y'' + y = 2\mathrm{e}^{-x}$ 的通解，并求方程满足初始条件 $y|_{x=0} = 2$，$y'|_{x=0} = 1$ 的特解．

解　对函数 $y = C_1 \sin x + C_2 \cos x + \mathrm{e}^{-x}$ 求一阶、二阶导数，得

$$y' = C_1 \cos x - C_2 \sin x - \mathrm{e}^{-x},$$

$$y'' = C_1 \sin x - C_2 \cos x + \mathrm{e}^{-x},$$

并代入方程 $y'' + y = 2\mathrm{e}^{-x}$ 的左式，可得

$$y'' + y = -C_1 \sin x - C_2 \cos x + \mathrm{e}^{-x} + C_1 \sin x + C_2 \cos x + \mathrm{e}^{-x} = 2\mathrm{e}^{-x},$$

即此函数是满足微分方程 $y'' + y = 2\mathrm{e}^{-x}$ 的解，并且该解中含有两个互相独立的任意常数，因此其为该二阶微分方程的通解．把初始条件 $y|_{x=0} = 2$ 代入函数 $y = C_1 \sin x + C_2 \cos x + \mathrm{e}^{-x}$，可得 $C_2 = 1$；再把初始条件 $y'|_{x=0} = 1$ 代入 $y' = C_1 \cos x - C_2 \sin x - \mathrm{e}^{-x}$，可得 $C_1 = 2$，从而得到特解的表达式 $y = 2\sin x + \cos x + \mathrm{e}^{-x}$．

例 1.4　验证 $x^2 + y^2 = C$ 是微分方程 $y' = -\dfrac{x}{y}$ 的通解．

证明　从 $x^2 + y^2 = C$ 两边分别对 x 求导，得 $2x + 2y \cdot y' = 0$，即

$$y' = -\frac{x}{y}.$$

故 $x^2 + y^2 = C$ 是微分方程 $y' = -\dfrac{x}{y}$ 的解，又因为解中包含一个任意常数，所以它也是此一阶微分方程的通解．另外此通解是以隐函数形式给出的，也称之为**隐式通解**．

习题 6.1

习题 6.1 解答

1. 指出下列微分方程的阶数：

(1) $(y')^2 + xy + y = x$；　　　(2) $xy'' - 5y' + 3xy = \sin x$；

(3) $\left(\dfrac{\mathrm{d}y}{\mathrm{d}x}\right)^3 + x\left(\dfrac{\mathrm{d}y}{\mathrm{d}x}\right) - y = 0$；　(4) $\dfrac{\mathrm{d}^4 y}{\mathrm{d}x^4} - \left(\dfrac{\mathrm{d}y}{\mathrm{d}x}\right)^2 + x = 2y^2$．

2. 验证下列函数是相应微分方程的解：

(1) $y'' + y' - 2y = 0$，　$y = 2\mathrm{e}^x$；

(2) $y'\mathrm{e}^{-x} + y^2 - 2y\mathrm{e}^x = 1 - \mathrm{e}^{2x}$，　$y = \mathrm{e}^x$；

(3) $xy' + y = \cos x$，　$y = \dfrac{\sin x}{x}$；

(4) $y'' + \omega^2 y = 0$, $y = \cos \omega x$ （$\omega > 0$ 为常数）.

3. 在下列各题中, 确定函数关系中所含的参数, 使函数满足相应的初始条件:

(1) $y = C_1 e^x + C_2 e^{-2x}$, $y|_{x=0} = 5$, $y'|_{x=0} = -4$;

(2) $2x^2 + (y-1)^3 = C$, $y|_{x=0} = 3$;

(3) $\cos x + C \sin y = 0$, $y|_{x=0} = \dfrac{\pi}{4}$;

(4) $y = C_1 e^x + C_2(2x+1)$, $y|_{x=0} = 3$, $y'|_{x=0} = 5$.

4. 试建立分别具有下列性质的曲线所满足的微分方程:

(1) 曲线在任一点 (x, y) 处的切线的斜率等于该点横坐标的平方;

(2) 曲线在任一点 (x, y) 处的切线平行于该点的向径 (注: 点 $P(x, y)$ 对原点 O 的向径为向量 $\overrightarrow{OP}$);

(3) 曲线在任一点 (x, y) 处的切线的斜率与该点的纵坐标成正比.

6.2 一阶微分方程

一阶微分方程的一般形式为 $F(x, y, y') = 0$. 在此书中, 我们主要讨论以下形式的方程

$$y' = H(x, y) .\tag{1}$$

6.2.1 可分离变量方程

我们来考虑一类特殊的一阶微分方程. 经过整理, 若方程 (1) 可以化为

$$\frac{\mathrm{d}y}{\mathrm{d}x} = \frac{f(x)}{g(y)},\tag{2}$$

$$g(y)\mathrm{d}y = f(x)\mathrm{d}x\tag{3}$$

的形式, 则称这样的一阶微分方程为**可分离变量方程**.

对于可分离变量的方程 (3), 当 $f(x), g(y)$ 连续, 且 $F(x)$, $G(y)$ 分别是 $f(x), g(y)$ 的某一原函数时, 只需对 $g(y)\mathrm{d}y = f(x)\mathrm{d}x$ 两边求不定积分, 得

$$\int g(y)\mathrm{d}y = \int f(x)\mathrm{d}x ,$$

可得

$$G(y) = F(x) + C .\tag{4}$$

通过对(4)式两边微分可知, (4)式是(3)式的解, 又因(4)式仅含一个任意常数, 故知其为方程(3)的隐式通解.

例 2.1　求下列方程的通解:

(1) $\dfrac{dy}{dx} = 2xy$;　　(2) $\dfrac{dy}{dx} = 2(x-1)^2(1+y^2)$;　　(3) $xy^2 dx + (1+x^2)dy = 0$.

解　(1) 此方程为可分离变量方程. 当 $y \neq 0$ 时, 分离变量可得

$$\frac{dy}{y} = 2x dx,$$

两端积分得

$$\int \frac{dy}{y} = \int 2x dx,$$

即 $\ln|y| = x^2 + C_1$, 从而 $y = \pm e^{C_1} e^{x^2} = Ce^{x^2}$, 其中 $C = \pm e^{C_1}$ 是非零的任意常数.

另外 $C = 0$ 时, $y = 0$ 仍为原方程的解, 故原方程的通解为 $y = Ce^{x^2}$, 其中 C 为任意常数.

(2) 该方程为可分离变量方程. 分离变量可得

$$\frac{dy}{1+y^2} = 2(x-1)^2 dx,$$

两端积分得

$$\int \frac{dy}{1+y^2} = \int 2(x-1)^2 dx,$$

即

$$\arctan y = \frac{2}{3}(x-1)^3 + C.$$

(3) 原方程可以化为

$$-(1+x^2)dy = xy^2 dx.$$

这是可分离变量微分方程, 分离变量可得

$$-\frac{1}{y^2} dy = \frac{x dx}{1+x^2}.$$

两边积分得

$$-\int \frac{1}{y^2} \mathrm{d}y = \int \frac{x\mathrm{d}x}{1+x^2},$$

即 $\frac{1}{y} = \frac{1}{2}\ln(1+x^2)+C_1$ 或 $y\ln(1+x^2)+Cy=2$ $(C=2C_1)$ 为原方程的通解.

例 2.2 某林区实行封山养林, 现有木材 10 万立方米, 如果在每一时刻 t 木材的变化率与当时木材数成正比. 假设 10 年时这林区的木材为 20 万立方米. 若规定, 该林区的木材量达到 40 万立方米时才可砍伐, 问至少多少年后才能砍伐?

解 若时间 t 以年为单位, 假设任一时刻 t 木材的数量为 $P(t)$ 万立方米, 由题意可知,

$$\frac{\mathrm{d}P}{\mathrm{d}t} = kP \quad (k>0 \text{ 是比例常数}),$$

且 $P\big|_{t=0}=10$, $P\big|_{t=10}=20$.

此方程为可分离变量方程. 分离变量后得

$$\frac{\mathrm{d}P}{P} = k\mathrm{d}t.$$

两边积分得

$$\int \frac{\mathrm{d}P}{P} = \int k\mathrm{d}t,$$

即 $\ln|P|=kt+C_1$, 从而可得 $P=\pm\mathrm{e}^{kt+C_1}=\pm\mathrm{e}^{C_1}\cdot\mathrm{e}^{kt}=C\mathrm{e}^{kt}$, 这里 $C=\pm\mathrm{e}^{C_1}$. 将 $t=0$ 时, $P=10$ 代入, 得 $C=10$, 从而 $P=10\mathrm{e}^{kt}$. 再将 $t=10$ 时, $P=20$ 代入, 得 $k=\frac{\ln 2}{10}$, 于是

$$P = 10\mathrm{e}^{\frac{\ln 2}{10}t} = 10\cdot 2^{\frac{t}{10}}\cdot$$

要使 $P=40$, 则 $t=20$, 故至少 20 年后才能砍伐.

6.2.2 齐次微分方程

若方程 (1) 经过变形, 可以写作 $\frac{\mathrm{d}y}{\mathrm{d}x}=\varphi\left(\frac{y}{x}\right)$, 则称此一阶微分方程为**齐次微分方程** (或简称**齐次方程**).

对于齐次方程 $\frac{\mathrm{d}y}{\mathrm{d}x}=\varphi\left(\frac{y}{x}\right)$, 可以引入变换 $y=x\cdot u$, 由于 $y'=u+x\cdot u'$, 则齐次

方程可化为 $u + x \cdot u' = \varphi(u)$，经过整理并分离变量可得

$$\frac{\mathrm{d}u}{\varphi(u) - u} = \frac{\mathrm{d}x}{x},$$

求出其通解后，再用 $u = \dfrac{y}{x}$ 回代，就得到齐次方程通解.

例 2.3　解方程 $y' = \dfrac{y^2}{xy - x^2}$.

解　原方程可以化为 $y' = \dfrac{\left(\dfrac{y}{x}\right)^2}{\dfrac{y}{x} - 1}$. 令 $\dfrac{y}{x} = u$，则 $\dfrac{\mathrm{d}y}{\mathrm{d}x} = u + x\dfrac{\mathrm{d}u}{\mathrm{d}x}$，代入原方程可得

$$u + x \cdot \frac{\mathrm{d}u}{\mathrm{d}x} = \frac{u^2}{u - 1},$$

整理后得

$$\frac{u - 1}{u}\mathrm{d}u = \frac{1}{x}\mathrm{d}x,$$

两边积分可得

$$\int\left(1 - \frac{1}{u}\right)\mathrm{d}u = \int\frac{1}{x}\mathrm{d}x,$$

以 $\ln C_1$ 表示任意常数，得

$$u - \ln|u| = \ln|x| + \ln C_1,$$

从而

$$ux = \pm\frac{1}{C_1}\mathrm{e}^u = C\mathrm{e}^u,$$

这里 $C = \pm\dfrac{1}{C_1}$. 因为 $\dfrac{y}{x} = u$，故所求得的通解为 $y = C\mathrm{e}^{\frac{y}{x}}$.

例 2.4　解方程 $\dfrac{\mathrm{d}y}{\mathrm{d}x} = 2\sqrt{\dfrac{y}{x}} + \dfrac{y}{x}$.

解　令 $\dfrac{y}{x} = u$，则方程可以化为

$$u + x \cdot \frac{\mathrm{d}u}{\mathrm{d}x} = 2\sqrt{u} + u,$$

整理后分离变量可得

$$\frac{\mathrm{d}u}{2\sqrt{u}} = \frac{\mathrm{d}x}{x},$$

两边积分可得

$$u^{\frac{1}{2}} = \ln|x| + C,$$

从而 $u = (\ln|x| + C)^2$，再将 $\frac{y}{x} = u$ 代入，可得原方程的通解为

$$y = x(\ln|x| + C)^2.$$

6.2.3　一阶线性微分方程

下面讨论一阶线性微分方程，按前面的定义，一阶线性微分方程一般形式为

$$\frac{\mathrm{d}y}{\mathrm{d}x} + P(x)y = Q(x),\tag{5}$$

或

$$\frac{\mathrm{d}y}{\mathrm{d}x} + P(x)y = 0.\tag{6}$$

当 $Q(x) \neq 0$ 时，称方程 (5) 为**一阶非齐次线性方程**，而方程 (6) 被称为方程 (5) 对应的**齐次线性方程**.

齐次线性方程 (6) 是可分离变量方程，分离变量可得

$$\frac{\mathrm{d}y}{y} = -P(x)\mathrm{d}x,$$

两边积分可得

$$\ln|y| = -\int P(x)\mathrm{d}x + \ln|C_1|,$$

可解得 (6) 式的通解为

$$y = Ce^{-\int P(x)\mathrm{d}x},\tag{7}$$

其中常数 $C = \pm C_1$，但是 (7) 式显然不是 (5) 式的解. 我们把 (7) 式中的常数 C 变为函数 $C(x)$，看 $C(x)$ 取何式时，可以使

$$y = C(x)\mathrm{e}^{-\int P(x)\mathrm{d}x} \tag{8}$$

满足 (5) 式，这里 $\int P(x)\mathrm{d}x$ 表示 $P(x)$ 的一个原函数.

将 (8) 式代入 (5) 式，得

$$C'(x)\mathrm{e}^{-\int P(x)\mathrm{d}x} - P(x)\cdot C(x)\mathrm{e}^{-\int P(x)\mathrm{d}x} + P(x)\cdot C(x)\mathrm{e}^{-\int P(x)\mathrm{d}x} = Q(x),$$

即 $C'(x)\mathrm{e}^{-\int P(x)\mathrm{d}x} = Q(x)$，从而 $C'(x) = \mathrm{e}^{\int P(x)\mathrm{d}x}\cdot Q(x)$，积分可得

$$C(x) = \int \mathrm{e}^{\int P(x)\mathrm{d}x}\cdot Q(x)\mathrm{d}x + C, \tag{9}$$

这里 $\int \mathrm{e}^{\int P(x)\mathrm{d}x}\cdot Q(x)\mathrm{d}x$ 表示 $\mathrm{e}^{\int P(x)\mathrm{d}x}\cdot Q(x)$ 的一个原函数.

将 (9) 式代入 (8) 式，得到

$$y = \left(\int Q(x)\mathrm{e}^{\int P(x)\mathrm{d}x}\mathrm{d}x + C\right)\mathrm{e}^{-\int P(x)\mathrm{d}x}. \tag{10}$$

经验证可知其即为方程 (5) 的通解. 我们把这种求非齐次线性方程通解的方法称为**常数变易法**. 需要注意的是，由于方程是一阶的，而 (10) 式的右边已含有任意常数 C，故在应用公式 (10) 时，计算每一个不定积分只要取一个原函数即可，而无须再加上任意常数.

将 (10) 式整理可得

$$y = \int Q(x)\mathrm{e}^{\int P(x)\mathrm{d}x}\mathrm{d}x\cdot \mathrm{e}^{-\int P(x)\mathrm{d}x} + C\mathrm{e}^{-\int P(x)\mathrm{d}x}. \tag{11}$$

如果记

$$y^* = \int Q(x)\mathrm{e}^{\int P(x)\mathrm{d}x}\mathrm{d}x\cdot \mathrm{e}^{-\int P(x)\mathrm{d}x}, \quad Y = C\mathrm{e}^{-\int P(x)\mathrm{d}x},$$

则 (11) 式可以写作 $y = y^* + Y$，这里 y^* 是 (10) 式中令 $C = 0$ 所得非齐次线性方程 (5) 的一个特解，而 Y 是齐次线性方程 (6) 的通解.

例 2.5　解方程 $\dfrac{\mathrm{d}y}{\mathrm{d}x} + y = \mathrm{e}^{-x}$.

解 这里 $P(x)=1$，$Q(x)=\mathrm{e}^{-x}$. 为应用 (10) 式求方程的通解，先要求出

$$\int P(x)\mathrm{d}x = \int 1\mathrm{d}x = x,$$

再求出

$$\int Q(x)\mathrm{e}^{\int P(x)\mathrm{d}x}\mathrm{d}x = \int \mathrm{e}^{-x}\cdot\mathrm{e}^{x}\mathrm{d}x = x,$$

于是方程的通解为

$$y = (x+C)\mathrm{e}^{-x}.$$

当然，此题也可以仿照前面给出的常数变易法求解，感兴趣的读者可以尝试.

例 2.6 解方程 $(x+1)y' - 2y = (x+1)^{\frac{7}{2}}$.

解 把原方程改写为 $y' - \dfrac{2}{x+1}y = (x+1)^{\frac{5}{2}}$. 这里 $P(x) = -\dfrac{2}{x+1}$，$Q(x) = (x+1)^{\frac{5}{2}}$. 为应用 (10) 式求方程的通解，先要求出

$$\int P(x)\mathrm{d}x = \int \left(-\frac{2}{x+1}\right)\mathrm{d}x = -2\ln|x+1|,$$

再求出

$$\int Q(x)\mathrm{e}^{\int P(x)\mathrm{d}x}\mathrm{d}x = \int (x+1)^{\frac{5}{2}}\cdot\mathrm{e}^{-2\ln|x+1|}\mathrm{d}x = \int (x+1)^{\frac{1}{2}}\mathrm{d}x = \frac{2}{3}(x+1)^{\frac{3}{2}},$$

于是方程的通解为

$$y = \left(\frac{2}{3}(x+1)^{\frac{3}{2}} + C\right)\mathrm{e}^{2\ln|x+1|} = \frac{2}{3}(x+1)^{\frac{7}{2}} + C(x+1)^{2}.$$

例 2.7 求方程 $(x+y^2)\dfrac{\mathrm{d}y}{\mathrm{d}x} = y$ 的通解.

解 把原方程改写为

$$\frac{\mathrm{d}x}{\mathrm{d}y} - \frac{x}{y} = y,$$

上式可以看作一个以 y 为自变量，x 为因变量的线性方程. 根据 (10) 式可知，方程的通解为

$$x = \mathrm{e}^{-\int P(y)\mathrm{d}y}\left[\int Q(y)\mathrm{e}^{\int P(y)\mathrm{d}y}\mathrm{d}y + C\right].$$

这里

$$P(y) = -\frac{1}{y}, \quad Q(y) = y.$$

由于

$$\int P(y)\mathrm{d}y = \int\left(-\frac{1}{y}\right)\mathrm{d}y = -\ln|y|,$$

$$\int Q(y)\mathrm{e}^{\int P(y)\mathrm{d}y}\mathrm{d}y = \int y\mathrm{e}^{-\ln|y|}\mathrm{d}y = |y|,$$

故原方程的通解为

$$x = \mathrm{e}^{\ln|y|}(|y| + C) = y^2 + C|y|.$$

6.2.4　伯努利方程

有些一阶方程, 虽然不是线性方程, 但是通过变量代换, 可以化为线性方程求解. 例如

$$\frac{\mathrm{d}y}{\mathrm{d}x} + P(x)y = Q(x)y^n \quad (n \neq 0,1) \tag{12}$$

被称为**伯努利(Bernoulli)方程**. 当 $n = 1$ 时, 它是可分离变量方程; 当 $n = 0$ 时, 它是一阶线性微分方程.

下面讨论伯努利方程的解法. 把方程的两边除以 y^n, 得

$$y^{-n}\frac{\mathrm{d}y}{\mathrm{d}x} + P(x)y^{1-n} = Q(x), \tag{13}$$

由于 $\dfrac{\mathrm{d}(y^{1-n})}{\mathrm{d}x} = (1-n)y^{-n}\dfrac{\mathrm{d}y}{\mathrm{d}x}$, 可以将 (13) 式改写为

$$\frac{(y^{1-n})'}{1-n} + P(x)y^{1-n} = Q(x).$$

令 $z = y^{1-n}$, 便有

$$\frac{1}{1-n}\frac{\mathrm{d}z}{\mathrm{d}x} + P(x)z = Q(x),$$

此式为一阶线性方程, 求出其通解后, 再把 $z = y^{1-n}$ 代入, 就得到伯努利方程的通解.

例 2.8 求方程 $\dfrac{dy}{dx} + \dfrac{y}{x} = (\ln x)y^2$ 的通解.

解 此方程为 $n = 2$ 时的伯努利方程, 以 y^2 去除方程的两边, 得到

$$\frac{1}{y^2} \cdot \frac{dy}{dx} + \frac{1}{x} \cdot y^{-1} = \ln x,$$

即

$$-\frac{d(y^{-1})}{dx} + \frac{1}{x} \cdot y^{-1} = \ln x.$$

令 $z = y^{-1}$, 则上式变为

$$\frac{dz}{dx} - \frac{1}{x} \cdot z = -\ln x,$$

为一阶线性非齐次方程, 利用(8)式可求出其通解为

$$z = \left[\int (-\ln x) e^{\int \left(-\frac{1}{x}\right) dx} dx + C \right] e^{-\int \left(-\frac{1}{x}\right) dx} = x \left[C - \frac{(\ln x)^2}{2} \right],$$

再用 $z = y^{-1}$ 回代, 可得原方程的通解为

$$\frac{1}{y} = x \left[C - \frac{(\ln x)^2}{2} \right].$$

*6.2.5 微分方程的数学模型举例

如何把实际问题抽象为数学模型, 即用一个简明的数学结构表示所观察变量之间的关系, 这就是通常说的**数学模型**. 这里假设变量是连续的、可微的, 由于所用的工具是微积分, 所建模型的方程称为**微分方程模型**, 它是一种连续模型.

下面将通过实例具体说明数学建模的过程, 使读者对数学建模有一个初步了解.

1. 破案问题

先介绍物理学中的一个规律——牛顿冷却定律.

温度为 T 的物体在温度为 $T_0(T_0 < T)$ 的环境中冷却的速率与温差 $T - T_0$ 成正比, 这一规律称为牛顿冷却定律, 用微分方程可以表示为

$$-\frac{dT}{dt} = k(T - T_0) \quad (k > 0 \text{ 为比例常数}).$$

例 2.9　破案问题　某市发生一起凶杀案，法医于晚上 8 点 20 分赶到凶杀现场，测得尸体温度为 32.6℃；一小时后，当尸体被抬走时又测得尸体温度为 31.4℃，室温在几小时内均保持在 21.1℃，警方经过周密调查分析，发现李某是此案的主要嫌疑人，但是李某声称自己无罪，并有证人说"下午李某一直在办公室，5 点钟打过一个电话后离开了办公室"。从办公室到凶杀现场步行需要 5 分钟。问李某是否可以被排除在嫌疑人之外？

解　人体体温受到大脑神经中枢调节，死后体温调节功能消失，尸体的温度仅受外界环境温度的影响，设 $T(t)$ 表示在时刻 t 的温度，若尸体温度的下降服从牛顿冷却定律，则由 $T_0 = 21.1$ ℃知 $T(t)$ 满足方程

$$\frac{\mathrm{d}T}{\mathrm{d}t} = -k(T - 21.1),$$

记晚 8 点 20 分为时刻 $t = 0$，则 $T(0) = 32.6$ ℃，$T(1) = 31.4$ ℃。

由于 $T > 21.1$，所以 $T - 21.1 > 0$。将上面的微分方程进行变量分离，得

$$\frac{\mathrm{d}T}{T - 21.1} = -k\mathrm{d}t,$$

两边积分得

$$\ln(T - 21.1) = -kt + \ln C,$$

即

$$T(t) = 21.1 + C\mathrm{e}^{-kt}.$$

由 $T(0) = 32.6$ 知，$C = 11.5$，因此 $T(t) = 21.1 + 11.5 \cdot \mathrm{e}^{-kt}$。

再由 $T(1) = 31.4$ 知，$k \approx 0.110$，所以 $T(t) = 21.1 + 11.5 \cdot \mathrm{e}^{-0.11t}$。

假设死者死亡时体温正常（37℃），在上式中令 $T = 37$，求得 $t \approx -2.95$ 小时，即 $t \approx -2$ 小时 57 分，从而推知死者的死亡时间约为 8:20-2:57=5:23，因此李某不能被排除嫌疑。

2. 阻滞增长模型（logistic 模型）

例 2.10　logistic 增长模型　设人类生存空间及可利用资源（食物、水、空气）等环境因素所能容纳的最大人口容量为 K（称为**饱和系数**），人口数量 $N(t)$ 的增长速率不仅与现有人口数量成正比，而且还与人口尚未实现的部分（相对最大容量 K 而言）所占比例 $\dfrac{K - N}{K}$ 成正比，比例系数为固有增长率 r，于是，有如下的模型

$$\begin{cases} \dfrac{\mathrm{d}N}{\mathrm{d}t} = rN\left(\dfrac{K-N}{K}\right), \\ N(0) = N_0. \end{cases}$$

这就是非常著名的 logistic 增长模型, 它是由荷兰数学、生物学家弗胡斯特(Verhulst) 在 1839 年首次提出的, 因子 $\dfrac{K-N}{K}$ 的生物学含义是 "剩余空间" 或称为尚未利用的增长机会.

下面求解如上初值问题, 这是一阶非线性方程, 可用分离变量法. 分离变量, 得

$$\frac{K\mathrm{d}N}{N(K-N)} = r\mathrm{d}t,$$

两边积分, 得

$$\int\left(\frac{1}{N} + \frac{1}{K-N}\right)\mathrm{d}N = \int r\mathrm{d}t,$$

$$\ln N - \ln(K-N) = rt + \ln C_1,$$

$$\frac{N}{K-N} = C_1\mathrm{e}^{rt}, \quad \frac{K-N}{N} = C\mathrm{e}^{-rt}, \quad \frac{K}{N} = 1 + C\mathrm{e}^{-rt},$$

故

$$N(t) = \frac{K}{1 + C\mathrm{e}^{-rt}},$$

其中 C 由初始化条件 $N(0) = N_0$ 确定: $C = \dfrac{K}{N_0} - 1$.

图 6.1 描绘的是 $\dfrac{\mathrm{d}N}{\mathrm{d}t}$ 与 N 之间的关系图形——抛物线, 它表明人口变化率 $\dfrac{\mathrm{d}N}{\mathrm{d}t}$ 随着人口数量 N 的增加, 而先增后减, 在 $N = \dfrac{K}{2}$ 时达到最大值, 在 $N = K$ 处, 变化率 $\dfrac{\mathrm{d}N}{\mathrm{d}t} = 0$.

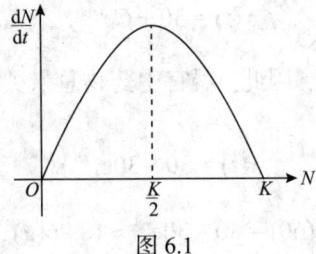

图 6.1

logistic 模型用途十分广泛，除了上面所举的用于预测人口增长外，也可完全类似地用于昆虫数量增长、疾病的传播、谣言的传播、技术革新的推广、销售预测、商店数量增长等.

3. 药物总量模型

这类模型是研究在一个容器内物质总量随时间变化的情况，目标是测定某一时刻 t 物质在容器内的总量，此类模型的依据是

[物质总量的变化率]＝[物质进入容器的速率]－[物质离开容器的速率].

例 2.11 药物总量 设液体以 5mL/s 的速率将药物送入容积是 300mL 的容器中，且液体以相同的速率离开容器. 如果进入液体中药品的浓度是 0.1g/mL，且时间 $t=0$ 时，容器内没有药物. 试求容器内药物总量关于时间 t 的函数以及 1min 时容器内药物总量.

解 设 x 表示任一时刻 t 在容器内药物总量，那么，$\dfrac{dx}{dt}$ 表示在容器内药物总量的变化率.

药物进入容器速率为 $5(mL/s) \times 0.1(g/mL) = 0.5(g/s)$.

某时刻容器内留存药物为 $x(t)$（单位：g），浓度是 $\dfrac{x}{300}(g/mL)$，药物离开容器的速率为 $5(mL/s) \times \dfrac{x}{300}(g/mL) = \dfrac{x}{60}(g/s)$. 又由于总量的变化率等于药物进入速率与离开速率之差，故

$$\begin{cases} \dfrac{dx}{dt} = 5 \times 0.1 - 5 \times \dfrac{x}{300}, \\ x(0) = 0. \end{cases}$$

这就是我们建立的微分方程模型，求解此模型，由 $\dfrac{dx}{dt} = 0.5 - \dfrac{x}{60}$ 解得

$$x(t) = 30 + Ce^{-\frac{t}{60}}.$$

将 $x(0)=0$ 代入，得 $C=-30$. 因此，器官中药物总量关于时间 t 的函数是

$$x(t) = 30 - 30e^{-\frac{t}{60}},$$

1min 时器官内药物总量为 $x(60) = 30 - 30e^{-1} \approx 18.96(g)$.

4. 供给与需求模型

供给 S 与需求 D 都是价格 P 的函数, 现在进一步讨论, 如果 P 是某商品在时刻 t 的价格, 那么价格又是时刻 t 的函数. 这样一来, 在任一时刻生产者供给的单位数量 S 与消费者所需求的单位数量 D 就都是时刻 t 的函数. 事实上, 供给量与需求量不仅仅取决于时刻 t 的价格, 价格的变化率也在指导着供、需的变化. 最简单的假设它是线性关系, 一般表达为

$$S(t) = a_1 + b_1 p(t) + c_1 \frac{\mathrm{d}p}{\mathrm{d}t},$$

$$D(t) = a_2 + b_2 p(t) + c_2 \frac{\mathrm{d}p}{\mathrm{d}t}.$$

假定市场上的价格是由供给和需求确定的, 那么市场均衡价格为

$$S(t) = D(t).$$

例 2.12　市场均衡　设商品百个单位的供给和需求函数由下列公式给出

$$S(t) = 30 + p + 5\frac{\mathrm{d}p}{\mathrm{d}t}, \quad D(t) = 51 - 2p + 4\frac{\mathrm{d}p}{\mathrm{d}t},$$

其中 $p(t)$ 表示时刻 t 时的价格, $\dfrac{\mathrm{d}p}{\mathrm{d}t}$ 表示价格关于时刻 t 的变化率. 如果 $t = 0$ 时, 价格是 12, 试将市场均衡价格表示为时刻 t 的函数.

解　市场均衡价格处有 $S(t) = D(t)$, 即

$$30 + p + 5\frac{\mathrm{d}p}{\mathrm{d}t} = 51 - 2p + 4\frac{\mathrm{d}p}{\mathrm{d}t},$$

整理得 $\dfrac{\mathrm{d}p}{\mathrm{d}t} + 3p = 21$, 解得 $p(t) = 7 + Ce^{-3t}$.

将 $p(0) = 12$ 代入, 得 $C = 5$. 因此

$$p(t) = 7 + 5e^{-3t}.$$

这就是均衡价格关于时刻 t 的函数.

注意到此例中 $\lim\limits_{t \to +\infty} p(t) = 7$, 这意味着这个市场对于这种商品的价格稳定, 且我们可以认为此商品的价格趋向于 7. 如果 $\lim\limits_{t \to +\infty} p(t) = \infty$, 那么价格随时间的推移而无限增大, 此时认为价格不稳定(膨胀), 需从经济学因素来改变供给和需求的方程模型.

习题 6.2

习题 6.2 解答

(A)

1. 求下列可分离变量方程的通解：

(1) $xy' - y\ln y = 0$；

(2) $y' - \dfrac{1}{\cos^2 x}y = 0$；

(3) $\sqrt{1-x^2}\,y' - y = 0$；

(4) $\dfrac{\mathrm{d}y}{\mathrm{d}x} = x\mathrm{e}^{x^2 - y}$；

(5) $yy' = (1+y^2)(1+2x)^2$；

(6) $\sqrt{1+\ln y}\,y' = y\sin x$；

(7) $y^2\mathrm{d}x - (x^2 - 4)\mathrm{d}y = 0$；

(8) $\dfrac{\mathrm{d}y}{\mathrm{d}x} = \dfrac{1}{xy + x^3 y}$.

2. 求下列微分方程满足相应初始条件的特解：

(1) $y' = -\dfrac{x}{y}$，$y\big|_{x=0} = 2$；

(2) $(1+x^2)y' - y = 0$，$y\big|_{x=0} = 1$；

(3) $\cos^2 x\mathrm{d}y = \cos^2 y\mathrm{d}x$，$y\big|_{x=\frac{\pi}{4}} = 0$；

(4) $y'\cos y = \dfrac{1+\sin y}{\sqrt{x}}$，$y\big|_{x=1} = \dfrac{\pi}{2}$.

3. 求下列齐次方程的通解：

(1) $y' = \dfrac{y}{x} + \tan\left(\dfrac{y}{x}\right)$；

(2) $x\dfrac{\mathrm{d}y}{\mathrm{d}x} = y\ln\dfrac{y}{x}$；

(3) $xy' - y - \sqrt{y^2 - x^2} = 0$；

(4) $(x^3 + y^3)\mathrm{d}x - 3xy^2\mathrm{d}y = 0$.

4. 求下列一阶非齐次线性微分方程的通解：

(1) $(1+x^2)\dfrac{\mathrm{d}y}{\mathrm{d}x} - 2xy = 1 - x^4$；

(2) $\dfrac{\mathrm{d}y}{\mathrm{d}x} - y\cos x = \mathrm{e}^{\sin x}$；

(3) $\dfrac{\mathrm{d}y}{\mathrm{d}x} = \dfrac{y}{x} + x^2$；

(4) $x\dfrac{\mathrm{d}y}{\mathrm{d}x} + 2y = \ln x$；

(5) $(x-1)\dfrac{\mathrm{d}y}{\mathrm{d}x} = y + (x-1)^2\mathrm{e}^x$；

(6) $\dfrac{\mathrm{d}y}{\mathrm{d}x} - y\tan x = \cos x$.

5. 求下列微分方程满足相应初始条件的特解：

(1) $\dfrac{\mathrm{d}y}{\mathrm{d}x} = \mathrm{e}^x + y$，$y\big|_{x=0} = 1$；

(2) $\dfrac{\mathrm{d}y}{\mathrm{d}x} - 2y = 5$，$y\big|_{x=0} = 0$；

(3) $\dfrac{\mathrm{d}y}{\mathrm{d}x} = x^2 - y$，$y\big|_{x=0} = 1$；

(4) $\dfrac{\mathrm{d}y}{\mathrm{d}x} + y\cot x = 5\mathrm{e}^{\cos x}$，$y\big|_{x=\frac{\pi}{2}} = -4$.

6. 求下列伯努利方程的通解：

(1) $\dfrac{\mathrm{d}y}{\mathrm{d}x} + y = y^2(\cos x - \sin x)$；

(2) $\dfrac{\mathrm{d}y}{\mathrm{d}x} + 2xy = 2x^3 y^3$；

(3) $\dfrac{\mathrm{d}y}{\mathrm{d}x} + \dfrac{1}{3}y = \dfrac{1}{3}(1-2x)y^4$；

(4) $\dfrac{\mathrm{d}y}{\mathrm{d}x} - y = xy^5$.

7. 求一曲线的方程，该曲线通过原点，并且它在点 (x, y) 处的切线斜率等于 $2x + y$.

8. 若连续函数 $f(x)$ 满足 $f(x) = \displaystyle\int_0^{2x} f\left(\dfrac{1}{2}t\right)\mathrm{d}t + \ln 2$，求 $f(x)$ 的表达式.

9. 设降落伞从跳伞塔下落后，所受空气阻力与速度成正比，并设降落伞离开跳伞塔时 $(t=0)$ 速度为零. 求降落伞下落速度与时间的函数关系.

(B)

1. 设 $y=\mathrm{e}^x$ 是微分方程 $xy'+P(x)y=x$ 的一个解，求此微分方程满足条件 $y|_{x=\ln 2}=0$ 的特解.

2. 质量为 1g 的质点受外力作用做直线运动，这外力和时间成正比，和质点运动的速度成反比. 在 $t=10\,\mathrm{s}$ 时，速度等于 $50\mathrm{cm/s}$ ，外力为 $4\mathrm{g\cdot cm^2/s}$ ，问从运动开始经过了一分钟后的速度是多少？

3. 镭的衰变有如下规律：镭的衰变速度与它的现存量 R 成正比. 由经验材料得知，镭经过 1600 年后，只余原始量 R_0 的一半. 试求镭的量 R 与时间 t 的函数关系.

4. **鱼的体重与长度**　对于许多鱼类的种群，鱼的体重 W 与长度 L 是密切相关的，生物学家研究后发现，二者满足

$$\frac{\mathrm{d}W}{\mathrm{d}L}=3\frac{W}{L}.$$

试求鱼的体重与长度的函数关系.

5. **细菌增长**　假设某种细菌的繁殖速度与现有细菌成正比，$x(t)$ 是 t 小时的细菌数量. 如果最初有 1000 个细菌，2 小时后细菌数量为原来的 3 倍. 试问经过多长时间可以使细菌数量变为原来的 100 倍？

6. **草履虫实验**　数学生物学家高斯(Gauss)进行草履虫实验. 将 5 个草履虫放在盛有 $0.5\mathrm{cm}^3$ 营养液的小试管中，当草履虫个数较少时，它每天以 230.9% 的速率增长，第四天达到最高水平 375 个，充满整个试管. 试写出草履虫增长曲线的函数表达式，并画出增长曲线图形.

7. **疾病传播**　假设一个很小的相对独立的小镇，总人口 1800 人，并假设最初有 5 人患流感，且流感以每天 12.8% 的增长速度蔓延，那么 10 天内将有多少人被感染？经过多少时间该镇将有一半人被感染？

8. **技术推广**　在某一个人群中推广新技术是通过其中已掌握技术的人进行的. 设该人群的总人数为 N ，在 $t=0$ 时刻已掌握新技术的人数为 x_0 ，在任意时刻 t 已掌握新技术的人数为 $x(t)$（将 $x(t)$ 视为连续可微变量），其变化率与已掌握新技术的人数和未掌握新技术的人数之积成正比，比例常数 $k>0$ ，求 $x(t)$.

9. **药物总量**　液体以 $2\mathrm{mL/s}$ 的速率将药物送入容积为 $100\mathrm{mL}$ 的容器中，且以相同速率流出，如果进入液体中药品的浓度是 $0.2\mathrm{g/mL}$，且最初容器中存有 $5\mathrm{g}$ 药物. 试确定任意时刻 t 容器中药物的总量以及 $t=60(\mathrm{s})$ 时的药物总量.

10. **均衡价格**　设某商品的供给函数

$$S(t)=60+p+4\frac{\mathrm{d}p}{\mathrm{d}t},$$

需求函数

$$D(t) = 100 - p + 3\frac{\mathrm{d}p}{\mathrm{d}t},$$

其中 $p(t)$ 表示时刻 t 时的价格, 且 $p(0) = 8$, 试求均衡价格关于时刻 t 的函数, 并说明实际意义.

6.3　二阶常系数齐次线性微分方程

在许多数学模型中, 经常遇到二阶线性微分方程. **二阶线性微分方程**的一般形式是

$$y'' + P(x)y' + Q(x)y = f(x), \tag{1}$$

其中 $P(x), Q(x), f(x)$ 是自变量 x 的已知函数, 当 $f(x) = 0$ 时, 方程 (1) 变为

$$y'' + P(x)y' + Q(x)y = 0. \tag{2}$$

称 (2) 式为**二阶齐次线性微分方程**. 当 $f(x) \neq 0$ 时, 称方程 (1) 为**二阶非齐次线性微分方程**.

6.3.1　可降阶的二阶微分方程

有些特殊的二阶微分方程通过降阶可以化为一阶微分方程来处理, 这里讨论方程 $y'' = f(x, y, y')$ 的右端不含 x 或不含 y 的情形.

1. 不含未知函数 $y: y'' = f(x, y')$ 型

这时, 只要令 $y' = p(x)$, $y'' = \dfrac{\mathrm{d}p}{\mathrm{d}x}$ 方程就可化为一阶方程

$$\frac{\mathrm{d}p}{\mathrm{d}x} = f(x, p).$$

再按一阶方程求解.

　例 3.1　解方程 $xy'' + y' = 4x$.

　解　令 $y' = p$, $y'' = \dfrac{\mathrm{d}p}{\mathrm{d}x}$, 得 $x\dfrac{\mathrm{d}p}{\mathrm{d}x} + p = 4x$, 变形为 $\dfrac{\mathrm{d}}{\mathrm{d}x}(xp) = 4x$, 积分得

$$xp = 2x^2 + C_1, \ \ \text{即} \ \frac{\mathrm{d}y}{\mathrm{d}x} = 2x + \frac{C_1}{x},$$

再积分, 得

$$y = x^2 + C_1 \ln|x| + C_2 .$$

2. 不含自变量 x: $y'' = f(y, y')$ 型

这时, 只要令

$$y' = p(y), \quad y'' = \frac{\mathrm{d}p}{\mathrm{d}x} = \frac{\mathrm{d}p}{\mathrm{d}y} \cdot \frac{\mathrm{d}y}{\mathrm{d}x} = p\frac{\mathrm{d}p}{\mathrm{d}y},$$

方程化为一阶方程

$$p\frac{\mathrm{d}p}{\mathrm{d}y} = f(y, p),$$

再按一阶方程求解.

例 3.2　解方程 $yy'' = y'^2$.

解　令 $y' = p$,　$y'' = p\frac{\mathrm{d}p}{\mathrm{d}y}$, 得

$$yp\frac{\mathrm{d}p}{\mathrm{d}y} = p^2 .$$

当 $p \neq 0$ 时, 有

$$y\frac{\mathrm{d}p}{\mathrm{d}y} = p ,$$

分离变量, 得

$$\frac{\mathrm{d}p}{p} = \frac{\mathrm{d}y}{y},$$

两边积分, 得

$$\ln|p| = \ln|y| + \ln C_1, \quad p = \pm C_1 y .$$

即

$$\frac{\mathrm{d}y}{\mathrm{d}x} = \pm C_1 y ,$$

分离变量, 得

$$\ln|y| = \pm C_1 x + \ln C_2,$$

故 $y = \pm C_2 \mathrm{e}^{\pm C_1 x}$.

6.3.2 二阶线性微分方程解的结构

对于二阶齐次线性微分方程(2)，易证以下两个解的结构定理.

定理 3.1 设 $y_1(x)$, $y_2(x)$ 是二阶齐次线性方程的两个特解，则 $y_1(x)$ 与 $y_2(x)$ 的线性组合

$$y = C_1 y_1 + C_2 y_2$$

也是方程(2)的解，这里 C_1, C_2 是任意常数.

由定理 3.1 能否推知 $y = C_1 y_1 + C_2 y_2$ 一定是方程(2)的通解呢？答案是否定的. 例如，$y_1 = \mathrm{e}^x$ 和 $y_2 = k\mathrm{e}^x$ 都是方程 $(x-1)y'' - xy' + y = 0$ 的特解，由于

$$y = C_1 y_1 + C_2 y_2 = (C_1 + kC_2)\mathrm{e}^x = C\mathrm{e}^x$$

仅含一个任意常数，故其显然不是该方程的通解. 但是当这两个特解 y_1, y_2 不成比例时，它们的线性组合 $y = C_1 y_1 + C_2 y_2$ 就是该方程的通解. 为此，我们要引入以下概念.

定义 3.1 如果两个函数 $y_1(x)$, $y_2(x)$ 之比是一个常数，则称 $y_1(x)$, $y_2(x)$ 是**线性相关**的，否则称二者为**线性无关**的.

例如，函数 $y_1 = \mathrm{e}^{4x}$, $y_2 = \mathrm{e}^x$ 是两个线性无关的函数；而 $y_1 = 3\mathrm{e}^x$, $y_2 = \mathrm{e}^x$ 是两个线性相关的函数.

根据函数线性相关与线性无关的定义，可以将前面的讨论归结为下面的定理.

定理 3.2 如果 $y_1(x)$, $y_2(x)$ 是方程(2)的两个线性无关的特解，则 $y = C_1 y_1 + C_2 y_2$ 就是该方程的通解.

定理 3.2 给出了二阶齐次线性微分方程(2)通解的结构，由此可知：只要求得方程(2)的两个线性无关的特解 $y_1(x)$, $y_2(x)$，即可求得方程(2)的通解 $y = C_1 y_1 + C_2 y_2$.

例如，对于方程 $y'' + y = 0$，容易验证 $y_1 = \cos x$ 和 $y_1 = \sin x$ 是该方程的两个线性无关的特解，因此该方程的通解为 $y = C_1 \cos x + C_2 \sin x$.

在 6.2 节中，我们知道一阶非齐次线性微分方程的通解等于其所对应的齐次方程的通解加上该非齐次方程的一个特解. 实际上，不仅一阶非齐次线性微分方程的通解具有这种结构，二阶甚至更高阶的非齐次线性微分方程的通解也具有这种结构.

定理 3.3　设 $y^*(x)$ 是二阶非齐次线性微分方程 (1) 的一个特解，$Y(x)$ 是二阶齐次线性微分方程 (2) 的通解，则

$$y = Y(x) + y^*(x)$$

是二阶非齐次线性微分方程 (1) 的通解.

　　证明　设 $y_1(x)$ 和 $y_2(x)$ 是方程 (2) 的两个线性无关的特解，C_1，C_2 为任意常数，根据定理 3.2 可知，$Y(x) = C_1 y_1(x) + C_2 y_2(x)$ 为齐次方程 (2) 的通解，将函数

$$y = Y(x) + y^*(x) = C_1 y_1(x) + C_2 y_2(x) + y^*(x) \tag{3}$$

代入方程 (1) 左边，则有

$$(C_1 y_1'' + C_2 y_2'' + y^{*''}) + P(x)(C_1 y_1' + C_2 y_2' + y^{*'}) + Q(x)(C_1 y_1 + C_2 y_2 + y^*)$$
$$= (C_1 y_1 + C_2 y_2)'' + P(x)(C_1 y_1 + C_2 y_2)' + Q(x)(C_1 y_1 + C_2 y_2) + (y^{*''} + P(x)y^{*'} + Q(x)y^*)$$
$$= 0 + f(x) = f(x).$$

这表明 (3) 式是方程 (1) 的解；另一方面，由于 (3) 式中含有两个互相独立的任意常数，而方程 (1) 又是二阶线性微分方程，因此 (3) 式是方程 (1) 的通解.

　　例如，方程 $y'' + y = x^2$ 为二阶非齐次线性微分方程，已知其对应的齐次方程的通解为 $y = C_1 \cos x + C_2 \sin x$，又易验证 $y = x^2 - 2$ 是该方程的一个特解，故

$$y = C_1 \cos x + C_2 \sin x + x^2 - 2$$

是该非齐次方程的通解.

　　定理 3.4（特解的叠加性）　若方程 (1) 中 $f(x)$ 可以写成两个函数之和，即

$$y'' + P(x)y' + Q(x)y = f_1(x) + f_2(x), \tag{4}$$

而 y_1^* 是 $y'' + P(x)y' + Q(x)y = f_1(x)$ 的一个特解，y_2^* 是 $y'' + P(x)y' + Q(x)y = f_2(x)$ 的一个特解，则 $y_1^* + y_2^*$ 是方程 (4) 的特解.

　　若 $f(x)$ 可以写成多个函数之和，可推出类似的结论. 另外，本节中所讨论的二阶线性微分方程的解的性质，可以推广到 n 阶线性微分方程.

6.3.3　二阶常系数齐次线性微分方程通解的求法

　　二阶常系数线性微分方程在各类应用问题中较为常见，该类方程已有了完善的求解方法，根据 6.3.2 节中给出的二阶线性微分方程解的结构，本节先讨论二阶常系数齐次线性微分方程通解的求法.

二阶常系数非齐次线性微分方程的一般形式为

$$y'' + py' + qy = f(x), \tag{5}$$

其对应的**二阶常系数齐次线性微分方程**为

$$y'' + py' + qy = 0. \tag{6}$$

根据定理 3.2 可知，只要求得齐次方程(6)的两个线性无关的特解 $y_1(x), y_2(x)$，即可求得方程(6)的通解 $y = C_1 y_1 + C_2 y_2$.

用 $y = \mathrm{e}^{rx}$（r 为待定系数）为特解形式进行尝试，将其代入方程(6)，可得

$$r^2 \mathrm{e}^{rx} + pr\mathrm{e}^{rx} + q\mathrm{e}^{rx} = 0 \Leftrightarrow \mathrm{e}^{rx}(r^2 + pr + q) = 0 \Leftrightarrow r^2 + pr + q = 0. \tag{7}$$

由此可得，如果选取 r 为代数方程(7)的一个根，则 $y = \mathrm{e}^{rx}$ 就是方程(6)的一个特解. 我们把一元二次方程(7)称为方程(6)的**特征方程**，特征方程的根称为方程的**特征根**. 从而把求解齐次方程(6)的问题归结为求特征方程(7)的根的问题. 下面根据特征根的三种情况，来介绍方程(6)的通解的求法.

特征方程 $r^2 + pr + q = 0$ 必有两个根 $r_{1,2} = \dfrac{-p \pm \sqrt{p^2 - 4q}}{2}$.

(1) 当 $\Delta = p^2 - 4q > 0$ 时，r_1, r_2 是不相等的实根，此时 $y_1 = \mathrm{e}^{r_1 x}$ 与 $y_2 = \mathrm{e}^{r_2 x}$ 是方程(6)的两个特解，由于 $\dfrac{y_1}{y_2} = \mathrm{e}^{(r_1 - r_2)x} \neq$ 常数，可知 y_1, y_2 线性无关，所以方程(6)的通解为 $y = C_1 \mathrm{e}^{r_1 x} + C_2 \mathrm{e}^{r_2 x}$.

(2) 当 $\Delta = p^2 - 4q = 0$ 时，$r_1 = r_2 = -\dfrac{p}{2}$，可得方程 (6) 的一个特解 $y_1 = \mathrm{e}^{r_1 x} = \mathrm{e}^{-\frac{p}{2}x}$，要写出方程(6)的通解，还需找到一个与 y_1 线性无关的特解 y_2，即求得一个满足 $\dfrac{y_2}{y_1} = u(x)$，即 $y_2 = u(x)y_1$ 且 $u(x) \neq 0$ 的解 y_2. 显然我们只需确定 $u(x)$，即可求出 y_2. 为此，将 $y_2 = u(x)\mathrm{e}^{r_1 x}$ 代入方程(6)，并整理可得

$$u'' + (2r_1 + p)u' + (r_1^2 + pr_1 + q)u = 0.$$

由于 r_1 满足 $\begin{cases} r_1^2 + pr_1 + q = 0, \\ 2r_1 + p = 0, \end{cases}$ 于是 $u'' = 0$，不妨取 $u(x) = x$，即 $y_2 = x\mathrm{e}^{-\frac{p}{2}x}$. 不难验证 $y_2 = x\mathrm{e}^{-\frac{p}{2}x}$ 确为方程的解. 故此时方程(6)的通解为

$$y = C_1 \mathrm{e}^{-\frac{p}{2}x} + C_2 x\mathrm{e}^{-\frac{p}{2}x} = (C_1 + C_2 x)\mathrm{e}^{-\frac{p}{2}x}.$$

（3）当 $\Delta = p^2 - 4q < 0$ 时, 特征方程 (7) 有一对共轭复根: $r_1 = \alpha + \mathrm{i}\beta$ 和 $r_2 = \alpha - \mathrm{i}\beta$. 可知方程 (6) 有如下两个解:

$$\mathrm{e}^{(\alpha+\mathrm{i}\beta)x} = \mathrm{e}^{\alpha x}\mathrm{e}^{\mathrm{i}\beta x} = \mathrm{e}^{\alpha x}(\cos \beta x + \mathrm{i}\sin \beta x),$$

$$\mathrm{e}^{(\alpha-\mathrm{i}\beta)x} = \mathrm{e}^{\alpha x}\mathrm{e}^{-\mathrm{i}\beta x} = \mathrm{e}^{\alpha x}(\cos \beta x - \mathrm{i}\sin \beta x),$$

这里利用了欧拉公式 $\mathrm{e}^{\mathrm{i}x} = \cos x + \mathrm{i}\sin x$. 为得实值解, 构造它们的线性组合

$$y_1 = \frac{1}{2}(\mathrm{e}^{(\alpha+\mathrm{i}\beta)x} + \mathrm{e}^{(\alpha-\mathrm{i}\beta)x}) = \mathrm{e}^{\alpha x}\cos \beta x,$$

$$y_2 = \frac{1}{2\mathrm{i}}(\mathrm{e}^{(\alpha+\mathrm{i}\beta)x} - \mathrm{e}^{(\alpha-\mathrm{i}\beta)x}) = \mathrm{e}^{\alpha x}\sin \beta x$$

仍是方程 (6) 的解. 显然 y_1 和 y_2 是线性无关的, 所以方程 (6) 的通解为

$$y = \mathrm{e}^{\alpha x}(C_1 \cos \beta x + C_2 \sin \beta x).$$

根据以上三种情况, 我们可以归纳出求二阶常系数齐次线性方程 $y'' + py' + qy = 0$ 通解的方法.

第一步: 写出 $y'' + py' + qy = 0$ 的特征方程 $r^2 + pr + q = 0$;

第二步: 求出两个特征根 r_1, r_2;

第三步: 根据 r_1, r_2 的三种不同情况, 写出方程的通解.

当 $\Delta = p^2 - 4q > 0$ 时, $r_{1,2} = \dfrac{-p \pm \sqrt{p^2 - 4q}}{2}$, 通解为 $y = C_1 \mathrm{e}^{r_1 x} + C_2 \mathrm{e}^{r_2 x}$;

当 $\Delta = p^2 - 4q = 0$ 时, $r_1 = r_2 = -\dfrac{p}{2}$, 通解为 $y = C_1 \mathrm{e}^{-\frac{p}{2}x} + C_2 x \mathrm{e}^{-\frac{p}{2}x}$;

当 $\Delta = p^2 - 4q < 0$ 时, $r_1 = \alpha + \mathrm{i}\beta$ 和 $r_1 = \alpha - \mathrm{i}\beta$, 通解为

$$y = \mathrm{e}^{\alpha x}(C_1 \cos \beta x + C_2 \sin \beta x).$$

例 3.3　求微分方程 $y'' - 3y' + 2y = 0$ 的通解.

解　其特征方程为 $r^2 - 3r + 2 = 0$, 解得特征根为 $r_1 = 1$　$r_2 = 2$, 所以　$y_1 = \mathrm{e}^x$, $y_2 = \mathrm{e}^{2x}$ 是方程的两个线性无关的特解. 于是方程的通解为

$$y = C_1 \mathrm{e}^x + C_2 \mathrm{e}^{2x}.$$

例 3.4　求微分方程 $y'' - 2y' + y = 0$ 的通解.

解　其特征方程为 $r^2 - 2r + 1 = 0$, 有重根 $r = 1$, 所以 $y_1 = \mathrm{e}^x, y_2 = x\mathrm{e}^x$ 是

方程的两个线性无关的特解，于是方程的通解为

$$y = C_1 \mathrm{e}^x + C_2 x \mathrm{e}^x.$$

例 3.5　求微分方程 $y'' - 2y' + 3y = 0$ 满足 $y|_{x=0} = 2$ 及 $y'|_{x=0} = 1$ 的特解.

解　其特征方程为 $r^2 - 2r + 3 = 0$，有共轭复根 $r = 1 \pm \sqrt{2}\mathrm{i}$，所以方程的通解为

$$y = \mathrm{e}^x\left(C_1 \cos\sqrt{2}x + C_2 \sin\sqrt{2}x\right).$$

由初始条件 $y|_{x=0} = 2$ 可得 $C_1 = 2$，从而

$$y = \mathrm{e}^x\left(2\cos\sqrt{2}x + C_2 \sin\sqrt{2}x\right).$$

对 x 求导，再利用条件 $y'|_{x=0} = 1$ 可得 $C_2 = -\dfrac{\sqrt{2}}{2}$，于是方程所求的特解为

$$y = \mathrm{e}^x\left(2\cos\sqrt{2}x - \frac{\sqrt{2}}{2}\sin\sqrt{2}x\right).$$

习题 6.3

习题 6.3 解答

1. 求下列微分方程的通解：

(1) $xy'' = y'$；　　　　　　(2) $(1+x^2)y'' - 2xy' = 0$；

(3) $yy'' + 2y'^2 = 0$；　　　(4) $y^3 y'' - 1 = 0$.

2. 验证 $y_1 = \mathrm{e}^{x^2}, y_2 = x\mathrm{e}^{x^2}$ 都是方程 $y'' - 4xy + (4x^2 - 2)y = 0$ 的解，并写出该方程的通解.

3. 已知 $y_1 = 3$，$y_2 = 3 + x^2$，$y_3 = 3 + x^2 + \mathrm{e}^x$ 都是微分方程

$$(x^2 - 2x)y'' - (x^2 - 2)y' + (2x - 2)y = 6x - 6$$

的解，求此方程的通解.

4. 设方程 $y'' + py' + qy = f(x)$ 的三个特解是 $y_1 = x$，$y_2 = \mathrm{e}^x$，$y_3 = \mathrm{e}^{2x}$，求此方程的通解.

5. 求下列二阶常系数齐次线性微分方程的通解：

(1) $y'' + y' - 6y = 0$；　　　　(2) $y'' - 4y' + 3y = 0$；

(3) $y'' - 9y' = 0$；　　　　　　(4) $y'' + 6y' + 9y = 0$；

(5) $y'' - 6y' + 9y = 0$；　　　　(6) $y'' - 2y' + 10y = 0$；

(7) $y'' + 2y = 0$；　　　　　　(8) $y'' + y' + y = 0$.

6. 求下列微分方程满足相应初始条件的特解：

(1) $y'' + 4y' - 5y = 0$，$y|_{x=0} = 3$，$y'|_{x=0} = -9$；

(2) $y'' - 5y' + 6y = 0$，$y\big|_{x=0} = \dfrac{3}{2}$，$y'\big|_{x=0} = \dfrac{7}{2}$；

(3) $y'' - 16y = 0$，$y\big|_{x=0} = \dfrac{3}{4}$，$y'\big|_{x=0} = 1$；

(4) $y'' - 4y' + 4y = 0$，$y\big|_{x=0} = 1$，$y'\big|_{x=0} = 3$.

6.4 二阶常系数非齐次线性微分方程

继续上节的讨论，我们再来研究二阶常系数非齐次线性微分方程的解法.

二阶常系数非齐次线性方程的一般形式为

$$y'' + py' + qy = f(x), \tag{1}$$

与方程(1)所对应的**齐次方程**为

$$y'' + py' + qy = 0. \tag{2}$$

根据 6.3 节的定理 3.3 可知，二阶非齐次线性微分方程的通解等于其所对应的齐次方程的通解加上该非齐次方程的一个特解. 6.3 节已经解决了求齐次线性方程 (2)的通解问题. 根据此定理，求非齐次线性方程(1)的通解，只需求得方程(1)的一个特解即可，然而在一般情况下，这并非易事. 如果 $f(x)$ 是以下两种类型的函数，我们可以预先设出方程(1)的特解形式，然后利用待定系数法求出特解. 下面我们分别进行讨论.

类型 I $f(x) = e^{\lambda x} P_m(x)$，其中 λ 是实数，这里

$$P_m(x) = a_0 x^m + a_1 x^{m-1} + \cdots + a_{m-1} x + a_m$$

为一个 m 次多项式.

例如，$y'' - 3y' + 2y = e^{2x}(x^2 + 1)$，其中 $\lambda = 2$，$m = 2$.

我们设想方程(1)的特解应该具有以下形式 $y^* = e^{\lambda x} Q(x)$，这里 $Q(x)$ 为具有待定系数的多项式. 将上式代入方程(1)，并使恒等式

$$e^{\lambda x}[Q''(x) + (2\lambda + p)Q'(x) + (\lambda^2 + p\lambda + q)Q(x)] = e^{\lambda x} P_m(x)$$

成立，因此

$$Q''(x) + (2\lambda + p)Q'(x) + (\lambda^2 + p\lambda + q)Q(x) = P_m(x). \tag{3}$$

经分析后可知

(1)如果 λ 不是特征方程 $r^2 + pr + q = 0$ 的根，即 $\lambda^2 + p\lambda + q \neq 0$. (3)式的右边

是 m 次多项式，为了使(3)式成立，则左边也是 m 次多项式，从而 $Q(x)$ 必是 m 次多项式，设

$$Q(x) = Q_m(x) = b_0 x^m + b_1 x^{m-1} + \cdots + b_m,$$

代入(3)式，两边比较系数，可以求出 $b_0, b_1, \cdots, b_m$，从而得到方程(1)的特解 $y^* = \mathrm{e}^{\lambda x} Q_m(x)$.

(2) 如果 λ 是特征方程 $r^2 + pr + q = 0$ 的单根，即 $\lambda^2 + p\lambda + q = 0$，但 $2\lambda + p \neq 0$. 为使(3)式成立，则 $Q'(x)$ 必是 m 次多项式，可令

$$Q(x) = x Q_m(x) = x \cdot (b_0 x^m + b_1 x^{m-1} + \cdots + b_m),$$

其中 $Q_m(x)$ 是待定的 m 次多项式. 将 $Q(x)$ 代入(3)式右端，比较系数，即可求出 $b_0, b_1, \cdots, b_m$，从而得到方程(1)的特解 $y^* = x\mathrm{e}^{\lambda x} Q_m(x)$.

(3) 如果 λ 是特征方程 $r^2 + pr + q = 0$ 的重根，即 $\lambda^2 + p\lambda + q = 0$，且 $2\lambda + p = 0$. 为使(3)式成立，则 $Q''(x)$ 必须是 m 次多项式，可令

$$Q(x) = x^2 Q_m(x) = x^2 (b_0 x^m + b_1 x^{m-1} + \cdots + b_m),$$

其中 $Q_m(x)$ 是待定的 m 次多项式. 重复前述做法，可求得方程(1)的特解 $y^* = x^2 \mathrm{e}^{\lambda x} Q_m(x)$.

根据上述三种情况，可以将非齐次方程 $y'' + py' + qy = \mathrm{e}^{\lambda x} P_m(x)$ 的求解过程归纳如下：

1) 求出所对应的齐次方程 $y'' + py' + qy = 0$ 的特征根和通解 Y；

2) 根据 λ 的值，设出非齐次方程的特解 $y^* = x^k \mathrm{e}^{\lambda x} Q_m(x)$；

当 λ 不是特征根时，$k = 0$；

当 λ 是特征方程的单根时，$k = 1$；

当 λ 是特征方程的二重根时，$k = 2$；

3) 将 y^* 代入非齐次方程 $y'' + py' + qy = \mathrm{e}^{\lambda x} P_m(x)$ 中，确定 y^*；

4) 由定理可知：$y'' + py' + qy = \mathrm{e}^{\lambda x} P_m(x)$ 的通解为 $y = Y + y^*$.

例 4.1　求解方程 $y'' - 2y' = x^2 + 1$ 的通解.

解　特征方程为 $r^2 - 2r = 0$，具有两个相异的特征根 $r_1 = 0$，$r_2 = 2$. 故所对应齐次方程的通解为 $Y = C_1 + C_2 \mathrm{e}^{2x}$. 在原方程中 $\lambda = 0$ 为特征方程的单根，因此取 $k = 1$，且 $m = 2$，所以可设特解为

$$y^* = x(ax^2 + bx + c),$$

将其代入原方程, 得

$$-6ax^2 + (6a - 4b)x + 2b - 2c = x^2 + 1.$$

比较方程两边未知数的系数有

$$\begin{cases} -6a = 1, \\ 6a - 4b = 0, \\ 2b - 2c = 1. \end{cases}$$

解得 $a = -\dfrac{1}{6}$, $b = -\dfrac{1}{4}$, $c = -\dfrac{3}{4}$. 可知

$$y^* = x\left(-\dfrac{1}{6}x^2 - \dfrac{1}{4}x - \dfrac{3}{4}\right).$$

最后得到通解为

$$y = C_1 + C_2 e^{2x} + x\left(-\dfrac{1}{6}x^2 - \dfrac{1}{4}x - \dfrac{3}{4}\right).$$

例 4.2　求解方程 $y'' - 4y' + 4y = 6e^{2x}$ 的通解.

解　特征方程 $r^2 - 4r + 4 = 0$ 有重根 $r = 2$, 故所对应齐次方程的通解为

$$Y = C_1 e^{2x} + C_2 x e^{2x}.$$

在原方程中 $\lambda = 2$ 为特征方程的重根, 所以取 $k = 2$, 且 $m = 0$, 因此可以设方程的特解为

$$y^* = ax^2 e^{2x}.$$

将其代入原方程可得 $a = 3$, 故方程的特解为

$$y^* = 3x^2 e^{2x}.$$

因此原方程的通解为

$$y = C_1 e^{2x} + C_2 x e^{2x} + 3x^2 e^{2x}.$$

例 4.3　求方程 $y'' - 3y' + 2y = x e^{-x}$ 的通解.

解　其特征方程为 $r^2 - 3r + 2 = 0$, 有两个特征根 $r_1 = 1$, $r_2 = 2$, 故所对应齐次方程的通解为

$$Y = C_1 e^x + C_2 e^{2x}.$$

在原方程中 $\lambda = -1$ 不是特征方程的根, 取 $k = 0$, 且 $m = 1$, 因此可以设方程的特解为

$$y^* = \mathrm{e}^{-x}(ax + b),$$

代入方程并整理得

$$6ax + (6b - 5a) = x,$$

比较两边系数得

$$a = \frac{1}{6}, \quad b = \frac{5}{36}.$$

故方程的特解为

$$y^* = \mathrm{e}^{-x}\left(\frac{1}{6}x + \frac{5}{36}\right),$$

因此方程的通解为

$$y = C_1\mathrm{e}^x + C_2\mathrm{e}^{2x} + \mathrm{e}^{-x}\left(\frac{1}{6}x + \frac{5}{36}\right).$$

类型 Ⅱ $f(x) = \mathrm{e}^{\lambda x}[P(x)\cos\omega x + Q(x)\sin\omega x]$, 其中 λ, ω 是实常数, $P(x)$ 和 $Q(x)$ 是多项式, 最高次数为 m.

与前面的方法类似, 可以设方程 (1) 的特解形式为

$$y^* = x^k\mathrm{e}^{\lambda x}[R_1(x)\cos\omega x + R_2(x)\sin\omega x],$$

其中 $R_1(x)$ 和 $R_2(x)$ 均是待定的 m 次多项式. 当 $\lambda + \mathrm{i}\omega$ 是特征方程 $r^2 + pr + q = 0$ 的根时, 取 $k = 1$; 否则, 取 $k = 0$.

例 4.4 求方程 $y'' + y = 3\sin x + \cos x$ 的通解.

解 对应齐次方程的特征方程为 $r^2 + 1 = 0$, 可解得共轭复根为 $r = \pm\mathrm{i}$, 因此齐次方程的通解为

$$Y = C_1\sin x + C_2\cos x.$$

原方程中 $\lambda = 0, \omega = 1$, 因此 $\lambda + \omega\mathrm{i} = \mathrm{i}$ 为特征方程的根, 所以取 $k = 1$, 且 $m = 0$, 可以将特解设为

$$y^* = x(a\cos x + b\sin x),$$

将其代入原方程可得

$$-2a\sin x + 2b\cos x = 3\sin x + \cos x,$$

比较系数得

$$a = -\frac{3}{2}, \quad b = \frac{1}{2},$$

于是方程的特解为

$$y^* = x\left(\frac{1}{2}\sin x - \frac{3}{2}\cos x\right),$$

故方程的通解为

$$y = C_1\sin x + C_2\cos x + x\left(\frac{1}{2}\sin x - \frac{3}{2}\cos x\right).$$

例 4.5　求方程 $y'' - 2y' = e^x\cos x$ 的通解.

解　所对应的齐次方程为

$$y'' - 2y' = 0,$$

其特征方程为

$$r^2 - 2r = 0,$$

可解得特征根 $r_1 = 2$, $r_2 = 0$, 因此齐次方程的通解为

$$Y = C_1 e^{2x} + C_2.$$

在原方程中, $\lambda = 1, \omega = 1$, 因此 $\lambda + \omega i = 1 + i$ 不是特征方程的根, 所以取 $k = 0$, 且 $m = 0$, 可以把原方程的特解设为

$$y^* = e^x(a\cos x + b\sin x),$$

将其代入原方程可得

$$a = -\frac{1}{2}, \quad b = 0.$$

因此原方程的特解为

$$y^* = -\frac{1}{2}e^x\cos x,$$

进而原方程的通解为

$$y = C_1 e^{2x} + C_2 - \frac{1}{2}e^x\cos x.$$

例 4.6　求微分方程 $y'' - 2y' = \mathrm{e}^x \cos x + x^2 + 1$ 的通解.

解　根据定理 3.4(特解的叠加性)，方程的特解为 $y^* = y_1^* + y_2^*$，其中 y_1^* 是方程 $y'' - 2y' = \mathrm{e}^x \cos x$ 的特解，y_2^* 是 $y'' - 2y' = x^2 + 1$ 的特解. 由例 4.5 和例 4.1 可知

$$y_1^* = -\frac{1}{2}\mathrm{e}^x \cos x, \qquad y_2^* = x\left(-\frac{1}{6}x^2 - \frac{1}{4}x - \frac{3}{4}\right),$$

最后利用本章定理 3.3 和定理 3.4, 可得到原方程的通解为

$$y = C_1 \mathrm{e}^{2x} + C_2 - \frac{1}{2}\mathrm{e}^x \cos x + x\left(-\frac{1}{6}x^2 - \frac{1}{4}x - \frac{3}{4}\right).$$

习题 6.4

(A)

习题 6.4 解答

1. 试设出下列微分方程的一个特解 $y^*(x)$ (不用解出)：

(1) $y'' + 4y' + 4y = 3x\mathrm{e}^x$；

(2) $y'' + 2y' + y = 2x^2\mathrm{e}^{-x}$；

(3) $y'' - 3y' + 2y = (2x^2 + 1)\mathrm{e}^{2x}$；

(4) $y'' - y' = 7x^3 + 2x$；

(5) $y'' + 2y' - 15y = \mathrm{e}^{2x}$；

(6) $4y'' - 4y' + y = 5(1-x)\mathrm{e}^{\frac{1}{2}x}$；

(7) $y'' - 2y' + 4y = \mathrm{e}^{2x}(2\cos\sqrt{3}x + x\sin\sqrt{3}x)$；

(8) $y'' - 4y' + 5y = \mathrm{e}^x(2x-1)\cos x$；

(9) $y'' - 2y' + 10y = x^2\mathrm{e}^x \sin 3x$；

(10) $y'' + 2y = \sin\sqrt{2}x$.

2. 求下列微分方程的通解：

(1) $y'' - 5y' + 6y = 2\mathrm{e}^x$；

(2) $y'' - y' - 2y = 1 - x^2$；

(3) $y'' - 2y' = 6x - 6x^2 - 2$；

(4) $y'' + y' - 2y = x\mathrm{e}^x$；

(5) $y'' - 4y' + 4y = \mathrm{e}^{2x}$；

(6) $y'' - 6y' + 9y = x\mathrm{e}^{3x}$；

(7) $y'' + 4y = \sin 2x$；

(8) $y'' - 2y' + 2y = 2\mathrm{e}^x \sin x$；

(9) $y'' - y = \cos^2 x$；

(10) $y'' + y = \mathrm{e}^x + \cos x$.

3. 求下列微分方程满足初始条件的特解：

(1) $y'' + 6y' + 5y = \mathrm{e}^{2x}$，$y\big|_{x=0} = \dfrac{43}{21}$，$y'\big|_{x=0} = -\dfrac{124}{21}$；

(2) $y'' - 3y' = x - 1$，$y\big|_{x=0} = \dfrac{2}{3}$，$y'\big|_{x=0} = \dfrac{11}{9}$；

(3) $y'' - 2y' + y = \mathrm{e}^x(x-2)$，$y\big|_{x=0} = 2$，$y'\big|_{x=0} = 1$；

(4) $y'' - 2y' + 5y = \mathrm{e}^x \cos x$，$y\big|_{x=0} = \dfrac{4}{3}$，$y'\big|_{x=0} = \dfrac{1}{3}$.

4. 设函数 $y = f(x)$ 满足微分方程 $y'' - 3y' + 2y = 2\mathrm{e}^x$，且其图形在点 $(0,1)$ 处的切线与曲线 $y = x^2 - x + 1$ 在该点的切线重合，求函数 $y = f(x)$ 的表达式.

(B)

1. 设函数 $\varphi(x)$ 连续, 且满足 $\varphi(x) = \mathrm{e}^x + \int_0^x t\varphi(t)\mathrm{d}t - x\int_0^x \varphi(t)\mathrm{d}t$, 求 $\varphi(x)$.

2. 设 $f(x)$ 具有连续的二阶导数, $f'(0) = 0$ 且

$$f(x) = 2 + \int_0^x [f''(t) - 2f'(t) + \cos t]\mathrm{d}t,$$

求 $f(x)$.

3. 设二阶常系数线性微分方程 $y'' + \alpha y' + \beta y = \gamma \mathrm{e}^x$ 的一个特解为 $y = \mathrm{e}^{2x} + (1+x)\mathrm{e}^x$. 试确定常数 α, β, γ, 并求该方程的通解.

6.5 数学实验: 微分方程的数值解法

实验目的 理解微分方程的基本含义, 掌握以差商近似代替微商的方法. 会求微分方程的解析解与数值解.

基本原理 对于给定的微分方程初值问题

$$\begin{cases} \dfrac{\mathrm{d}y}{\mathrm{d}x} = f(x, y), \\ y(x_0) = y_0, \end{cases}$$

以差商近似代替微商求其数值解的方法是

$$\frac{y_{k+1} - y_k}{h} = f(x_k, y_k),$$

即

$$\begin{cases} y(x_0) = y_0, \\ x_{k+1} = x_k + h, \\ y_{k+1} = y_k + hf(x_k, y_k). \end{cases}$$

此为欧拉公式.

MATLAB 库函数中有 dsolve 求解析解、ode45 求数值解等.

实验内容

编写欧拉法程序代码如下:

```
function[x,fx]=sy401(f,x0,y0,h,a,b)
%欧拉法求 dy/dx=f(x,y) 在[a,b]上的数值解
%y(x0)=y 初值条件
%h 为步长
```

```
if(a>b)t=a;a=b;b=t;end
if(h>0.1||h<0.000001)h=0.001;end
if(x0<=a)a=x0;n1=0;
else n1=round((x0-a)/h+0.5);a=x0-n1*h;
end
if(x0>=b)b=x0;n2=0;
else n2=round((b-x0)/h+0.5);b=x0+n2*h;
end
fx(n1+1)=y0;
x1=x0;y1=y0;
for(j=n1:-1:1)x=x1;y=y1;f0=eval(f);
x1=x-h;y1=y-h*f0;fx(j)=y1;
end
x1=x0;y1=y0;n2=n1+n2+1;
for(j=n1+2:n2)x=x1;y=y1;f0=eval(f);
x1=x+h;y1=y+h*f0;fx(j)=y1;
end
x=a:h:b;
plot(x,fx);
```

在 MATLAB 的命令窗口中运行：[x, fx] = sy401('sin(x)', 0, 0, 0.1, 0, 1)，运行的结果如图 6.2.

```
x =  0        0.1000      0.2000      0.3000      0.4000      0.5000
    0.6000    0.7000      0.8000      0.9000      1.0000      1.1000
fx = 0             0      0.0100      0.0299      0.0594      0.0983
    0.1463    0.2028      0.2672      0.3389      0.4172      0.5014
```

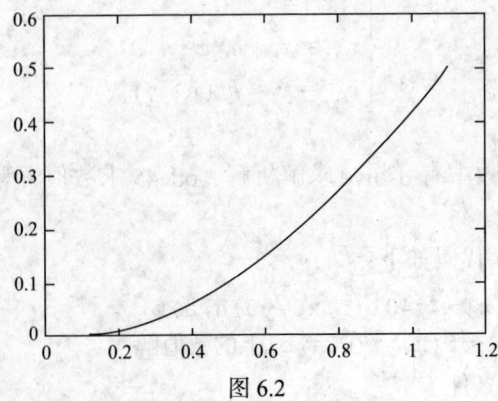

图 6.2

例 5.1　求微分方程 $y' + y = x + 1, y(0) = 1$ 的解析解与数值解.

解　编写代码如下：

```
function sy402
jxj=dsolve('Dy+y=x+1','y(0)=1','x')%解析解 jxj=x+exp(-x)
f='x-y+1';
[x,y]=sy401(f,0,1,0.1,-2,5)
plot(x,y,'ro',x,x+exp(-x));%用红色小圆圈画出数值解图形
```

在 MATLAB 的命令窗口中运行：sy402,可得到如下解析解：

```
jxj=x+exp(-x)
```

以及数值解对应的函数图像，如图 6.3：

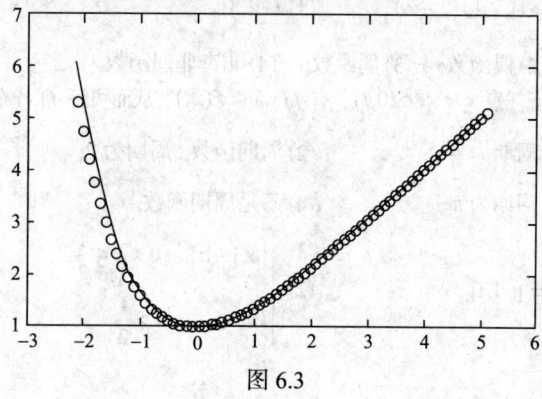

图 6.3

由于解析解的计算结果较长，故略去.

习题答案及提示

习题 1.1

1. (1) $(-2,1)\bigcup(1,4)$; (2) $(-\infty,-1]\bigcup[2,+\infty)$.

2. (1) 不同, 定义域不同; (2) 不同, 对应法则不同; (3) 相同; (4) 不同, 定义域不同.

3. (1) $\begin{cases} x\neq 0, \\ 1-x^2\geqslant 0 \end{cases} \Rightarrow [-1,0)\bigcup(0,1]$; (2) $x^2-9>0 \Rightarrow (-\infty,-3)\bigcup(3,+\infty)$;

   (3) $\begin{cases} x-1\neq 1, \\ x-1>0 \end{cases} \Rightarrow (1,2)\bigcup(2,+\infty)$; (4) $(-2,3]$.

4. (1) 奇函数; (2) 偶函数; (3) 偶函数; (4) 非奇非偶函数.

5. 提示: 要证对于任意 $x_1<x_2\in(0,l)$, 有 $f(x_1)<f(x_2)$, 从而可证 $f(x)$ 在 $(0,l)$ 内也单调增加.

6. (1) 周期函数, 周期为 $\dfrac{\pi}{2}$; (2) 周期函数, 周期为 2;

   (3) 周期函数, 周期为 π; (4) 不是周期函数.

7. (1) $0\leqslant x^2\leqslant 1 \Rightarrow [-1,1]$; (2) $\begin{cases} [a,1-a], & 0<a\leqslant\dfrac{1}{2}, \\ \varnothing, & a>\dfrac{1}{2}. \end{cases}$

8. $f(x)=x^2-2$.

9. $f[g(x)]=\begin{cases} 1, & x>-\dfrac{1}{2}, \\ 0, & x=-\dfrac{1}{2}, \\ -1, & x<-\dfrac{1}{2}; \end{cases}$ $g[f(x)]=\begin{cases} 3, & x>0, \\ 1, & x=0, \\ -1, & x<0. \end{cases}$

10. (1) $y=\dfrac{1}{2}(x^3-1)$; (2) $y=\dfrac{1-x}{1+x}$; (3) $y=a^{x-1}+2$.

11. (1) $f\left(\dfrac{\pi}{6}\right)=\dfrac{1}{2}$; $f\left(\dfrac{\pi}{4}\right)=\dfrac{\sqrt{2}}{2}$; $f\left(-\dfrac{\pi}{4}\right)=\dfrac{\sqrt{2}}{2}$; $f(-2)=0$.

   (2) $f(-2)=-\dfrac{\pi}{2}$; $f(-\sqrt{3})=-\dfrac{\pi}{3}$; $f(0)=0$; $f(1)=\dfrac{\pi}{6}$; $f(2)=\dfrac{\pi}{2}$.

   (3) $f(0)=0$; $f(1)=\dfrac{\pi}{4}$; $f\left(\dfrac{\sqrt{3}}{3}\right)=\dfrac{\pi}{6}$; $f(\sqrt{3})=\dfrac{\pi}{3}$.

14. $y=\begin{cases} Ax, & 0<x\leqslant 100, \\ 100A+0.8A(x-100), & x>100. \end{cases}$

习题 1.2

(A)

1. (1) 0; (2) 1; (3) 2; (4) ∞.

2. 提示: 利用数列极限的精确化定义证明.

3. $\lim\limits_{x\to 0^-} f(x) = \lim\limits_{x\to 0^-} \dfrac{-x}{x} = -1$, $\lim\limits_{x\to 0^+} f(x) = \lim\limits_{x\to 0^+} \dfrac{x}{x} = 1$, 由于左右极限存在但不相等, 所以当 $x\to 0$ 时 $f(x)$ 的极限不存在.

5. (1) F; (2) F; (3) F; (4) F; (5) T; (6) F; (7) T; (8) T; (9) F; (10) T.

6. 10(万元).

(B)

4. 证明: 由于 $\lim\limits_{k\to\infty} x_{2k} = a$, 则 $\forall \varepsilon > 0$, $\exists K_1 > 0$, 当 $k > K_1$ 时, $|x_{2k} - a| < \varepsilon$; 再由 $\lim\limits_{k\to\infty} x_{2k+1} = a$ 可知, 则对于所取 ε, $\exists K_2 > 0$, 当 $k > K_2$ 时, $|x_{2k+1} - a| < \varepsilon$. 取 $N = \max\{2K_1, 2K_2 + 1\}$, 则当 $n > N$ 时, $|x_n - a| < \varepsilon$, 即 $\lim\limits_{n\to\infty} x_n = a$.

5. 证明: $\lim\limits_{n\to\infty} x_n = A$, 则对于 $\varepsilon = \dfrac{A}{2} > 0$, $\exists N > 0$, 当 $n > N$ 时, $|x_n - A| < \varepsilon = \dfrac{A}{2}$, 从而 $x_n - A < \dfrac{A}{2}$, 即 $A > \dfrac{2}{3} x_n \geqslant 0$, 同理可证当 $x_n \leqslant 0$, 可推出 $A \leqslant 0$.

6. 提示: 用反证法证明.

7. 提示: 利用函数极限的精确化定义. 反过来不对, 例如 $f(x) = \begin{cases} 1, & x \in \mathbf{Q}, \\ -1, & x \notin \mathbf{Q}, \end{cases}$ 则 $\lim\limits_{x\to x_0} |f(x)| = 1$, 但 $\lim\limits_{x\to x_0} f(x)$ 不存在.

8. $\lim\limits_{x\to 0^-} f(x) = \lim\limits_{x\to 0^-} e^{\frac{1}{x}} = 0$, 而 $\lim\limits_{x\to 0^+} f(x) = \lim\limits_{x\to 0^+} e^{\frac{1}{x}} = +\infty$, 右极限不存在, 故 $\lim\limits_{x\to 0} f(x)$ 不存在.

10. 提示: 可以用局部保号性定理证明.

习题 1.3

(A)

1. (1) $\dfrac{1}{5}$; (2) $\dfrac{1}{2}$; (3) 2; (4) $\dfrac{1}{2}$.

2. (1) -9; (2) 0; (3) $\dfrac{2}{3}$; (4) 2; (5) 1; (6) $\dfrac{1}{2}$; (7) ∞; (8) ∞; (9) ∞; (10) $\dfrac{\sqrt{2}}{2}$.

3. (1) 0; (2) 0.

4. $a = 1$, $b = -1$.

(B)

1. (1) 1; (2) $\dfrac{1-b}{1-a}$; (3) $\dfrac{1}{1-x}$; (4) $\dfrac{1}{2}$.

2. $\lim\limits_{x\to 0^+}f(x)=1$；$\lim\limits_{x\to 0^-}f(x)=-1$；极限不存在.

习题 1.4

(A)

1. (1) ω；　(2) $\dfrac{3}{2}$；　(3) 1；　(4) 2；　(5) x；　(6) 2.

2. (1) e^{-1}；　(2) e^6；　(3) e^{-k}；　(4) e^4.

3. $a=2$.

4. $k=\dfrac{1}{2}\ln 2$.

5. $x\sin x$ 是比 x^2+2x 高阶的无穷小.

6. (1) $x-1$ 与 x^3-1 是同阶无穷小；　(2) $x-1$ 与 $\dfrac{1}{2}(x^2-1)$ 是等价无穷小.

7. (1) $\dfrac{1}{2}$；　(2) $\begin{cases}0,&n>m,\\1,&n=m,\\\infty,&n<m;\end{cases}$　(3) $\dfrac{1}{2}$；　(4) 0.

(B)

1. (1) 提示：由于 $\dfrac{1}{x}-1\leqslant\left[\dfrac{1}{x}\right]\leqslant\dfrac{1}{x}$，考虑用夹逼定理，可得 $\lim\limits_{x\to 0^+}x\left[\dfrac{1}{x}\right]=1$.

(2) 提示：考虑用夹逼定理，可得 $\lim\limits_{n\to\infty}n\left(\dfrac{1}{n^2+1}+\dfrac{1}{n^2+2}+\cdots+\dfrac{1}{n^2+n}\right)=1$.

(3) 提示：取 $A=\max\{a,b,c\}$，则 $(A^x)^{\frac{1}{x}}<(a^x+b^x+c^x)^{\frac{1}{x}}\leqslant(3A^x)^{\frac{1}{x}}$，再根据夹逼定理可得 $\lim\limits_{x\to\infty}(a^x+b^x+c^x)^{\frac{1}{x}}=A$.

2. 提示：利用单调有界原理.

3. 提示：利用单调有界原理.

习题 1.5

(A)

1. (1)连续，图略；　(2)在 $x=-1$ 处不连续, 图略.

2. (1) $x=2$ 第二类, $x=-1$ 第一类；　(2) $x=0$ 第一类；　(3) $x=0$ 第一类；　(4) $x=0$ 第二类；　(5) $x=0$ 第一类.

3. (1) $\ln 2$；　(2) -1；　(3) 1；　(4) 1.

4. 提示：利用零点定理证明.

5. 提示：设 $F(x)=f(x)-x$.

(B)

1. (1) $x=0$ 为第一类间断点;

(2) $f(x)=\begin{cases} x, & x>1, \\ 0, & x=1, \\ -x, & -1<x<1, \quad x=1, \quad x=-1均为第一类间断点. \\ 0, & x=-1, \\ x, & x<-1, \end{cases}$

2. (1) $e^{-\frac{1}{2}}$; (2) $\sqrt[3]{abc}$.

3. $a=0$, $b=1$.

4. 提示：利用介值定理证明.

5. 证明：设 $\lim\limits_{x\to\infty}f(x)=A$，取 $\varepsilon=1$，则存在 $X>0$，当 $|x|>X$ 时，$|f(x)-A|<\varepsilon=1$，$A-1<f(x)<A+1$，又因为 $f(x)$ 在 $(-\infty,+\infty)$ 内连续，故在 $[-X,X]$ 上连续，从而 $f(x)$ 在 $[-X,X]$ 必有最大值 M_1，最小值 m_1. 取 $M=\max\{M_1,A+1\},m=\min\{m_1,A-1\}$，则 $m\leqslant f(x)\leqslant M,x\in(-\infty,+\infty)$.

习题 2.1

(A)

1. (1) $-f'(x_0)$; (2) $-f'(x_0)$; (3) $2f'(x_0)$; (4) $f'(0)$.
2. 不一定可导.
3. (1) T; (2) T; (3) F; (4) F; (5) F; (6) T; (7) T.
4. (1) $f'(0)=1$;   (2) $f(x)$ 在 $x=1$ 处不可导.
5. $a=1$, $b=1$.
7. $f'(a)=\varphi(a)$.
8. 切线方程为 $y=3x-2$；法线方程为 $y=-\dfrac{1}{3}x+\dfrac{4}{3}$.
9. 切线方程为 $y=x+1$；法线方程为 $y=-x+1$.

(B)

1. 提示：利用在一点处导数的定义.
2. $f(x)$ 在 $x=0$ 处连续, 且 $f(x)$ 在 $x=0$ 处可导, $f'(0)=0$.
3. 当 $\varphi(a)=0$，$f(x)$ 在 $x=a$ 处可导, 且导数为 0；当 $\varphi(a)\neq0$，$f(x)$ 在 $x=a$ 处不可导.

习题 2.2

(A)

2. (1) $y'=\dfrac{3}{2}\sqrt{x}-\dfrac{1}{x^2}$;   (2) $y'=15x^2-2^x\ln 2+3e^x$;

(3) $y' = \sec^2 x + \sec x \tan x$;

(4) $y' = \cos^2 x - \sin^2 x = \cos 2x$;

(5) $y' = 2x \ln x + x$;

(6) $y' = e^x(\cos x - \sin x)$;

(7) $y' = \dfrac{1 - \ln x}{x^2}$;

(8) $y' = e^x \left(\dfrac{1}{x^2} - \dfrac{2}{x^3} \right)$;

(9) $y' = 2x \ln x \cos x + x \cos x - x^2 \ln x \sin x$; (10) $y' = \dfrac{2\cos x}{(1 - \sin x)^2}$.

3. (1) $f'(x) = \dfrac{5}{(3-x)^2} + \dfrac{3}{2} x^2$, $f'(2) = 5 + 6 = 11$;

(2) $s' = \sin t + t \cos t - \dfrac{1}{2} \sin t$, $s'\big|_{t_0 = \frac{\pi}{4}} = \dfrac{1}{2} \sin \dfrac{\pi}{4} + \dfrac{\pi}{4} \cos \dfrac{\pi}{4} = \dfrac{\sqrt{2}}{4} + \dfrac{\sqrt{2}\pi}{8}$;

(3) $y' = e^x + xe^x + \dfrac{1}{\sqrt{x^2 + a^2}}$, $y'\big|_{x_0 = 0} = e^0 + \dfrac{1}{\sqrt{0 + a^2}} = 1 + \dfrac{1}{|a|}$.

4. 在切点 $(1,0)$ 处，对应切线为 $y = 2x - 2$；在切点 $(-1,0)$ 处，对应切线为 $y = 2x + 2$.

5. (1) $y' = -20(1 - 2x)^9$;

(2) $y' = \dfrac{1}{\sin x}$;

(3) $y' = \dfrac{x}{\sqrt{(1 - x^2)^3}}$;

(4) $y' = \dfrac{1}{2\sqrt{x}(1 + x)} e^{\arctan \sqrt{x}}$;

(5) $y' = \dfrac{1}{x \ln x \ln(\ln x)}$;

(6) $y' = \dfrac{2\sqrt{x} + 1}{4\sqrt{x^2 + x\sqrt{x}}}$;

(7) $y' = -e^{-t} \sin 2t + 2e^{-t} \cos 2t$;

(8) $y' = \arctan \dfrac{x}{2} + \dfrac{2x}{4 + x^2} - \dfrac{x}{\sqrt{4 - x^2}}$;

(9) $\begin{cases} \dfrac{1}{\sqrt{1 - x^2}}, & 0 < x < 1, \\ 0, & x = 0, \\ -\dfrac{1}{\sqrt{1 - x^2}}, & -1 < x < 0; \end{cases}$

(10) $y' = \sec x$.

6. (1) $y' = \dfrac{1}{1 + f^2(x)} [1 + f^2(x)]' = \dfrac{2f(x)}{1 + f^2(x)} f'(x)$;

(2) $y' = 2xf(\ln x) + x^2 f'(\ln x) \dfrac{1}{x} = 2xf(\ln x) + xf'(\ln x)$;

(3)
$$y' = \dfrac{1}{2\sqrt{1 + f^2(x) + g^2(x)}} (2f(x)f'(x) + 2g(x)g'(x)) = \dfrac{f(x)f'(x) + g'(x)g(x)}{\sqrt{1 + f^2(x) + g^2(x)}}.$$

7. $y' = \begin{cases} -2x, & x < 0, \\ 0, & x = 0, \\ 2x, & x > 0. \end{cases}$

8. (1) $f'(x) = \begin{cases} 2x, & x \leqslant 0, \\ 3x^2, & x > 0; \end{cases}$

(2) $f'(x) = \begin{cases} \dfrac{1}{1 + x^2}, & x < 0, \\ e^x, & x \geqslant 0. \end{cases}$

(B)

1. 提示：用函数在一点处导数的定义可得 $f'(0) = 100!$.
2. 提示：用函数在一点处导数的定义，当 $1 < \alpha \leqslant 2$ 时，$f'(0)$ 不存在.

$$f'(x) = \begin{cases} \alpha x^{\alpha-1} \sin\dfrac{1}{x} - x^{\alpha-2} \cos\dfrac{1}{x}, & x > 0, \\ 0, & x \leqslant 0. \end{cases}$$ 根据连续性的定义，可得当 $\alpha > 2$ 时，导函数连续.

3. 提示：根据导函数的定义.

习题 2.3

(A)

1. (1) $y' = 4x + \dfrac{1}{x}$, $\quad y'' = 4 - \dfrac{1}{x^2}$；

   (2) $y' = \sin x + x\cos x$, $\quad y'' = 2\cos x - x\sin x$；

   (3) $y' = -\dfrac{x}{\sqrt{a^2 - x^2}}$, $\quad y'' = -\dfrac{a^2}{\sqrt{(a^2 - x^2)^3}}$；

   (4) $y' = \dfrac{\mathrm{e}^x(x-1)}{x^2}$, $\quad y'' = \dfrac{\mathrm{e}^x(x^2 - 2x + 2)}{x^3}$；

   (5) $y' = \mathrm{e}^{-x^2}(1 - 2x^2)$, $\quad y'' = 2x\mathrm{e}^{-x^2}(2x^2 - 3)$；

   (6) $y' = \dfrac{1}{\sqrt{1+x^2}}$, $\quad y'' = -\dfrac{x}{\sqrt{(1+x^2)^3}}$；

   (7) $y' = -\sin 2x$, $\quad y'' = -2\cos 2x$；

   (8) $y' = -\dfrac{2}{(1+x)^2}$, $\quad y'' = \dfrac{4}{(1+x)^3}$；

   (9) $y' = \cos^2 x - x\sin 2x$, $\quad y'' = -2\sin 2x - 2x\cos 2x$；

   (10) $y' = \dfrac{1 - \ln x}{x^2}$, $\quad y'' = \dfrac{-3 + 2\ln x}{x^3}$.

3. (1) $y' = (1+x)\mathrm{e}^x$, $\quad y'' = (2+x)\mathrm{e}^x$, $\quad y''' = (3+x)\mathrm{e}^x$, 可推知：$y^{(n)} = (n+x)\mathrm{e}^x$.

   (2) $y' = -\dfrac{1}{(x+a)^2}$, $\quad y'' = \dfrac{2}{(x+a)^3}$, $\quad y''' = -\dfrac{6}{(x+a)^4}$, 可推知 $y^{(n)} = (-1)^n \dfrac{n!}{(x+a)^{n+1}}$.

4. (1) $y' = \dfrac{y-2x}{2y-x}$；$\quad$ (2) $y' = \dfrac{y - \mathrm{e}^{x+y}}{\mathrm{e}^{x+y} - x}$；$\quad$ (3) $y' = \dfrac{\mathrm{e}^y}{1 - x\mathrm{e}^y}$；$\quad$ (4) $y' = \dfrac{y - x^2}{y^2 - x}$.

5. (1) $y' = \dfrac{x}{y}$, $\quad y'' = \dfrac{1 - y'y'}{y} = \dfrac{y^2 - x^2}{y^3}$；$\quad$ (2) $y' = -\dfrac{b^2 x}{a^2 y}$, $\quad y'' = -\dfrac{b^2(b^2 x^2 + a^2 y^2)}{a^4 y^3}$；

   (3) $y' = \dfrac{x+y}{x-y}$, $\quad y'' = \dfrac{2(x^2 + y^2)}{(x-y)^3}$.

6. (1) $y' = \left(1 + \dfrac{1}{x}\right)^x \left(\ln\left(1 + \dfrac{1}{x}\right) - \dfrac{1}{1+x}\right)$；$\quad$ (2) $y' = \left(\dfrac{\sin x}{x}\right)^x (\ln\sin x - \ln x + x\cot x - 1)$；

(3) $y' = \dfrac{1}{2}\sqrt{x\sqrt{e^x-1}}\left(\dfrac{1}{x}+\dfrac{e^x}{2(e^x-1)}\right)$;　　(4) $y' = \dfrac{\sqrt{x+2}(3-x)^4}{(x+1)^3}\left(\dfrac{1}{2(x+2)}+\dfrac{4}{x-3}-\dfrac{3}{x+1}\right)$.

7. (1) $\dfrac{dy}{dx}=\dfrac{\dfrac{dy}{dt}}{\dfrac{dx}{dt}}=-4\sin t$;　　　　　　(2) $\dfrac{dy}{dx}=\dfrac{\dfrac{dy}{dt}}{\dfrac{dx}{dt}}=\dfrac{\sin t+\cos t}{\cos t-\sin t}$.

8. $k=\dfrac{dy}{dx}\bigg|_{t=0}=-\dfrac{1}{2}e^{-2t}\bigg|_{t=0}=-\dfrac{1}{2}$，切线方程为 $y=-\dfrac{1}{2}x+2$，法线方程为 $y=2x-3$.

9. (1) $\dfrac{dy}{dx}=-\dfrac{b}{a}\cot t$，$\dfrac{d^2y}{dt^2}=-\dfrac{b}{a^2}\csc^3 t$;　　(2) $\dfrac{dy}{dx}=\dfrac{1}{t}$，$\dfrac{d^2y}{dx^2}=-\dfrac{1+t^2}{t^3}$;

$\quad\;$ (3) $\dfrac{dy}{dx}=t$，$\dfrac{d^2y}{dx^2}=\dfrac{1}{f''(t)}$.

(B)

1. $f'(x)=\begin{cases}2, & x<1,\\ 2, & x=1,\\ 2x, & x>1;\end{cases}\qquad f''(x)=\begin{cases}0, & x<1,\\ \text{不存在}, & x=1,\\ 2, & x>1.\end{cases}$

2. $\dfrac{dy}{dx}=f'(\ln^2 x+e^{-2x})\left(\dfrac{2}{x}\ln x-2e^{-2x}\right)$;

$\quad\;$ $\dfrac{d^2y}{dx^2}=\dfrac{d}{dx}\left(\dfrac{dy}{dx}\right)=f''(\ln^2 x+e^{-2x})\left(\dfrac{2}{x}\ln x-2e^{-2x}\right)^2+f'(\ln^2 x+e^{-2x})\left(-\dfrac{2}{x^2}\ln x+\dfrac{2}{x^2}+4e^{-2x}\right)$.

3. $\dfrac{d^2x}{dy^2}=\dfrac{d}{dy}\left(\dfrac{1}{y'}\right)=\dfrac{\dfrac{d}{dx}\left(\dfrac{1}{y'}\right)}{\dfrac{dy}{dx}}=-\dfrac{y''}{(y')^2}\dfrac{1}{y'}=-\dfrac{y''}{(y')^3}$.

4. (1) $y^{(n)}=(-1)^n\dfrac{n!}{(x+1)^{n+1}}-(-1)^n\dfrac{n!}{(x+2)^{n+1}}$;　　(2) $y^{(n)}=2^{n-1}\sin\left(2x+\dfrac{(n-1)\pi}{2}\right)$.

习题 2.4

(A)

1. (1) $-\cos x$; (2) $-e^{-x}$; (3) $2\sqrt{x}$; (4) $\arcsin x$; (5) $\ln(1+x)$; (6) $\tan x$.

2. (1) $dy=\left(1-\dfrac{1}{2x\sqrt{x}}-\dfrac{1}{x^2}\right)dx$;　　(2) $dy=(-2\sin x-x\cos x)dx$;

$\quad\;$ (3) $dy=\dfrac{1}{\sqrt{(x^2+1)^3}}dx$;　　(4) $dy=-\dfrac{1}{2x\sqrt{x-1}}dx$;

$\quad\;$ (5) $dy=\dfrac{1}{2}\left(\dfrac{1}{x-1}-\dfrac{1}{x+1}\right)dx$;　　(6) $dy=\dfrac{-4x}{(1+x^2)^2+(1-x^2)^2}dx$;

$\quad\;$ (7) $dy=-e^{-x}(\cos x+\sin x)dx$;　　(8) $dy=\left(\dfrac{1}{\sqrt{1+x^2}}+\dfrac{2}{4+x^2}\right)dx$.

3. 提示：根据 $f(x_0+\Delta x)\approx f(x_0)+f'(x_0)\Delta x$.

4. (1) $\cos 29° = \cos\left(\dfrac{\pi}{6} - \dfrac{\pi}{180}\right) \approx \cos\left(\dfrac{\pi}{6}\right) + \dfrac{\pi}{180}\sin\left(\dfrac{\pi}{6}\right) = \dfrac{\sqrt{3}}{2} + \dfrac{\pi}{360} \approx 0.875$;

(2) $\sqrt[3]{998} = 10\sqrt[3]{1 - \dfrac{2}{1000}} \approx 10\left(\sqrt[3]{1} - \dfrac{1}{3}\dfrac{1}{\sqrt[3]{1^2}}\dfrac{2}{1000}\right) = \dfrac{2998}{3000} \times 10 \approx 9.993$;　　(3) $30°47''$.

5. $0.03355g$.

习题 3.1

(A)

1. $\xi = 0$.

2. $\xi = \dfrac{1}{2}$.

3. 有且仅有两个实根, 分别在 $(1,2)$, $(2,3)$ 区间.

4. 提示: 根据拉格朗日中值定理的推论 1 证明.

5. (1) 设 $f(x) = \ln x$, 考虑区间 $[1, 1+x]$, 利用拉格朗日中值定理证明.

(2) 设 $f(x) = e^x$, 考虑区间 $[1, x]$, 利用拉格朗日中值定理证明.

(3) 设 $f(x) = \arctan x$, 当 $a = b$ 时, 结论显然成立. 不妨设 $a < b$, 考虑区间 $[a, b]$, 用拉格朗日中值定理证明. 同理可证 $a > b$ 时结论成立.

6. 提示: 在 $[x_1, x_2], [x_2, x_3]$ 上, 利用罗尔定理, 得 $f'(\xi_1) = 0$, $\xi_1 \in (x_1, x_2)$; $f'(\xi_2) = 0$, $\xi_2 \in (x_2, x_3)$. 令 $g(x) = f'(x)$, 在区间 $[\xi_1, \xi_2]$ 上再用罗尔定理.

7. 提示: 设 $g(x) = f^2(x)$, 在 $[a, b]$ 上利用拉格朗日中值定理证明.

8. 提示: 设 $f(x) = x^5 + x - 1$, 考虑区间 $[0,1]$ 用零点定理证明方程根的存在性, 再用罗尔定理证明根的唯一性.

9. $x + y - \sqrt{2} = 0$.

(B)

1. 提示: 设 $f(x) = a_0 x + \dfrac{a_1 x^2}{2} + \dfrac{a_2 x^3}{3} + \cdots + \dfrac{a_n x^{n+1}}{n+1}$, 在 $[0,1]$ 上利用罗尔定理证明.

2. 提示: 设 $F(x) = f(x) - x$, 在 $\left[\dfrac{1}{2}, 1\right]$ 上利用零点定理得 $F(\xi_1) = 0, \xi_1 \in \left(\dfrac{1}{2}, 1\right)$, 再由 $F(0) = 0$, 在 $[0, \xi_1]$ 上利用罗尔定理可证明结论.

3. 提示: 设 $g(x) = f(x)e^{-x}$, 先证明 $g(x)$ 是常数, 再用拉格朗日中值定理推论 1 证明.

4. 提示: 设 $F(x) = x^2 f(x)$, 在 $[a, b]$ 上利用罗尔定理.

5. 提示: 对 $f(x)$ 分别在 $[0, a]$, $[b, a+b]$ 上利用拉格朗日中值定理.

6. 提示: 当 $x_1 = x_2$ 时, 显然成立; 当 $x_1 \neq x_2$ 时, 对 $f(x)$ 分别在 $\left[x_1, \dfrac{x_1 + x_2}{2}\right]$, $\left[\dfrac{x_1 + x_2}{2}, x_2\right]$ 上用拉格朗日中值定理.

7. 提示: 设 $f(x) = \dfrac{\ln x}{x}$, $g(x) = \dfrac{1}{x}$, 在 $[a, b]$ 上利用柯西中值定理.

8. 提示：设 $g(x)=x^2$，对 $f(x),g(x)$ 在 $[a,b]$ 上利用柯西中值定理.

习题 3.2

(A)

1. (1) $\dfrac{1}{2}$；(2) $\dfrac{1}{2}$；(3) $\dfrac{1}{6}$；(4) 1；(5) $+\infty$；(6) 0；(7) 2；(8) $+\infty$；(9) 0；(10) $\dfrac{1}{2}$；(11) 1；

(12) $e^{-\frac{1}{2}}$；(13) 1.

2. 极限存在，且等于 0.

(B)

1. (1) $\dfrac{1}{2}$；(2) $-\dfrac{1}{6}$；(3) $-\dfrac{1}{2}e$；(4) 0；(5) 3；(6) $\dfrac{2}{3}$；(7) $e^{-\frac{1}{3}}$；(8) $\sqrt[3]{abc}$.

2. $e^{f'(0)}$.

3. 提示：由已知 $\lim\limits_{x\to 0}\dfrac{f(x)}{x}=0$ 可得 $\lim\limits_{x\to 0}f(x)=0,\lim\limits_{x\to 0}f'(x)=0$. 结果为 e^2.

4. 连续.

习题 3.3

(A)

1. $1-\dfrac{x^2}{2}+\dfrac{x^4}{4\cdot 2!}-\dfrac{x^6}{8\cdot 3!}+o(x^6)$.

2. $x^2-\dfrac{x^4}{2}+\dfrac{x^6}{3}+o(x^6)$.

3. $n=3$ 时，$e\approx 2.66667$；$n=7$ 时，$e\approx 2.71825$.

4. $x+x^2+\dfrac{x^3}{2!}+\cdots+\dfrac{x^n}{(n-1)!}+\dfrac{1}{(n+1)!}(n+1+\xi)e^{\xi}x^{n+1}$　（ξ 在 0 与 x 之间）.

5. (1) $\dfrac{1}{24}$；(2) $-\dfrac{1}{12}$.

(B)

1. $-[1+(x+1)+(x+1)^2+\cdots+(x+1)^n]+(-1)^{n+1}\dfrac{(x+1)^{n+1}}{\xi^{n+2}}$　（ξ 在 -1 与 $x+1$ 之间）.

2. $\dfrac{1}{3}$.

3. 提示：由 $\lim\limits_{x\to 0}\dfrac{f(x)}{x^2}=0$ 可知，$f(0)=f'(0)=0$.

习题 **3.4**

(A)

1. (1) $\left[0,\dfrac{1}{2}\right]$ 为单调减少区间，$\left[\dfrac{1}{2},+\infty\right)$ 为单调增加区间；

   (2) $[1,2]$ 为单调减少区间，$(-\infty,1]$ 及 $[2,+\infty)$ 为单调增加区间；

   (3) $(-\infty,-1],[1,+\infty)$ 为单调减少区间，$[-1,1]$ 为单调增加区间；

   (4) $(-\infty,1]$ 为单调增加区间，$[1+\infty)$ 为单调减少区间.

2. 提示：(2) 当 $0 < x < \dfrac{\pi}{2}$ 时，$\tan^2 x > x^2$.

3. 设 $f(x) = \sin x - x$，在 $\left[-\dfrac{\pi}{2},\dfrac{\pi}{2}\right]$ 上用零点定理证明根的存在性，用单调性证明唯一性.

4. 设 $f(x) = xe^x - 2$，在 $[0,1]$ 上用零点定理证明根的存在性，用单调性证明根的唯一性.

5. (1) 极大值 $f(-1) = 17$，极小值 $f(3) = -47$； (2) 极小值 $f(1) = \dfrac{1}{3} - \ln 3$；

   (3) 极大值 $f(1) = 2$； (4) 极小值 $f(0) = 1$.

6. $a = 2, f\left(\dfrac{\pi}{3}\right) = \sqrt{3}$ 为极大值.

7. (1) 最大值 $f(0) = 1$，最小值 $f(-1) = -2$. (2) 最大值 $f(-1) = 3$，最小值 $f(1) = 1$； (3) 最大值 $f(-10) = 132$，最小值 $f(1) = f(2) = 0$； (4) 最大值为 $f(1) = e$，最小值为 $f(0) = 0$.

8. 长为 10m，宽为 5m.

9. 离 C 点 $\dfrac{6}{5}\text{km}$ 处.

(B)

1. 提示：用单调性证明不等式.

2. (i) $a > \dfrac{1}{e}$ 时没有实根；(ii) $0 < a < \dfrac{1}{e}$ 时有两个；(iii) $a = \dfrac{1}{e}$ 时只有 $x = e$ 一个实根.

3. 提示：$\varphi'(x) = \dfrac{f'(x)x - f(x)}{x^2}$，根据拉格朗日定理可知 $f(x) = xf'(\xi), \xi \in (0,x)$，从而 $f'(x)x - f(x) = x[f'(x) - f'(\xi)] < 0$，即 $\varphi'(x) < 0$，可推出 $\varphi(x)$ 单调减少.

4. 考虑 $\lim\limits_{x \to x_0} \dfrac{f(x) - f(x_0)}{(x - x_0)^4} = \lim\limits_{x \to x_0} \dfrac{f'(x)}{4(x - x_0)^3} = \lim\limits_{x \to x_0} \dfrac{f''(x)}{12(x - x_0)^2} = \dfrac{1}{12} > 0$，故在 $x = x_0$ 的某去心邻域内，$\dfrac{f(x) - f(x_0)}{(x - x_0)^4} > 0$，考察 x_0 的左右两边可推知 $f(x_0)$ 为 $f(x)$ 的极小值.

5. 考虑 $\lim\limits_{x \to x_0} \dfrac{f(x) - f(x_0)}{(x - x_0)^4} = \lim\limits_{x \to x_0} \dfrac{f^{(4)}(x)}{4 \times 3 \times 2 \times 1} = \dfrac{f^{(4)}(x_0)}{24} > 0$，故在 $x = x_0$ 的某去心邻域内，$\dfrac{f(x) - f(x_0)}{(x - x_0)^4} > 0$，考查 x_0 点的左右两边可推知 $f(x_0)$ 为 $f(x)$ 的极小值.

习题 3.5

(A)

2. (1) 凸区间为 $\left(-\infty, \dfrac{5}{3}\right)$，凹区间为 $\left[\dfrac{5}{3}, +\infty\right)$，拐点 $\left(\dfrac{5}{3}, \dfrac{20}{27}\right)$；

   (2) 凸区间为 $(-\infty, 2]$，凹区间为 $[2, +\infty)$，拐点 $\left(2, \dfrac{1}{e^2}\right)$；

   (3) 凸区间为 $(-\infty, -1]$ 及 $[1, +\infty)$，凹区间为 $[-1, 1]$，拐点 $(-1, \ln 2), (1, \ln 2)$；

   (4) 凸区间为 $(-\infty, -1)$，凹区间为 $(-1, +\infty)$，无拐点；

   (5) 凸区间为 $[-1, 0]$，凹区间为 $[0, 1]$，拐点 $(0, 0)$；

   (6) 凸区间为 $(-\infty, 0]$，凹区间为 $[0, +\infty)$，拐点 $(0, 0)$．

3. (1) $x = -1$ 与 $x = 5$ 为垂直渐近线，$y = 0$ 为水平渐近线；

   (2) $x = 1$ 为垂直渐近线，$y = x - 3$ 为斜渐近线．

4. $a = -\dfrac{3}{2}$，$b = \dfrac{9}{2}$．

(B)

1. 提示：与定理 5.1 证明方法类似．

2. $k = \pm\dfrac{\sqrt{2}}{8}$．

3. 不妨设 $f'''(x_0) > 0, f'''(x_0) = \lim\limits_{\Delta x \to 0} \dfrac{f''(x_0 + \Delta x)}{\Delta x}$，可推知在 x_0 点的某个去心邻域内，$f''(x)$ 异号．同理可证 $f'''(x_0) < 0$ 时．

4. 提示：(1) 令 $f(x) = x^n$，证明 $f(x)$ 在 $(0, +\infty)$ 内为凸函数；(2) 令 $f(x) = e^x$，证明 $f(x)$ 在 $(-\infty, +\infty)$ 内为凸函数．

习题 3.6

1. 1149．

2. 25, 20．

3. (1) $C(Q) = 100 + 2Q$，$R(Q) = 8Q - \dfrac{Q^2}{100}$，$L(Q) = 6Q - \dfrac{Q^2}{100} - 100$；

   (2) $C'(Q) = 2$，$R'(Q) = 8 - \dfrac{Q}{50}$，$L'(Q) = 6 - \dfrac{Q}{50}$；　(3) $4, 0, -4$．

4. $\eta(P) = -0.004P$，-0.08．

5. $-0.25, -1, -3$．

6. (1) 增加 0.46%；(2) 减少 0.85%；(3) 5．

习题 4.1

1. (1) $\dfrac{3}{10}x^{\frac{10}{3}} - \dfrac{1}{3}x^3 + \dfrac{3}{4}x^{\frac{4}{3}} - x + C$；　　　　　(2) $x^3 + \arctan x + C$；

(3) $\frac{3}{2}\arcsin x + C$;

(4) $\frac{1}{2}x - \frac{1}{2}\sin x + C$;

(5) $\frac{1}{2}\tan x + C$;

(6) $\sin x - \cos x + C$;

(7) $\frac{3^x}{\ln 3} + 3\ln|x| + C$;

(8) $\frac{3^x e^{2x}}{\ln 3 + 2} + C$;

(9) $e^{x-2} + C$;

(10) $2x - \dfrac{5\left(\dfrac{2}{3}\right)^x}{\ln 2 - \ln 3} + C$;

(11) $3\tan x + 2\cot x + C$;

(12) $\tan x - \sec x + C$.

2. $y = \ln|x|$.

3. $S(0) = 1000$.

习题 4.2

(A)

(1) $\frac{1}{20}(2+5x)^4 + C$;

(2) $-\frac{1}{2}e^{-2x} + C$;

(3) $\sin^2 x + C$;

(4) $-\frac{1}{3}(1-x^2)^{\frac{3}{2}} + C$;

(5) $\frac{1}{2}\ln|1+2\ln x| + C$.

(6) $2\sin\sqrt{x} + C$;

(7) $-\frac{1}{2}e^{-x^2} + C$;

(8) $-\ln|\cos e^x| + C$;

(9) $\frac{1}{4\cos^4 x} + C$;

(10) $-\frac{3}{2}(\sin x + \cos x)^{\frac{2}{3}} + C$;

(11) $\ln|x - \sin x| + C$;

(12) $-\frac{1}{3}\sin^3 x + \sin x + C$;

(13) $\frac{3}{8}x + \frac{1}{4}\sin 2x + \frac{1}{32}\sin 4x + C$;

(14) $\frac{1}{2}\cos x - \frac{1}{10}\cos 5x + C$;

(15) $\frac{1}{3}\tan^3 x + \tan x + C$;

(16) $\frac{1}{6}\arctan\frac{3}{2}x + C$;

(17) $\frac{\sqrt{3}}{6}\ln\left|\frac{\sqrt{3}x-1}{\sqrt{3}x+1}\right| + C$;

(18) $\arccos\frac{1}{x} + C$;

(19) $2\left(\arcsin\frac{x}{2} - \frac{x}{4}\sqrt{4-x^2}\right) + C$;

(20) $-\sqrt{4-x^2} + \arcsin\frac{x}{2} + C$.

(B)

(1) $\arctan e^x + C$;

(2) $\frac{1}{2}(\ln\tan x)^2 + C$;

(3) $\frac{1}{2}\arctan\sin^2 x + C$;

(4) $(\arctan\sqrt{x})^2 + C$;

(5) $\frac{1}{2}\tan^2 x + \ln|\cos x| + C$;

(6) $\ln|x + \ln x| + C$;

(7) $\ln|x| - \frac{1}{6}\ln(x^6 + 1) + C$;

(8) $x - 4\sqrt{x+1} + 4\ln(\sqrt{1+x} + 1) + C$;

(9) $\arccos(1 - 2x) + C$ 或者 $\arcsin(2x - 1) + C$;

(10) $\ln(e^x + \sqrt{1 + e^{2x}}) + C$;

(11) $-\frac{\sqrt{1-x^2}}{x} + C$;

(12) $\frac{x}{\sqrt{1+x^2}} + C$;

(13) $\arcsin x - \frac{x}{1 + \sqrt{1-x^2}} + C$;

(14) $\ln(x - 1 + \sqrt{x^2 - 2x + 2}) + C$.

习题 4.3

(A)

1. (1) $-x^2 e^{-x} - 2x e^{-x} - 2e^{-x} + C$;

(2) $\frac{1}{3}x^3 \ln x - \frac{1}{9}x^3 + C$;

(3) $x(\arcsin x)^2 + 2\sqrt{1-x^2}\arcsin x - 2x + C$;

(4) $\frac{1}{2}e^x(\sin x - \cos x) + C$;

(5) $\frac{1}{2}(-\csc x \cot x + \ln|\csc x - \cot x|) + C$;

(6) $-\frac{1}{4}x\cos 2x + \frac{1}{8}\sin 2x + C$;

(7) $\frac{1}{3}x^3 \arctan x - \frac{1}{6}x^2 + \frac{1}{6}\ln(1+x^2) + C$;

(8) $-\frac{1}{2}x^2 + x\tan x + \ln|\cos x| + C$;

(9) $\frac{1}{6}x^3 - \frac{1}{4}x^2 \sin 2x - \frac{1}{4}x\cos 2x + \frac{1}{8}\sin 2x + C$;

(10) $-\frac{\ln^2 x}{x} - \frac{2\ln x}{x} - \frac{2}{x} + C$.

2. $\frac{x}{\sqrt{1+x^2}} - \ln(x + \sqrt{1+x^2}) + C$.

(B)

(1) $\frac{1}{a^2 + b^2}e^{ax}(a\sin bx - b\cos bx) + C$;

(2) $\frac{1}{2}x(\sin\ln x - \cos\ln x) + C$;

(3) $2x\sqrt{1+e^x} - 4\sqrt{1+e^x} - 2\ln\left|\frac{\sqrt{1+e^x}-1}{\sqrt{1+e^x}+1}\right| + C$;

(4) $-2\sqrt{1-x}\arcsin\sqrt{x} + 2\sqrt{x} + C$;

(5) $\tan x \ln\cos x + \tan x - x + C$;

(6) $-x\cot\frac{x}{2} + 2\ln\left|\sin\frac{x}{2}\right| + C$;

(7) $\ln\ln x \cdot \ln x - \ln|x| + C$;

(8) $\arctan x e^{\arctan x} - e^{\arctan x} + C$.

习题 4.4

(A)

(1) $-5\ln|x - 2| + 6\ln|x - 3| + C$;

(2) $-\frac{3}{x-1} + \ln|x| - \ln|x - 1| + C$;

(3) $\ln|x + 1| - \frac{1}{2}\ln(x^2 - x + 1) + \sqrt{3}\arctan\frac{2x-1}{\sqrt{3}} + C$;

(4) $2\ln|x+2| - \dfrac{1}{2}\ln|x+1| - \dfrac{3}{2}\ln|x+3| + C$;

(5) $\dfrac{1}{2}\ln(x^2+2x+2) - 2\arctan(x+1) + C$;

(6) $\dfrac{1}{3}x^3 + x + \dfrac{1}{2}\ln\left|\dfrac{x-1}{x+1}\right| + C$;

(7) $\dfrac{1}{6a^3}\ln\left|\dfrac{a^3-x^3}{a^3+x^3}\right| + C$;

(8) $\dfrac{1}{4}\ln|x| - \dfrac{1}{20}\ln(x^5+4) + C$;

(9) $\dfrac{1}{2\sqrt{3}}\arctan\dfrac{2\tan x}{\sqrt{3}} + C$;

(10) $\ln\left(\dfrac{\sin^2 x}{1+\sin^2 x}\right) + C$;

(11) $\dfrac{2}{1+\tan\dfrac{x}{2}} + x + C$;

(12) $2\arctan\sqrt{x-1} + C$;

(13) $\ln\dfrac{x}{(\sqrt[6]{x}+1)^6} + C$;

(14) $\ln\dfrac{\sqrt{1+e^x}-1}{\sqrt{1+e^x}+1} + C$.

(B)

1. (1) $x - 4\ln|x+1| - \dfrac{4}{x+1} + C$;

(2) $-\dfrac{1}{96(x-1)^{96}} - \dfrac{3}{97(x-1)^{97}} - \dfrac{3}{98(x-1)^{98}} - \dfrac{1}{99(x-1)^{99}} + C$;

(3) $\ln|\cos x + \sin x| + C$;

(4) $\dfrac{1}{2}\ln\left|\tan\dfrac{x}{2}\right| - \dfrac{1}{4}\tan^2\dfrac{x}{2} + C$;

(5) $\dfrac{2}{7}\sqrt{7}\arctan\left(\dfrac{2}{7}\sqrt{7}e^x + \dfrac{3}{7}\sqrt{7}\right) + C$;

(6) $-\dfrac{1}{4}x + \dfrac{1}{8}\ln(e^x-4) + C$;

(7) $x\ln\sqrt{x} - \dfrac{1}{2}x + C$;

(8) $3e^{\sqrt[3]{x}}(\sqrt[3]{x^2} - 2\sqrt[3]{x} + 2) + C$.

习题 5.1

(A)

2. (1) $\geqslant$;　(2) $\geqslant$.

3. (1) 提示：求 $y = x^2 - 1$ 在 $[1,4]$ 的最大值和最小值, 可得 $-3 \leqslant \displaystyle\int_1^4 (x^2-1)\mathrm{d}x \leqslant 45$;

(2) $\dfrac{\pi}{9} \leqslant \displaystyle\int_{\frac{1}{\sqrt{3}}}^{\sqrt{3}} x\arctan x\,\mathrm{d}x \leqslant \dfrac{2}{3}\pi$.

4. 提示：根据积分中值定理可得 $\displaystyle\int_0^1 \sin^n x\,\mathrm{d}x = \sin^n \xi$, 然后求极限即证得.

(B)

1. (1) $-\dfrac{3}{2}$;　(2) $e-1$.

2. 提示：不妨设在点 $x_0 \in (a,b)$, $f(x_0) > 0$. 由极限的保号性可知, 存在 $\delta > 0$, 当

$x \in [x_0 - \delta, x_0 + \delta]$ 时，$f(x) \geqslant \dfrac{1}{2} f(x_0)$．因而 $\displaystyle\int_a^b f(x)\mathrm{d}x \geqslant \int_{x_0-\delta}^{x_0+\delta} \dfrac{1}{2} f(x_0)\mathrm{d}x = f(x_0)\delta > 0$．

习题 5.2

(A)

1. (1) $\sin\sqrt{x}$；　(2) $-2x\sqrt{1+\cos^2 x^2} + 3x^2\sqrt{1+\cos^2 x^3}$；　(3) $-\dfrac{1}{1+\sqrt{x}}$；　(4) $-3x^2\mathrm{e}^{x^6} + 2\mathrm{e}^{4x^2}$．

2. (1) $\dfrac{1}{3}$；　(2) -3．

3. $-2\mathrm{e}^{-1}$．

4. (1) $\dfrac{\pi}{3}$；　(2) $45\dfrac{1}{6}$；　(3) 4；　(4) $2\dfrac{2}{3}$；　(5) $2\dfrac{2}{3}$．

5. (1) $5.34‰$；　(2) $13.34‰$．

(B)

1. 提示：证明 $F'(x) < 0$ 成立．

2. 提示：先利用零点定理证明根的存在性，再利用罗尔定理或单调性证明根的唯一性．

3. 提示：在 $[a,c],[c,b]$ 上分别使用积分中值定理，再考虑使用罗尔定理证明结论．

习题 5.3

(A)

1. (1) $1-\dfrac{\pi}{4}$；　(2) $-\dfrac{1}{2}\mathrm{e}^{-1}+\dfrac{1}{2}$；　(3) $2\sqrt{2}$；　(4) $\dfrac{\pi}{4}$；　　(5) $\pi-\dfrac{4}{3}$；

(6) $\dfrac{\sqrt{3}}{16}$；　(7) $\dfrac{22}{3}$；　　(8) $\dfrac{4}{3}$；　(9) $\sqrt{2}-\dfrac{2}{3}\sqrt{3}$；　(10) $2(\sqrt{3}-1)$．

2. 提示：作变量代换 $t = 1-x$，结果为 $\dfrac{1}{10100}$．

3. 提示：作变量代换 $t = \pi - x$，结果为 $\dfrac{\pi^2}{4}$．

4. (1) $\dfrac{1}{4}(\mathrm{e}^2-1)$；　(2) $\dfrac{\pi}{4}-\dfrac{1}{2}$；　(3) 1；　(4) 2π；　(5) $\dfrac{\pi^2}{4}$；

(6) $\dfrac{1}{2}(\mathrm{e}\sin 1 - \mathrm{e}\cos 1 + 1)$；　　(7) $2\left(1-\dfrac{1}{\mathrm{e}}\right)$；　　(8) $\dfrac{\pi}{3}\sqrt{3} - \ln 2$；

(9) $\dfrac{35}{64}$；　　(10) $\begin{cases} \dfrac{1\cdot 3\cdot 5\cdot \cdots\cdot m}{2\cdot 4\cdot 6\cdot \cdots\cdot (m+1)}\dfrac{\pi}{2}, & m \text{为奇数}, \\[4mm] \dfrac{2\cdot 4\cdot 6\cdot \cdots\cdot m}{1\cdot 3\cdot 5\cdot \cdots\cdot (m+1)}, & m \text{为偶数}. \end{cases}$

(B)

1. 提示：可求得 $F(x)=\begin{cases}\dfrac{1}{2}(x+1)^2, & -1\leqslant x\leqslant 0,\\[2mm]\dfrac{1}{2}x^2+\dfrac{1}{2}, & x>0,\end{cases}$ 进而 $F(x)$ 在 $x=0$ 点处连续.

2. $\tan\dfrac{1}{2}-\dfrac{1}{2}(e^{-4}-1)$.

3. 2.

4. 提示：用凹凸性证明.

5. 0.7462，0.7468.

习题 5.4

(1) $\dfrac{1}{24}$； (2) 发散； (3) π； (4) $\begin{cases}\dfrac{1}{p^2}, & p>0,\\[2mm]发散, & p\leqslant 0;\end{cases}$ (5) $\dfrac{\pi}{2}$； (6) -5； (7) 发散；

(8) $\dfrac{8}{3}$； (9) $\dfrac{\pi}{2}$.

习题 5.5

(A)

1. (1) $\dfrac{5}{2}$；   (2) $e+e^{-1}-2$；   (3) $\dfrac{2}{3}$.

2. (1) $\dfrac{9}{4}\pi$；   (2) $\dfrac{9}{2}\pi a^2$；   (3) $\dfrac{5}{4}\pi$.

3. $\dfrac{9}{4}$.

4. $2\sqrt{3}-\dfrac{4}{3}$.

5. (1) $6a$；   (2) $8a$.

6. $\dfrac{3}{10}\pi$.

7. $160\pi^2$.

8. 0.18(kJ).

9. 1.65(N).

10. $C(x)=1000+7x+50\sqrt{x}$.

11. 500.

12. $\dfrac{1}{100}$ (亿).

(B)

1. (1) $a=\dfrac{1}{e}$， $(e^2,1)$； (2) $\dfrac{e^2}{6}$

2. $7\pi^2 a^3$.

3. 8π.

4. $\dfrac{4}{3}\pi R^4 g$.

5. (1) $(3,9)$; (2) $5.79, 9$.

6. $(4,5)$;　4.22元.

7. 50.67 元.

8. $\dfrac{7}{24}\approx 0.29$.

习题 6.1

1. (1)一阶;　(2)二阶;　(3)一阶;　(4)四阶.

2. 将解代入方程, 验证方程两端相等即可.

3. (1) $C_1 = 2$, $C_2 = 3$; (2) $C = 8$; (3) $C = -\sqrt{2}$; (4) $C_1 = 1$, $C_2 = 2$.

4. (1) $y' = x^2$; (2) $y' = \dfrac{y}{x}$;　(3) $y' = ky$ $(k > 0)$.

习题 6.2

(A)

1. (1) $y = e^{Cx}$;
   (2) $y = Ce^{\tan x}$;

   (3) $y = Ce^{\arcsin x}$;
   (4) $e^y = \dfrac{1}{2}e^{x^2} + C$;

   (5) $\ln(1 + y^2) = \dfrac{1}{3}(1 + 2x)^3 + C$;
   (6) $(1 + \ln y)^{\frac{3}{2}} = -\dfrac{3}{2}\cos x + C$;

   (7) $\dfrac{1}{y} = -\dfrac{1}{4}\ln\left|\dfrac{x-2}{x+2}\right| + C$;
   (8) $y^2 = \ln\left|\dfrac{x^2}{1+x^2}\right| + C$.

2. (1) $x^2 + y^2 = 4$;
   (2) $y = e^{\arctan x}$;

   (3) $\tan y = \tan x - 1$;
   (4) $\sin y = \dfrac{2}{e^2}e^{2\sqrt{x}} - 1$.

3. (1) $\sin\dfrac{y}{x} = Cx$;
   (2) $\ln\dfrac{y}{x} = Cx + 1$;

   (3) $y + \sqrt{y^2 - x^2} = Cx^2$;
   (4) $x = Ce^{\left(\frac{y}{x}\right)^3}$.

4. (1) $y = (1 + x^2)(C + 2\arctan x - x)$;
   (2) $y = e^{\sin x}(C + x)$;

   (3) $y = x\left(C + \dfrac{1}{2}x^2\right)$;
   (4) $y = \dfrac{1}{x^2}\left(C + \dfrac{1}{2}x^2\ln x - \dfrac{1}{4}x^2\right)$;

   (5) $y = (x - 1)(C + e^x)$;
   (6) $y = \dfrac{1}{\cos x}\left(C + \dfrac{1}{2}x + \dfrac{1}{4}\sin 2x\right)$.

5. (1) $y = e^x(1+x)$；

(2) $y = \dfrac{5}{2}(e^{2x} - 1)$；

(3) $y = -e^{-x} + x^2 - 2x + 2$；

(4) $y \sin x + 5e^{\cos x} = 1$.

6. (1) $\dfrac{1}{y} = -\sin x + Ce^x$；

(2) $\dfrac{1}{y^2} = x^2 + \dfrac{1}{2} + Ce^{2x^2}$；

(3) $\dfrac{1}{y^3} = Ce^x - 1 - 2x$；

(4) $\dfrac{1}{y^4} = -x + \dfrac{1}{4} + Ce^{-4x}$.

7. $y = 2(e^x - x - 1)$.

8. $y = Ce^{2x}$.

9. $v = \dfrac{mg}{k}\left(1 - e^{-\frac{k}{m}t}\right)$ $(k > 0)$.

(B)

1. $y = \left(-e^{-e^{-x}} + e^{-\frac{1}{2}}\right)e^{e^{-x}+x}$.

2. $v = \sqrt{72500} \approx 269.3(\text{cm/s})$.

3. $R = R_0 e^{-0.000433t}$，时间以年为单位.

4. $W = CL^3$.

5. 8.4 小时.

6. $p(t) = \dfrac{375}{1 + 74e^{-2.309t}}$.

7. 18 人, 46 天.

8. $x(t) = \dfrac{N}{1 + \left(\dfrac{N}{x_0} - 1\right)e^{-kNt}}$.

9. $x(t) = 20 - 15e^{-\frac{t}{50}}$, 15.48g.

10. $p(t) = 20 - 12e^{-2t}$.

习题 6.3

1. (1) $y = \dfrac{1}{2}C_1 x^2 + C_2$；

(2) $y = C_1\left(x + \dfrac{x^3}{3}\right) + C_2$；

(3) $y^3 = C_1 x + C_2$；

(4) $C_1 y^2 - 1 = (C_1 x + C_2)^2$.

2. 通解为 $y = C_1 e^{x^2} + C_2 x e^{x^2}$.

3. 通解为 $y = C_1 x^2 + C_2 e^x + 3 + x^2$.

4. $y = C_1(y_1 - y_2) + C_2(y_1 - y_3) + y_1$.

5. (1) $y = C_1 e^{-3x} + C_2 e^{2x}$；

(2) $y = C_1 e^x + C_2 e^{3x}$；

(3) $y = C_1 + C_2 e^{9x}$；

(4) $y = (C_1 + C_2 x)e^{-3x}$；

(5) $y = (C_1 + C_2 x)e^{3x}$;　　　　　　　　(6) $y = (C_1 \cos 3x + C_2 \sin 3x)e^x$;

(7) $y = C_1 \cos\sqrt{2}x + C_2 \sin\sqrt{2}x$;　　(8) $y = \left(C_1 \cos\dfrac{\sqrt{3}}{2}x + C_2 \sin\dfrac{\sqrt{3}}{2}x\right)e^{-\frac{1}{2}x}$.

6. (1) $y = 2e^{-5x} + e^x$;　(2) $y = e^{2x} + \dfrac{1}{2}e^{3x}$;　(3) $y = \dfrac{1}{4}e^{-4x} + \dfrac{1}{2}e^{4x}$;　(4) $y = (1+x)e^{2x}$.

习题 6.4

(A)

1. (1) $y^* = e^x(a_0 x + a_1)$;　　　　　　　(2) $y^* = x^2 e^{-x}(a_0 x^2 + a_1 x + a_2)$;

(3) $y^* = xe^{2x}(a_0 x^2 + a_1 x + a_2)$;　　(4) $y^* = x(a_0 x^3 + a_1 x^2 + a_2 x + a_3)$;

(5) $y^* = e^{2x} a_0$;　　　　　　　　　　(6) $y^* = x^2 e^{\frac{1}{2}x}(a_0 x + a_1)$;

(7) $y^* = e^{2x}[(a_0 x + a_1)\cos\sqrt{3}x + (b_0 x + b_1)\sin\sqrt{3}x]$;

(8) $y^* = e^x[(a_0 x + a_1)\cos x + (b_0 x + b_1)\sin x]$;

(9) $y^* = xe^x[(a_0 x^2 + a_1 x + a_2)\cos 3x + (b_0 x^2 + b_1 x + b_2)\sin 3x]$;

(10) $y^* = x(a_0 \cos\sqrt{2}x + b_0 \sin\sqrt{2}x)$.

2. (1) $y = C_1 e^{2x} + C_2 e^{3x} + e^x$;　　　　(2) $y = C_1 e^{-x} + C_2 e^{2x} + \dfrac{1}{2}x^2 - \dfrac{1}{2}x + \dfrac{1}{4}$;

(3) $y = C_1 + C_2 e^{2x} + x(x^2 + 1)$;　　(4) $y = C_1 e^{-2x} + C_2 e^x + \left(\dfrac{1}{6}x^2 - \dfrac{1}{9}x\right)e^x$;

(5) $y = (C_1 + C_2 x)e^{2x} + \dfrac{1}{2}x^2 e^{2x}$;　(6) $y = (C_1 + C_2 x)e^{3x} + \dfrac{1}{6}x^3 e^{3x}$;

(7) $y = C_1 \cos 2x + C_2 \sin 2x - \dfrac{1}{4}x\cos 2x$;　(8) $y = e^x(C_1 \cos x + C_2 \sin x) - xe^x \cos x$;

(9) $y = C_1 e^x + C_2 e^{-x} - \dfrac{1}{2} - \dfrac{1}{10}\cos 2x$;　(10) $y = C_1 \cos x + C_2 \sin x + \dfrac{e^x}{2} + \dfrac{x\sin x}{2}$.

3. (1) $y = e^{-5x} + e^{-x} + \dfrac{e^{2x}}{21}$;　　　　(2) $y = \dfrac{1}{3} + \dfrac{1}{3}e^{3x} - \dfrac{1}{6}x^2 + \dfrac{2}{9}x$;

(3) $y = \left(\dfrac{1}{6}x^3 - x^2 - x + 2\right)e^x$;　(4) $y = e^x\left(\cos 2x - \dfrac{1}{2}\sin 2x\right) + \dfrac{1}{3}e^x \cos x$.

4. $f(x) = e^x - 2xe^x$.

(B)

1. $\varphi(x) = \dfrac{1}{2}(\cos x + \sin x + e^x)$.

2. $f(x) = \dfrac{\cos x + 3\sin x - e^{3x}}{10} + 2$.

3. $\alpha = -3$, $\beta = 2$, $\gamma = -2$. 通解为 $y = C_1 e^{2x} + C_2 e^x + 2xe^x$.

附　　录

附录 Ⅰ　代数公式

一、因式分解

$$a^2 - b^2 = (a-b)(a+b)$$
$$a^3 - b^3 = (a-b)(a^2 + ab + b^2)$$
$$a^n - b^n = (a-b)(a^{n-1} + a^{n-2}b + a^{n-3}b^2 + \cdots + ab^{n-2} + b^{n-1}) \quad （n \text{ 为正整数}）$$

二、二项式展开定理

$$(a+b)^2 = a^2 + 2ab + b^2$$
$$(a-b)^2 = a^2 - 2ab + b^2$$
$$(a+b)^3 = a^3 + 3a^2b + 3ab^2 + b^3$$
$$(a-b)^3 = a^3 - 3a^2b + 3ab^2 - b^3$$
$$(a+b)^n = a^n + C_n^1 a^{n-1}b + C_n^2 a^{n-2}b^2 + C_n^3 a^{n-3}b^3 + \cdots + C_n^{n-1} ab^{n-1} + b^n \quad （n \text{ 为正整数}）$$

附录 Ⅱ　常用三角函数值及公式

一、常用三角函数值

	$\theta = 0$	$\pi/6$ （30°）	$\pi/4$ （45°）	$\pi/3$ （60°）	$\pi/2$ （90°）
$\sin\theta$	0	$\dfrac{1}{2}$	$\dfrac{\sqrt{2}}{2}$	$\dfrac{\sqrt{3}}{2}$	1
$\cos\theta$	1	$\dfrac{\sqrt{3}}{2}$	$\dfrac{\sqrt{2}}{2}$	$\dfrac{1}{2}$	0
$\tan\theta$	0	$\dfrac{\sqrt{3}}{3}$	1	$\sqrt{3}$	—
$\cot\theta$	—	$\sqrt{3}$	1	$\dfrac{\sqrt{3}}{3}$	0
$\sec\theta$	1	$\dfrac{2}{\sqrt{3}}$	$\sqrt{2}$	2	—
$\csc\theta$	—	2	$\sqrt{2}$	$\dfrac{2}{\sqrt{3}}$	1

二、三角恒等式

1. $\sin^2\theta + \cos^2\theta = 1$　　$\tan^2\theta + 1 = \sec^2\theta$　　$\cot^2\theta + 1 = \csc^2\theta$
2. $\sin(-\theta) = -\sin\theta$　　$\cos(-\theta) = \cos\theta$　　$\tan(-\theta) = -\tan\theta$
3. $\sin(\theta \pm 2n\pi) = \sin\theta$　　$n = 0,1,2,\cdots$

   $\cos(\theta \pm 2n\pi) = \cos\theta$　　$n = 0,1,2,\cdots$

   $\tan(\theta \pm n\pi) = \tan\theta$　　$n = 0,1,2,\cdots$
4. $\sin\left(\theta + \dfrac{\pi}{2}\right) = \cos\theta$　　$\cos\left(\theta + \dfrac{\pi}{2}\right) = -\sin\theta$　　$\tan\left(\theta + \dfrac{\pi}{2}\right) = -\cot\theta$
5. $\sin(\theta + \pi) = -\sin\theta$　　$\cos(\theta + \pi) = -\cos\theta$　　$\tan(\theta + \pi) = \tan\theta$
6. $\sin\left(\theta + \dfrac{3\pi}{2}\right) = -\cos\theta$　　$\cos\left(\theta + \dfrac{3\pi}{2}\right) = \sin\theta$

   $\sin(\theta + 2\pi) = \sin\theta$　　$\cos(\theta + 2\pi) = \cos\theta$

三、和角公式

1. $\sin(\alpha \pm \beta) = \sin\alpha\cos\beta \pm \cos\alpha\sin\beta$
2. $\cos(\alpha \pm \beta) = \cos\alpha\cos\beta \mp \sin\alpha\sin\beta$
3. $\tan(\alpha + \beta) = \dfrac{\tan\alpha + \tan\beta}{1 - \tan\alpha\tan\beta}$　　$\tan(\alpha - \beta) = \dfrac{\tan\alpha - \tan\beta}{1 + \tan\alpha\tan\beta}$

四、倍角公式

1. $\sin 2\alpha = 2\sin\alpha\cos\alpha$
2. $\cos 2\alpha = \cos^2\alpha - \sin^2\alpha = 2\cos^2\alpha - 1 = 1 - 2\sin^2\alpha$
3. $\tan 2\alpha = \dfrac{2\tan\alpha}{1 - \tan^2\alpha}$　　$\sin 2\alpha = \dfrac{2\tan\alpha}{1 + \tan^2\alpha}$　　$\cos 2\alpha = \dfrac{1 - \tan^2\alpha}{1 + \tan^2\alpha}$

五、半角公式

1. $\cos^2\dfrac{\alpha}{2} = \dfrac{1 + \cos\alpha}{2}$
2. $\sin^2\dfrac{\alpha}{2} = \dfrac{1 - \cos\alpha}{2}$
3. $\tan\dfrac{\alpha}{2} = \dfrac{1 - \cos\alpha}{\sin\alpha} = \dfrac{\sin\alpha}{1 + \cos\alpha}$

六、积化和差公式

1. $\sin\alpha\cos\beta = \dfrac{1}{2}[\sin(\alpha + \beta) + \sin(\alpha - \beta)]$
2. $\sin\alpha\sin\beta = -\dfrac{1}{2}[\cos(\alpha + \beta) - \cos(\alpha - \beta)]$

3. $\cos\alpha\cos\beta=\dfrac{1}{2}[\cos(\alpha+\beta)+\cos(\alpha-\beta)]$

七、和差化积公式

1. $\sin\alpha+\sin\beta=2\sin\dfrac{\alpha+\beta}{2}\cos\dfrac{\alpha-\beta}{2}$

2. $\sin\alpha-\sin\beta=2\cos\dfrac{\alpha+\beta}{2}\sin\dfrac{\alpha-\beta}{2}$

3. $\cos\alpha+\cos\beta=2\cos\dfrac{\alpha+\beta}{2}\cos\dfrac{\alpha-\beta}{2}$

4. $\cos\alpha-\cos\beta=-2\sin\dfrac{\alpha+\beta}{2}\sin\dfrac{\alpha-\beta}{2}$

附录Ⅲ　极坐标系

一、极坐标系的概念

如图所示, 在平面内取一个定点 O, 叫做**极点**, 自极点 O 出发引一条射线 Ox, 叫做**极轴**, 并选定一个单位长度、一个角度单位(通常取弧度)及其正方向(通常取逆时针方向), 这样就建立了一个**极坐标系**.

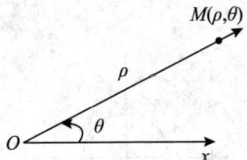

设 M 是平面内一点, 极点 O 与点 M 的距离 $|OM|$ 叫做点 M 的**极径**, 记为 ρ (有时极径也用 r 表示); 以极轴 Ox 为始边, 射线 OM 为终边的角 xOM 叫做点 M 的**极角**, 记为 θ. 有序数对 (ρ,θ) 称为点 M 的**极坐标**. 记作 $M(\rho,\theta)$. 一般地, 如不作特殊说明, $\rho\geqslant0$, θ 可取任意实数. 若 $\rho<0$, 则 $-\rho>0$, 我们规定点 $M(\rho,\theta)$ 与点 $P(-\rho,\theta)$ 关于极点对称.

在两点间的关系用夹角和距离很容易表示时, 极坐标系便显得尤为重要. 而在平面直角坐标系中, 这样的关系就只能使用三角函数来表示了. 对于很多类型的曲线, 极坐标方程是最简单的表达形式, 甚至对于某些曲线来说, 只有极坐标方程能够表示.

例如, $\left(3,\dfrac{\pi}{3}\right)$ 表示距离极点 3 个单位长度, 其极径和极轴夹角为 $\dfrac{\pi}{3}$ 的点. 该点也可表示为 $\left(3,\dfrac{7\pi}{3}\right)$. 可见, 极坐标系中的一个重要特性是, 平面直角坐标中的任意一点, 在极坐标系中有无限种表达形式. 通常来说, 点 (ρ,θ) 可任意表示为 $(\rho,\theta\pm2k\pi)$, 其中 k 为任意整数. 特别地, 如果某一点的极径 $\rho=0$, 那么, 无论 θ 取何值, 该点都落在了极点上.

二、极坐标和直角坐标的互化

平面内的一个点既可以用直角坐标表示，也可以用极坐标表示．极坐标系中点的坐标可以和平面直角坐标系中点的坐标进行转换．把直角坐标系的原点作为极点，x 轴的正半轴作为极轴，并在两种坐标系中取相同的长度单位．

设 M 是平面内任意一点，它的直角坐标为 (x,y)，极坐标为 (ρ,θ)，则

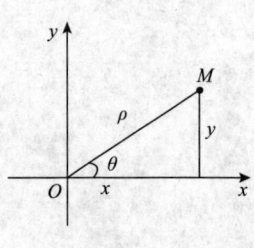

$$\begin{cases} x = \rho\cos\theta, \\ y = \rho\sin\theta \end{cases} \quad \text{或} \quad \begin{cases} \rho^2 = x^2 + y^2, \\ \theta = \arctan\dfrac{y}{x}. \end{cases}$$

当 $x = 0$ 时，如果 $y > 0$，则规定 $\theta = \dfrac{\pi}{2}$；如果 $y < 0$，则规定 $\theta = \dfrac{3\pi}{2}$．这就是极坐标与直角坐标的互化公式．

三、简单曲线的极坐标方程

在极坐标系中，如果平面曲线 C 上任意一点的极坐标中至少有一个满足方程 $f(\rho,\theta) = 0$，并且坐标适合方程 $f(\rho,\theta) = 0$ 的点都在曲线 C 上，那么方程 $f(\rho,\theta) = 0$ 叫做曲线 C 的**极坐标方程**．

下面给出几种常见曲线的极坐标方程：

(1)圆心在极心，半径为 a 的圆：$\rho = a$．

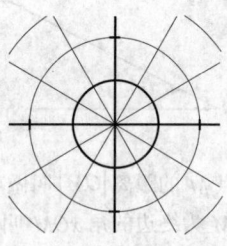

(2)经过极点的射线：$\theta = \varphi$，其中 φ 为射线的倾斜角度．

(3)圆锥曲线：$\rho = \dfrac{l}{1 + e\cos\theta}$，其中 l 表示半径，e 表示离心率．

如果 $e < 1$，曲线为椭圆；

如果 $e = 1$，曲线为抛物线；

如果 $e > 1$，曲线为双曲线．

或者 $\rho = \dfrac{ep}{1 - e\cos\theta}$，其中 e 表示离心率，p 表示焦点到准线的距离．

(4)阿基米德螺线：$\rho = a + b\theta$，其中 a,b 为常数．

参数 a 控制螺线形状，参数 b 控制螺线间的距离．阿基米德螺线有两条，一条 $\theta > 0$，另一条 $\theta < 0$．两条螺线在极点处平滑地连接．把其中一条翻转 $90° / 270°$ 得到其镜像就是另一条螺线．

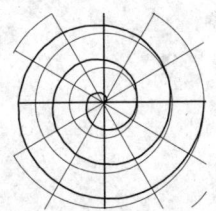

(5)心形线：$\rho = a(1-\sin\theta)$.

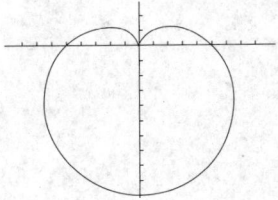

(6)玫瑰线：$\rho = a\cos k\theta$ 或者 $\rho = a\sin k\theta$. 其中变量 a 代表玫瑰花瓣的长度.

如果 k 是整数，当 k 是奇数时，曲线将会是 k 个花瓣；当 k 是偶数时，曲线将会是 $2k$ 个花瓣. 如果 k 为非整数，则产生圆盘状图形.

例如，方程为 $\rho = 2\sin 4\theta$ 的玫瑰线如下图所示：

附录Ⅳ　常用曲线

1. 圆

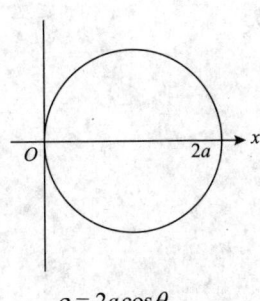

$$\rho = 2a\cos\theta$$

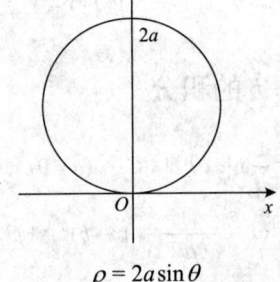

$$\rho = 2a\sin\theta$$

2. 心形线

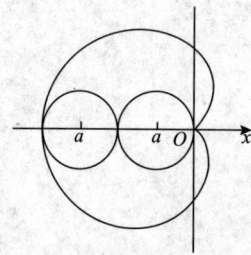

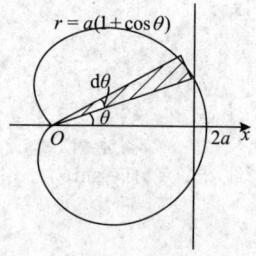

$$\rho = a(1-\cos\theta)$$

$$\rho = a(1+\cos\theta)$$

3. 阿基米德螺线

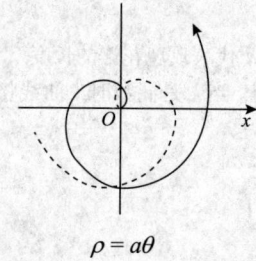

$$\rho = a\theta$$

4. 对数螺线

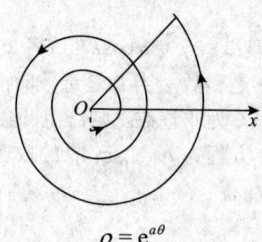

$$\rho = e^{a\theta}$$

5. 双曲螺线

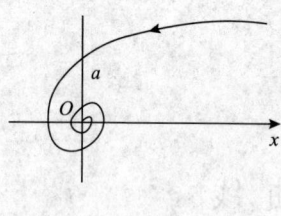

$$\rho\theta = a$$

6. 摆线

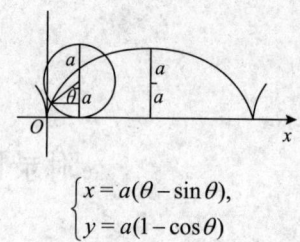

$$\begin{cases} x = a(\theta - \sin\theta), \\ y = a(1 - \cos\theta) \end{cases}$$

附录Ⅴ　积　分　表

一、含有 $ax+b$ 的积分

1. $\displaystyle\int \frac{\mathrm{d}x}{ax+b} = \frac{1}{a}\ln|ax+b| + C \quad (a \neq 0)$

2. $\displaystyle\int (ax+b)^\mu \mathrm{d}x = \frac{1}{a(\mu+1)}(ax+b)^{\mu+1} + C \quad (\mu \neq -1, a \neq 0)$

3. $\int \dfrac{x}{ax+b}\mathrm{d}x = \dfrac{1}{a^2}(ax+b-b\ln|ax+b|)+C \quad (a\neq 0)$

4. $\int \dfrac{\mathrm{d}x}{x(ax+b)} = -\dfrac{1}{b}\ln\left|\dfrac{ax+b}{x}\right|+C \quad (a\neq 0)$

二、含有 $\sqrt{ax+b}$ 的积分

5. $\int \sqrt{ax+b}\,\mathrm{d}x = \dfrac{2}{3a}\sqrt{(ax+b)^3}+C$

6. $\int x\sqrt{ax+b}\,\mathrm{d}x = \dfrac{2}{15a^2}(3ax-2b)\sqrt{(ax+b)^3}+C$

7. $\int \dfrac{x}{\sqrt{ax+b}}\mathrm{d}x = \dfrac{2}{3a^2}(ax-2b)\sqrt{ax+b}+C \quad (a\neq 0)$

8. $\int \dfrac{\sqrt{ax+b}}{x}\mathrm{d}x = 2\sqrt{ax+b}+b\int \dfrac{\mathrm{d}x}{x\sqrt{ax+b}}$

三、含有 $x^2\pm a^2$ 的积分

9. $\int \dfrac{\mathrm{d}x}{x^2+a^2} = \dfrac{1}{a}\arctan\dfrac{x}{a}+C \quad (a\neq 0)$

10. $\int \dfrac{\mathrm{d}x}{(x^2+a^2)^n} = \dfrac{x}{2(n-1)a^2(x^2+a^2)^{n-1}} + \dfrac{2n-3}{2(n-1)a^2}\int \dfrac{\mathrm{d}x}{(x^2+a^2)^{n-1}} \quad (a\neq 0)$

11. $\int \dfrac{\mathrm{d}x}{x^2-a^2} = \dfrac{1}{2a}\ln\left|\dfrac{x-a}{x+a}\right|+C \quad (a\neq 0)$

四、含有 $ax^2+b\ (a>0)$ 的积分

12. $\int \dfrac{\mathrm{d}x}{ax^2+b} = \begin{cases} \dfrac{1}{\sqrt{ab}}\arctan\sqrt{\dfrac{a}{b}}x+C, & b>0, \\[3mm] \dfrac{1}{2\sqrt{-ab}}\ln\left|\dfrac{\sqrt{a}x-\sqrt{-b}}{\sqrt{a}x+\sqrt{-b}}\right|+C, & b<0 \end{cases}$

13. $\int \dfrac{\mathrm{d}x}{x(ax^2+b)} = \dfrac{1}{2b}\ln\dfrac{x^2}{|ax^2+b|}+C$

五、含有 $ax^2+bx+c\ (a>0)$ 的积分

14. $\int \dfrac{\mathrm{d}x}{ax^2+bx+c} = \begin{cases} \dfrac{2}{\sqrt{4ac-b^2}}\arctan\dfrac{2ax+b}{\sqrt{4ac-b^2}}+C, & b^2<4ac, \\[3mm] \dfrac{1}{\sqrt{b^2-4ac}}\ln\left|\dfrac{2ax+b-\sqrt{b^2-4ac}}{2ax+b+\sqrt{b^2-4ac}}\right|+C, & b^2>4ac \end{cases}$

15. $\int \dfrac{x}{ax^2+bx+c}\mathrm{d}x = \dfrac{1}{2a}\ln|ax^2+bx+c| - \dfrac{b}{2a}\int \dfrac{\mathrm{d}x}{ax^2+bx+c}$

六、含有 $\sqrt{x^2+a^2}$ $(a>0)$ 的积分

16. $\displaystyle\int \frac{\mathrm{d}x}{\sqrt{x^2+a^2}} = \operatorname{arsh}\frac{x}{a} + C_1 = \ln\left|x+\sqrt{x^2+a^2}\right| + C$

17. $\displaystyle\int \frac{\mathrm{d}x}{x\sqrt{x^2+a^2}} = \frac{1}{a}\ln\frac{\sqrt{x^2+a^2}-a}{|x|} + C$

18. $\displaystyle\int \sqrt{x^2+a^2}\,\mathrm{d}x = \frac{x}{2}\sqrt{x^2+a^2} + \frac{a^2}{2}\ln\left(x+\sqrt{x^2+a^2}\right) + C$

19. $\displaystyle\int \frac{\sqrt{x^2+a^2}}{x}\,\mathrm{d}x = \sqrt{x^2+a^2} + a\ln\frac{\sqrt{x^2+a^2}-a}{|x|} + C$

七、含有 $\sqrt{x^2-a^2}$ $(a>0)$ 的积分

20. $\displaystyle\int \frac{\mathrm{d}x}{\sqrt{x^2-a^2}} = \frac{x}{|x|}\operatorname{arch}\frac{|x|}{a} + C_1 = \ln\left|x+\sqrt{x^2-a^2}\right| + C$

21. $\displaystyle\int \frac{\mathrm{d}x}{x\sqrt{x^2-a^2}} = \frac{1}{a}\arccos\frac{a}{|x|} + C$

22. $\displaystyle\int \sqrt{x^2-a^2}\,\mathrm{d}x = \frac{x}{2}\sqrt{x^2-a^2} - \frac{a^2}{2}\ln\left|x+\sqrt{x^2-a^2}\right| + C$

23. $\displaystyle\int \frac{\sqrt{x^2-a^2}}{x}\,\mathrm{d}x = \sqrt{x^2-a^2} - a\arccos\frac{a}{|x|} + C$

八、含有 $\sqrt{a^2-x^2}$ $(a>0)$ 的积分

24. $\displaystyle\int \frac{\mathrm{d}x}{\sqrt{a^2-x^2}} = \arcsin\frac{x}{a} + C$

25. $\displaystyle\int \frac{\mathrm{d}x}{x\sqrt{a^2-x^2}} = \frac{1}{a}\ln\frac{a-\sqrt{a^2-x^2}}{|x|} + C$

26. $\displaystyle\int \sqrt{a^2-x^2}\,\mathrm{d}x = \frac{x}{2}\sqrt{a^2-x^2} + \frac{a^2}{2}\arcsin\frac{x}{a} + C$

27. $\displaystyle\int \frac{\sqrt{a^2-x^2}}{x}\,\mathrm{d}x = \sqrt{a^2-x^2} + a\ln\frac{a-\sqrt{a^2-x^2}}{|x|} + C$

九、含有 $\sqrt{\pm ax^2+bx+c}$ $(a>0)$ 的积分

28. $\displaystyle\int \frac{\mathrm{d}x}{\sqrt{ax^2+bx+c}} = \frac{1}{\sqrt{a}}\ln\left|2ax+b+2\sqrt{a}\sqrt{ax^2+bx+c}\right| + C$

29. $\displaystyle\int \sqrt{ax^2+bx+c}\,\mathrm{d}x = \frac{2ax+b}{4a}\sqrt{ax^2+bx+c} + \frac{4ac-b^2}{8\sqrt{a^3}}\ln\left|2ax+b+2\sqrt{a}\sqrt{ax^2+bx+c}\right| + C$

30. $\displaystyle\int \frac{\mathrm{d}x}{\sqrt{c+bx-ax^2}} = \frac{1}{\sqrt{a}}\arcsin\frac{2ax-b}{\sqrt{b^2+4ac}} + C$

31. $\displaystyle\int \sqrt{c+bx-ax^2}\,\mathrm{d}x = \frac{2ax-b}{4a}\sqrt{c+bx-ax^2} + \frac{b^2+4ac}{8\sqrt{a^3}}\arcsin\frac{2ax-b}{\sqrt{b^2+4ac}} + C$

十、含有 $\sqrt{\pm\dfrac{x-a}{x-b}}$ 或 $\sqrt{(x-a)(x-b)}$ 的积分

32. $\displaystyle\int \sqrt{\frac{x-a}{x-b}}\,\mathrm{d}x = (x-b)\sqrt{\frac{x-a}{x-b}} + (b-a)\ln\left(\sqrt{|x-a|} + \sqrt{|x-b|}\right) + C$

33. $\displaystyle\int \sqrt{\frac{x-a}{b-x}}\,\mathrm{d}x = (x-b)\sqrt{\frac{x-a}{b-x}} + (b-a)\arcsin\sqrt{\frac{x-a}{b-a}} + C$

34. $\displaystyle\int \frac{\mathrm{d}x}{\sqrt{(x-a)(b-x)}} = 2\arcsin\sqrt{\frac{x-a}{b-a}} + C \quad (a<b)$

35. $\displaystyle\int \sqrt{(x-a)(b-x)}\,\mathrm{d}x = \frac{2x-a-b}{4}\sqrt{(x-a)(b-x)} + \frac{(b-a)^2}{4}\arcsin\sqrt{\frac{x-a}{b-a}} + C \quad (a<b)$

十一、含有三角函数的积分

36. $\displaystyle\int \sin x\,\mathrm{d}x = -\cos x + C$

37. $\displaystyle\int \cos x\,\mathrm{d}x = \sin x + C$

38. $\displaystyle\int \tan x\,\mathrm{d}x = -\ln|\cos x| + C$

39. $\displaystyle\int \cot x\,\mathrm{d}x = \ln|\sin x| + C$

40. $\displaystyle\int \sec x\,\mathrm{d}x = \ln\left|\tan\left(\frac{\pi}{4}+\frac{x}{2}\right)\right| + C = \ln|\sec x + \tan x| + C$

41. $\displaystyle\int \csc x\,\mathrm{d}x = \ln\left|\tan\frac{x}{2}\right| + C = \ln|\csc x - \cot x| + C$

42. $\displaystyle\int \sec^2 x\,\mathrm{d}x = \tan x + C$

43. $\displaystyle\int \csc^2 x\,\mathrm{d}x = -\cot x + C$

44. $\displaystyle\int \sec x\tan x\,\mathrm{d}x = \sec x + C$

45. $\displaystyle\int \csc x\cot x\,\mathrm{d}x = -\csc x + C$

46. $\displaystyle\int \sin^2 x\,\mathrm{d}x = \frac{x}{2} - \frac{1}{4}\sin 2x + C$

47. $\displaystyle\int \cos^2 x\,\mathrm{d}x = \frac{x}{2} + \frac{1}{4}\sin 2x + C$

48. $\displaystyle\int \sin^n x\,\mathrm{d}x = -\frac{1}{n}\sin^{n-1} x\cos x + \frac{n-1}{n}\int \sin^{n-2} x\,\mathrm{d}x$

49. $\displaystyle\int \cos^n x\,dx = \frac{1}{n}\cos^{n-1}x\sin x + \frac{n-1}{n}\int \cos^{n-2}x\,dx$

50. $\displaystyle\int \frac{dx}{\sin^n x} = -\frac{1}{n-1}\cdot\frac{\cos x}{\sin^{n-1}x} + \frac{n-2}{n-1}\int \frac{dx}{\sin^{n-2}x}$

51. $\displaystyle\int \frac{dx}{\cos^n x} = \frac{1}{n-1}\cdot\frac{\sin x}{\cos^{n-1}x} + \frac{n-2}{n-1}\int \frac{dx}{\cos^{n-2}x}$

52. $\displaystyle\int \cos^m x\sin^n x\,dx = \frac{1}{m+n}\cos^{m-1}x\sin^{n+1}x + \frac{m-1}{m+n}\int \cos^{m-2}x\sin^n x\,dx$

$\displaystyle\qquad\qquad = -\frac{1}{m+n}\cos^{m+1}x\sin^{n-1}x + \frac{n-1}{m+n}\int \cos^m x\sin^{n-2}x\,dx$

53. $\displaystyle\int \sin ax\cos bx\,dx = -\frac{1}{2(a+b)}\cos(a+b)x - \frac{1}{2(a-b)}\cos(a-b)x + C$

54. $\displaystyle\int \sin ax\sin bx\,dx = -\frac{1}{2(a+b)}\sin(a+b)x + \frac{1}{2(a-b)}\sin(a-b)x + C$

55. $\displaystyle\int \cos ax\cos bx\,dx = \frac{1}{2(a+b)}\sin(a+b)x + \frac{1}{2(a-b)}\cos(a-b)x + C$

56. $\displaystyle\int \frac{dx}{a+b\sin x} = \frac{2}{\sqrt{a^2-b^2}}\arctan\frac{a\tan\dfrac{x}{2}+b}{\sqrt{a^2-b^2}} + C \quad (a^2>b^2)$

57. $\displaystyle\int \frac{dx}{a+b\sin x} = \frac{1}{\sqrt{b^2-a^2}}\ln\left|\frac{a\tan\dfrac{x}{2}+b-\sqrt{b^2-a^2}}{a\tan\dfrac{x}{2}+b+\sqrt{b^2-a^2}}\right| + C \quad (a^2<b^2)$

58. $\displaystyle\int \frac{dx}{a+b\cos x} = \frac{2}{a+b}\sqrt{\frac{a+b}{a-b}}\arctan\left(\sqrt{\frac{a-b}{a+b}}\tan\frac{x}{2}\right) + C \quad (a^2>b^2)$

59. $\displaystyle\int \frac{dx}{a+b\cos x} = \frac{1}{a+b}\sqrt{\frac{a+b}{b-a}}\ln\left|\frac{\tan\dfrac{x}{2}+\sqrt{\dfrac{a+b}{b-a}}}{\tan\dfrac{x}{2}-\sqrt{\dfrac{a+b}{b-a}}}\right| + C \quad (a^2<b^2)$

60. $\displaystyle\int \frac{dx}{a^2\cos^2 x + b^2\sin^2 x} = \frac{1}{ab}\arctan\left(\frac{b}{a}\tan x\right) + C$

61. $\displaystyle\int \frac{dx}{a^2\cos^2 x - b^2\sin^2 x} = \frac{1}{2ab}\ln\left|\frac{b\tan x + a}{b\tan x - a}\right| + C$

62. $\displaystyle\int x\sin ax\,dx = \frac{1}{a^2}\sin ax - \frac{1}{a}x\cos ax + C$

63. $\displaystyle\int x^2\sin ax\,dx = -\frac{1}{a}x^2\cos ax + \frac{2}{a^2}x\sin ax + \frac{2}{a^3}\cos ax + C$

64. $\displaystyle\int x\cos ax\,dx = \frac{1}{a^2}\cos ax + \frac{1}{a}x\sin ax + C$

65. $\displaystyle\int x^2\cos ax\,dx = \frac{1}{a}x^2\sin ax + \frac{2}{a^2}x\cos ax - \frac{2}{a^3}\sin ax + C$

十二、含有反三角函数的积分（其中 $a > 0$）

66. $\displaystyle\int \arcsin\frac{x}{a}\mathrm{d}x = x\arcsin\frac{x}{a} + \sqrt{a^2 - x^2} + C$

67. $\displaystyle\int x\arcsin\frac{x}{a}\mathrm{d}x = \left(\frac{x^2}{2} - \frac{a^2}{4}\right)\arcsin\frac{x}{a} + \frac{x}{4}\sqrt{a^2 - x^2} + C$

68. $\displaystyle\int x^2\arcsin\frac{x}{a}\mathrm{d}x = \frac{x^3}{3}\arcsin\frac{x}{a} + \frac{1}{9}(x^2 + 2a^2)\sqrt{a^2 - x^2} + C$

69. $\displaystyle\int \arccos\frac{x}{a}\mathrm{d}x = x\arccos\frac{x}{a} - \sqrt{a^2 - x^2} + C$

70. $\displaystyle\int x\arccos\frac{x}{a}\mathrm{d}x = \left(\frac{x^2}{2} - \frac{a^2}{4}\right)\arccos\frac{x}{a} - \frac{x}{4}\sqrt{a^2 - x^2} + C$

71. $\displaystyle\int x^2\arccos\frac{x}{a}\mathrm{d}x = \frac{x^3}{3}\arccos\frac{x}{a} - \frac{1}{9}(x^2 + 2a^2)\sqrt{a^2 - x^2} + C$

72. $\displaystyle\int \arctan\frac{x}{a}\mathrm{d}x = x\arctan\frac{x}{a} - \frac{a}{2}\ln(a^2 + x^2) + C$

73. $\displaystyle\int x\arctan\frac{x}{a}\mathrm{d}x = \frac{1}{2}(a^2 + x^2)\arctan\frac{x}{a} - \frac{a}{2}x + C$

74. $\displaystyle\int x^2\arctan\frac{x}{a}\mathrm{d}x = \frac{x^3}{3}\arctan\frac{x}{a} - \frac{a}{6}x^2 + \frac{a^3}{6}\ln(a^2 + x^2) + C$

十三、含有指数函数的积分

75. $\displaystyle\int a^x\mathrm{d}x = \frac{1}{\ln a}a^x + C$

76. $\displaystyle\int \mathrm{e}^{ax}\mathrm{d}x = \frac{1}{a}\mathrm{e}^{ax} + C$

77. $\displaystyle\int x\mathrm{e}^{ax}\mathrm{d}x = \frac{1}{a^2}(ax - 1)\mathrm{e}^{ax} + C$

78. $\displaystyle\int x^n\mathrm{e}^{ax}\mathrm{d}x = \frac{1}{a}x^n\mathrm{e}^{ax} - \frac{n}{a}\int x^{n-1}\mathrm{e}^{ax}\mathrm{d}x$

79. $\displaystyle\int xa^x\mathrm{d}x = \frac{x}{\ln a}a^x - \frac{1}{(\ln a)^2}a^x + C$

80. $\displaystyle\int x^na^x\mathrm{d}x = \frac{1}{\ln a}x^na^x - \frac{n}{\ln a}\int x^{n-1}a^x\mathrm{d}x$

81. $\displaystyle\int \mathrm{e}^{ax}\sin bx\mathrm{d}x = \frac{1}{a^2 + b^2}\mathrm{e}^{ax}(a\sin bx - b\cos bx) + C$

82. $\displaystyle\int \mathrm{e}^{ax}\cos bx\mathrm{d}x = \frac{1}{a^2 + b^2}\mathrm{e}^{ax}(b\sin bx + a\cos bx) + C$

83. $\displaystyle\int \mathrm{e}^{ax}\sin^n bx\mathrm{d}x = \frac{1}{a^2 + b^2n^2}\mathrm{e}^{ax}\sin^{n-1}bx(a\sin bx - nb\cos bx) + \frac{n(n-1)b^2}{a^2 + b^2n^2}\int \mathrm{e}^{ax}\sin^{n-2}bx\mathrm{d}x$

84. $\displaystyle\int \mathrm{e}^{ax}\cos^n bx\mathrm{d}x = \frac{1}{a^2 + b^2n^2}\mathrm{e}^{ax}\cos^{n-1}bx(a\cos bx + nb\sin bx) + \frac{n(n-1)b^2}{a^2 + b^2n^2}\int \mathrm{e}^{ax}\cos^{n-2}bx\mathrm{d}x$

十四、含有对数函数的积分

85. $\displaystyle\int \ln x \mathrm{d}x = x\ln x - x + C$

86. $\displaystyle\int \frac{\mathrm{d}x}{x\ln x} = \ln|\ln x| + C$

87. $\displaystyle\int x^n \ln x \mathrm{d}x = \frac{1}{n+1}x^{n+1}\left(\ln x - \frac{1}{n+1}\right) + C$

88. $\displaystyle\int (\ln x)^n \mathrm{d}x = x(\ln x)^n - n\int (\ln x)^{n-1}\mathrm{d}x$

89. $\displaystyle\int x^m (\ln x)^n \mathrm{d}x = \frac{1}{m+1}x^{m+1}(\ln x)^n - \frac{n}{m+1}\int x^m (\ln x)^{n-1}\mathrm{d}x$

十五、含有双曲函数的积分

90. $\displaystyle\int \mathrm{sh}x \mathrm{d}x = \mathrm{ch}x + C$

91. $\displaystyle\int \mathrm{ch}x \mathrm{d}x = \mathrm{sh}x + C$

92. $\displaystyle\int \mathrm{th}x \mathrm{d}x = \ln \mathrm{ch}x + C$

93. $\displaystyle\int \mathrm{sh}^2 x \mathrm{d}x = -\frac{x}{2} + \frac{1}{4}\mathrm{sh}2x + C$

94. $\displaystyle\int \mathrm{ch}^2 x \mathrm{d}x = \frac{x}{2} + \frac{1}{4}\mathrm{sh}2x + C$

十六、定积分

95. $\displaystyle\int_{-\pi}^{\pi} \cos nx \mathrm{d}x = \int_{-\pi}^{\pi} \sin nx \mathrm{d}x = 0$

96. $\displaystyle\int_{-\pi}^{\pi} \cos mx \sin nx \mathrm{d}x = 0$

97. $\displaystyle\int_{-\pi}^{\pi} \cos mx \cos nx \mathrm{d}x = \begin{cases} 0, & m \neq n, \\ \pi, & m = n \end{cases}$

98. $\displaystyle\int_{-\pi}^{\pi} \sin mx \sin nx \mathrm{d}x = \begin{cases} 0, & m \neq n, \\ \pi, & m = n \end{cases}$

99. $\displaystyle\int_{0}^{\pi} \sin mx \sin nx \mathrm{d}x = \int_{0}^{\pi} \cos mx \cos nx \mathrm{d}x = \begin{cases} 0, & m \neq n, \\ \dfrac{\pi}{2}, & m = n \end{cases}$

100. $\displaystyle I_n = \int_0^{\frac{\pi}{2}} \sin^n x \mathrm{d}x = \int_0^{\frac{\pi}{2}} \cos^n x \mathrm{d}x$,

$$I_n = \frac{n-1}{n}I_{n-2} \begin{cases} I_n = \dfrac{n-1}{n}\cdot\dfrac{n-3}{n-2}\cdot\cdots\cdot\dfrac{4}{5}\cdot\dfrac{2}{3}(n\text{为大于1的正奇数}), & I_1 = 1, \\ I_n = \dfrac{n-1}{n}\cdot\dfrac{n-3}{n-2}\cdot\cdots\cdot\dfrac{3}{4}\cdot\dfrac{1}{2}\cdot\dfrac{\pi}{2}(n\text{为正偶数}), & I_0 = \dfrac{\pi}{2} \end{cases}$$